产品系统设计
场景、体验与创新

卢国英 王呈皓 张帅·著

电子工业出版社
Publishing House of Electronics Industry
北京·BEIJING

内 容 简 介

本书立足"家国情怀,设计担当"的大思政背景,以系统理论→设计思维→设计流程→创新工具→设计实践为基本架构,按照项目设计进度科学编排相应的知识点,精选产教融合设计实践案例,引导读者掌握以人为中心的产品设计流程,灵活运用设计流程各阶段所使用的创新工具。本书着重培养读者综合把握设计约束条件和复杂属性的能力,帮助其掌握从场景变化到体验创新的设计方法,全面提升系统解决设计问题的能力。

本书可作为高校艺术设计、工业设计或产品设计专业的参考教材。

未经许可,不得以任何方式复制或抄袭本书之部分或全部内容。
版权所有,侵权必究。

图书在版编目(CIP)数据

产品系统设计:场景、体验与创新 / 卢国英,王呈皓,张帅著. -- 北京:电子工业出版社,2025.4.
ISBN 978-7-121-50054-1
Ⅰ. TB472
中国国家版本馆CIP数据核字第2025S7983E号

责任编辑:宁浩洛　　文字编辑:张　彬
印　　刷:河北迅捷佳彩印刷有限公司
装　　订:河北迅捷佳彩印刷有限公司
出版发行:电子工业出版社
　　　　　北京市海淀区万寿路173信箱　邮编　100036
开　　本:787×1 092　1/16　印张:19.5　字数:374.4千字
版　　次:2025年4月第1版
印　　次:2025年4月第1次印刷
定　　价:89.00元

凡所购买电子工业出版社图书有缺损问题,请向购买书店调换。若书店售缺,请与本社发行部联系,联系及邮购电话:(010)88254888,88258888。
质量投诉请发邮件至zlts@phei.com.cn,盗版侵权举报请发邮件至dbqq@phei.com.cn。
本书咨询联系方式:(010)88254465,ninghl@phei.com.cn。

前言

现今时代经历了深刻的变革，新技术、新材料不断涌现，设计新思维、新理念、新工具纷至沓来，产品设计被赋予了更为宽泛的内涵，边界不断扩张。产品设计已不再仅以创造有形的产品为目标，而是拓展为基于系统思维的以人为中心设计、体验设计等。系统思维的核心是整体观，产品系统设计的核心是解决问题。产品系统设计是将系统的思维与方法运用到产品设计中，提出整体性的解决方案。问题的设计解决之道可能是有形的产品，可能是无形的体验设计，也可能是产品+服务的设计，这已经是产品设计的新常态。

在这种新常态下，撰写适合应用型大学"产品系统设计"课程的教材已是迫切的任务。"产品系统设计"是上海市重点建设课程，也是上海市一流本科专业重点建设课程。课程教学团队联合霍尼韦尔（中国）有限公司等，建立"责任教师+企业导师"的产教融合授课团队，共同制订授课计划和教学大纲，探索推进产教融合背景下教学内容与行业技术融通、教学标准与行业及产品标准融通、教学方法与产品生产过程融通、教学团队与工程技术人员融通。在十余年的教学实践中，本书著者团队积累了较为丰富的素材和案例。

在本书的编写过程中，著者团队力求做到3个兼顾：一是项目化教学与产教融合兼顾。二是线上与线下混合式教学兼顾。混合式教学对教材建设提出了新要求，本书针对线上与线下教学环节将知识模块重新梳理，使之适应教学方法的改变。三是知识能力培养与课程思政兼顾，在培养学生产品设计创新实践综合能力的同时，注重培养其人文素养与大国匠心情怀。本书以系统理论→设计思维→设计流程→创新工具→设计实践为基本架构，引领学生用系统化的思考方式去面对实际的设计项目，可作为高校设计类专业使用的产教融合型、项目化教学教材。本书配有新形态教学资源：教学大纲、PPT课件、课后习题等。

感谢霍尼韦尔（中国）有限公司、齐思工业设计咨询（上海）有限公司对本书编写工作的支持，助力产教融合走深走实。感谢美国Parsons设计学院产品设计专业钱启元提供设计案例，拓展了本书的国际视角。感谢相关同事和历届学生为本书做出的贡献，丰富了本书素材（根据出版需要，素材有改动）。

产品系统设计的程序、方法和工具在实践中必然是多元的，法无定法，合适的就是最好的。感谢给著者启发的各位前辈专家，相关文献已附于书后。限于著者学识、能力和精力，书中难免有不足之处，敬请同行、专家和读者批评指正。

著　者

2025年2月6日

目录

第1章 绪论 ... 001
- 1.1 设计的概念 ... 002
- 1.2 产品设计的概念 ... 004
- 1.3 产品设计的沿革与发展 ... 008
- 1.4 产品设计师的角色 ... 024
- 思考题 ... 027

第2章 系统科学与产品设计 ... 029
- 2.1 系统的概念 ... 030
- 2.2 系统的特征 ... 034
- 2.3 系统的要素 ... 038
- 2.4 系统的结构、功能与环境 ... 039
- 2.5 系统工程方法 ... 042
- 2.6 产品设计系统观 ... 051
- 思考题 ... 065

第3章 产品系统设计要素 ... 067
- 3.1 人机要素 ... 068
- 3.2 技术要素 ... 070
- 3.3 环境要素 ... 073
- 3.4 美学要素 ... 080
- 3.5 形象要素 ... 083
- 3.6 社会要素 ... 086
- 3.7 经济要素 ... 086
- 思考题 ... 087

第 4 章　产品系统与创新设计 ········· 089

- 4.1　以人为中心的设计（HCD） ········· 090
- 4.2　创新模式与设计思维 ········· 094
- 4.3　产品创新设计流程 ········· 115
- 4.4　Parsons 设计学院产品系统设计案例 ········· 119
- 思考题 ········· 156

第 5 章　产品系统设计创新工具 ········· 157

- 5.1　设计洞察，发现问题 ········· 158
- 5.2　概念构思，解决问题 ········· 173
- 5.3　概念筛选，创意落地 ········· 198
- 5.4　可用性与设计质量评估 ········· 203
- 5.5　与 AIGC 工具共创 ········· 220
- 思考题 ········· 232

第 6 章　产品系统设计项目实践 ········· 233

- 6.1　从设计洞察到创意落地：企业产品设计案例分享与访谈 ········· 235
- 6.2　从设计洞察到产品设计：便于收纳的电风扇设计 ········· 245
- 6.3　从设计洞察到产品设计：智能皮肤护理产品设计 ········· 253
- 6.4　包容性产品设计：上肢障碍人士辅助洗头机设计 ········· 275
- 6.5　愿景化产品设计：未来大型城市的出行载具设计 ········· 281
- 思考题 ········· 302

参考文献 ········· 303

第 1 章

绪论

1. 教学内容

（1）设计的概念。
（2）产品设计的概念。
（3）产品设计的沿革与发展。
（4）产品设计师的角色。

思政融合点：培养对中华优秀传统文化的尊重与认同，增强文化自信，树立"家国情怀"与"设计担当"的使命感，以设计助力文化传承与创新。

2. 授课方式及学时

（1）课堂讲授：2 学时。
（2）案例教学：2 学时。
（3）分组讨论：2 学时。

3. 学生学习预期成果

理解产品设计的本质与产品设计师的主要职责。

4. 支撑课程目标

建立产品及其设计的系统观，在现代系统科学思想的指引下，理解现代产品及其设计的系统性内涵。

本课程共 3 个目标，通过不同章节实现，因此各章所列的支撑课程目标会有交叉重复。

1.1 设计的概念

人们生活在一个充满设计的世界中。种类繁多的设计如产品、空间、系统、服务和各种体验设计等紧紧包围着人们。这些设计满足了人们的生理、情感、社会和经济需求,在很大程度上塑造了现代世界的面貌。约翰·赫斯科特(John Heskett)在牛津通识读本《设计,无处不在》一书中提到,设计就是设计一种能生产设计的设计(Design[1] is to design[2] a design[3] to produce a design[4].)。在这里,design 有 4 层含义。

简言之,设计是通过策划一个构想产生某个结果的活动。在这里,从概念构思、深化,到产品的测试与生产,以及产品、系统或服务的具体应用,设计被赋予了更为广泛的含义。

"设计科学"一词是由美国著名科学家、诺贝尔经济学奖得主赫伯特·西蒙(Herbert.Simon,1916—2001)在其著作《人工科学》(*The Sciences of the Artificial*,1969)中提出的。他认为:"设计是为使存在的环境变得美好的一种活动。设计好比一种工具,通过它能使创意思想、新技术成果、市场需要和企业的经济资源转化成明确的、有用的结果和产品。"德国乌尔姆设计学院教师利特也曾说:"设计是包含规划的行动,是为了控制它的结果。它是很艰难的智力工作,并且要求谨慎的、广见博闻的决策。它不总是把外形摆在优先地位,而是把有关的各个方面的结果结合起来进行考虑,不但包括制造、适应并易于操作、感知,而且包括经济、社会、文化效果。"

从历史和词源的角度来看,"设计"一词源自英文单词"design",而"design"又源自拉丁文"disegno"。这是一个起源于文艺复兴时期的艺术批评术语,最初指的是作品的草图或素描,也可被理解为作品的基本理念。此后很长一段时间,设计领域通常被限定在单一学科内,专注于解决具体的设计问题。然而,"设计"一词被广为人知,并开始

---

1 design 作为泛指的一般概念时,适用于所有领域,如"设计对国家经济很重要"。
2 该 design 的词性为动词,指行为或过程,如"她受委托设计一个食品搅拌器"。
3 该 design 的词性为名词,指某种产品的成品,是将概念转化后的实际存在,如"大众推出的新款甲壳虫汽车采用的是复古设计"。
4 该 design 的词性为名词,指一种概念或建议,如"将这款设计交给客户审核"。

迎来其自身的发展与进步，则始于工业革命之后。一方面，工业革命带来的科技发展为设计提供了从材料、工艺、结构到工具等的新的可能性；另一方面，现代各种科学理论，如社会学、哲学、城市学、结构学、材料学、控制论、信息论、运筹学、系统工程学等，深刻影响了设计学科的综合与交叉发展，引发了设计思维的重大变革。

日本设计师佐藤大在其《由内向外看世界》一书中提到，设计师的工作不是制作奇形怪状的东西，也不是简单地让物体看起来更有型。所谓设计，本质上就是为解决问题寻找新方法。他在书中提出两个问题：

Q1，如何倒掉杯子里的水？

Q2，如何在规定的时间内扔10袋垃圾？

对于Q1，谁都能想到倾斜杯子，倒出里面的水。但事实上，要解决这个问题，还有很多方法。例如，可以通过加热让杯子里的水蒸发；可以放入一根绳子将水分吸出来；也可以把杯子放在无重力环境中，让水飘浮在空气中；还可以在杯子底部开个小洞，让水慢慢流出来；甚至可以把水杯放进装满水的水槽中，这样杯子里的水就相当于不存在了……

正如这样，设计师的工作，就是利用全新的方法，为客户创造更高的价值。所以，作为设计师，不应该让自己被常规思维所束缚，而应该尽量开拓思路。不过，也别忘了，重点是要达到将杯子腾空的目的。

当然，设计思维方式并不是设计师独有的，设计也不只是"设计师"才能做的。任何一项简单的工作中都可能存在设计的元素。

对于Q2，佐藤大建议设想如何把单手只能拿两袋垃圾变成拿3袋，怎样拿省力，使用什么样的道具能更快速地移动垃圾等。这样思考的过程其实就是在寻找解决问题的新途径，而这本身就是了不起的设计。

通过合理的设计，可以让扔垃圾这项工作变得更为轻松便捷。如果你比别人扔的垃圾更多，自然就能产生更高的价值。产品设计是对设计的研究，而非对产品的研究。

1.2 产品设计的概念

　　产品设计并无明确的设计边界，常与平面设计、服装设计、交互设计和公共设计等领域有交集。设计师可以涉猎的产品类型极为丰富，从灭火器、手机、香水瓶到个人计算机等，无所不包。首位登上《时代》周刊封面的美国设计师雷蒙德·罗维（Raymond Loewy）设计的产品包罗万象，小至邮票、口红、品牌标志和商品包装，大至飞机、轮船、火车、宇宙飞船和空间站。如图1-1所示为罗维的经典设计作品，分别是LUCKY STRIKE香烟盒、Gestetner油墨复印机、可口可乐玻璃瓶、Greyhound巴士、Studebaker Avanti汽车，以及"空军一号"涂装设计。

　　著名的法国设计师菲利普·斯塔克（Philippe Starck）认为自己是"日本的建筑师、美国的艺术总监、德国的工业设计师、法国的艺术总监、意大利的家具设计师"。他的作品随处可见，从纽约别致的旅馆到FF4900邮购商行，从法国总统的私人住宅到欧洲最大的废物处理中心，从全球各地的咖啡馆及家庭中的座椅和灯具到浴室中的池柜……如图1-2所示的幽灵椅，采用聚酯材料制作，模仿一块布罩在椅子上的形态；如图1-3所示的Axor Starck V水龙头，减少了金属的使用，以玻璃为设计主体，并颠覆水往下流的常理，通过先上再下两阶段的给水方式，营造自然泉水的感觉；如图1-4所示的智能电动自行车StarckBike，拥有5种骑行模式，能够适应泥地、沙地甚至雪地路况，配有全球定位系统（GPS），采用250W Bosch电机，涡轮增压模式，可以狂飙至45km/h；如图1-5所示的浴室用品Starck Barrel for Duravit，向上渐宽的锥形结构承载圆形脸盆，通过多重工艺打造的曲面面板围成一个圆形，外壁可装饰实木材质或高光的漆面材料。底部开门，内设一个储物空间，与内置的供水、排水管道互不影响。

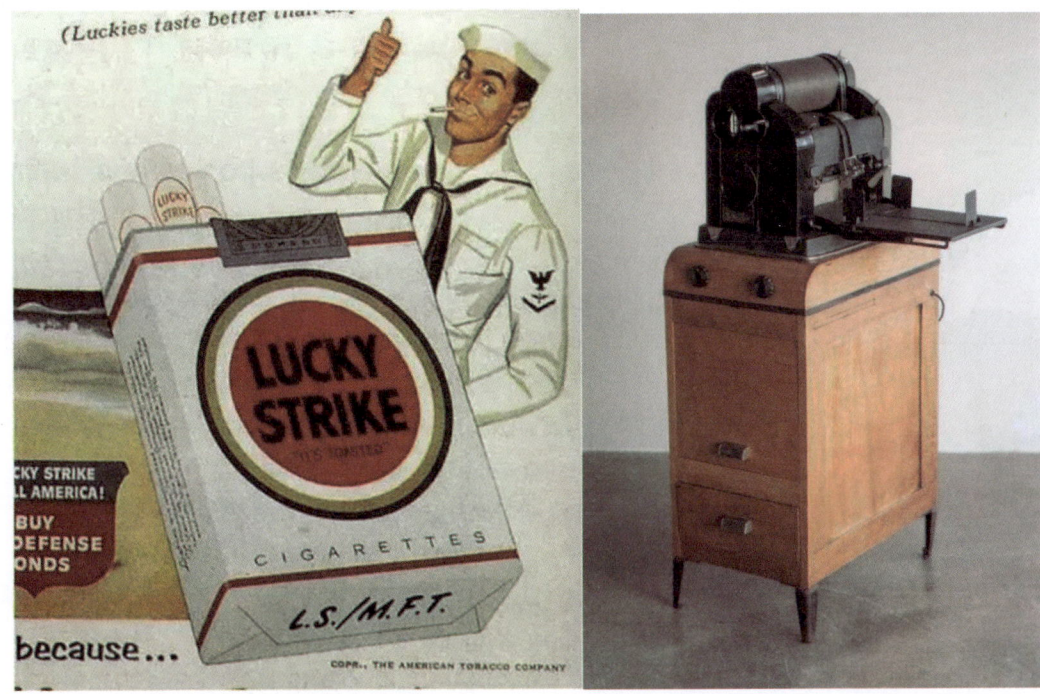

(a) LUCKY STRIKE 香烟盒　　　　　　(b) Gestetner 油墨复印机

(c) 可口可乐玻璃瓶　　　　　　　　　(d) Greyhound 巴士

(e) Studebaker Avanti 汽车　　　　　　(f) "空军一号"涂装设计

图 1-1　罗维的经典设计作品

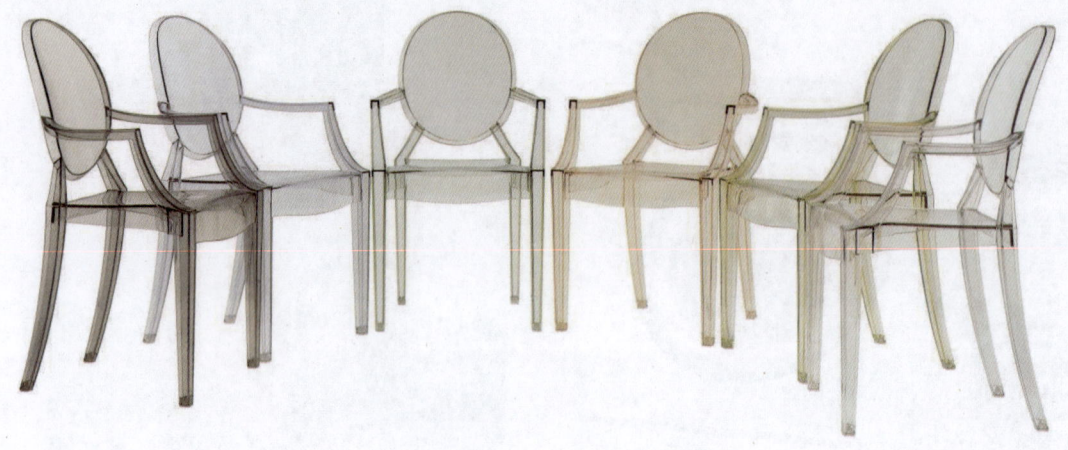

图 1-2　幽灵椅

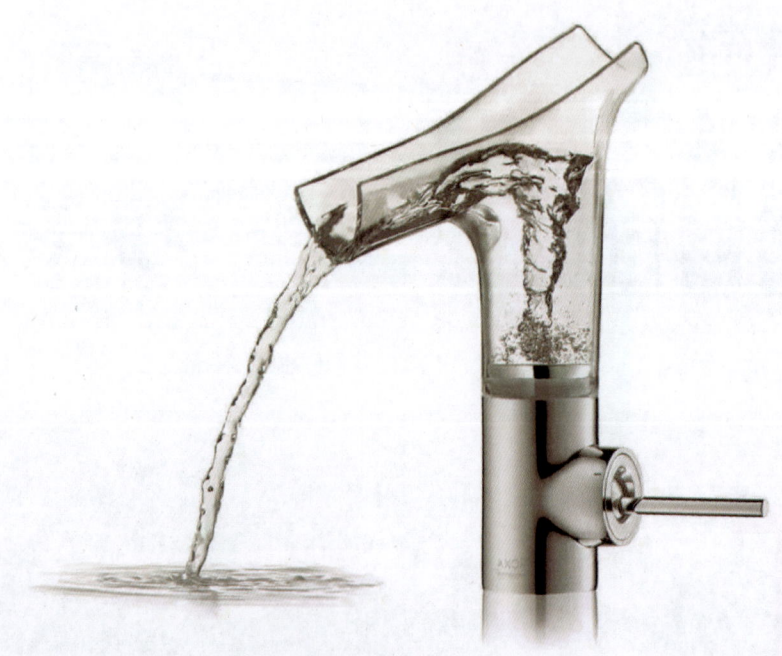

图 1-3　Axor Starck V 水龙头

图 1-4　智能电动自行车 StarckBike

图 1-5　浴室用品 Starck Barrel for Duravit

　　保罗·罗杰斯（Paul Rodgers）等在《国际产品设计经典教程》一书中将产品设计分为 3 种类型：常规产品设计，要求设计师根据明确的目标进行设计和开发；改良型产品设计，要求设计师依据需求对现有产品的某些方面进行重新设计和开发；创新产品设计，要求设计师在非常规背景下设计和创造全新产品（见图 1-6）。

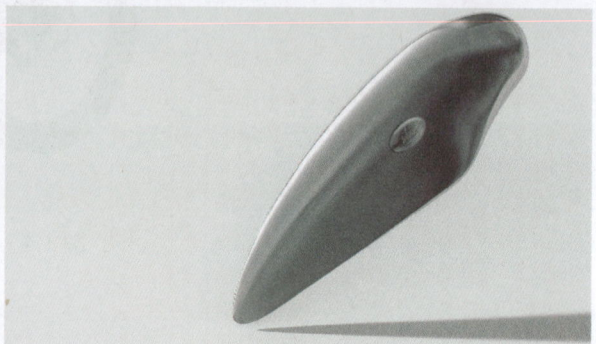

（a）常规刀具　　（b）改良刀具　　（c）创新刀具

图 1-6　常规、改良和创新刀具设计

此外，产品设计本身也是一种商业活动，旨在确保企业制造和销售的产品能够吸引并打动用户。它不仅能提供满足用户需求、改进产品功能和改善产品外观的方式，还能提出解决问题的新方法。总体来说，产品设计的核心是创造更好的事物，使之更符合用户的需求，提升企业的业绩，并为构建一个更美好的世界做出贡献。

1.3　产品设计的沿革与发展

当今世界正经历广泛而深刻的变革，这些变革极大地影响了产品设计的理念、流程、思维方式和设计方法。技术革新、社会文化的进步及对环境可持续性的关注加强等因素正在共同塑造产品设计的未来。

1. 工业 1.0 时代（始于 18 世纪末）

时代特征：标志性的蒸汽动力促成了机械化生产的实现，其中纺织机械的广泛应用尤为显著（见图 1-7）。

图 1-7 蒸汽机

产品设计特点：产品设计工作主要集中在如何利用新兴的机械化生产方法来实现大规模生产。功能性和生产效率成为设计的核心考量因素，设计师的角色趋向于工程师，主要聚焦于技术解决方案的实现。这种趋势强调了设计与工程之间的紧密联系，以及技术在产品开发中的重要性。

2. 工业 2.0 时代（始于 19 世纪末）

时代特征：电力的广泛使用和大规模生产，尤其是流水线生产方式的应用，标志着生产效率的显著提升和标准化产品的普及（见图 1-8）。

产品设计特点：产品设计开始适应标准化和批量生产的要求。设计师越来越多地关注如何在满足功能需求的同时，通过标准化的生产过程提升效率并降低成本。因此，设计的重点从单纯的技术实现转变为重视生产工艺和成本效益，这反映了设计哲学和生产实践之间关系的深化。

图1-8 福特T型车

3. 工业3.0时代（始于20世纪70年代）

时代特征：以计算机和信息技术的快速发展为标志，出现了生产自动化和数字技术的初步融合（见图1-9）。

图1-9 iMac计算机

产品设计特点：随着产品功能的日益复杂和用户需求的日益多样化，产品设计开始着重强调用户界面（UI）和用户体验（UX）的重要性。计算机辅助设计（CAD）和数字原型制作的应用大幅度提升了设计的效率和灵活性，使设计师能够更快速地迭代和优化设计方案，满足市场和用户的需求。

4. 工业 4.0 时代（始于 21 世纪 10 年代）

时代特征：以物联网（IoT）、大数据、人工智能（AI）和机器学习等技术的融合为标志，推动了智能制造和服务的个性化（见图 1-10）。

图 1-10　HomePod mini 智能音箱

产品设计特点：产品设计不再仅仅关注物理产品，而是扩展到整个服务和体验设计。设计师需要考虑如何利用数据和人工智能提供个性化的用户体验，同时关注数据隐私和安全问题。此外，设计思维和系统设计方法论被广泛应用于解决复杂的社会和技术问题。

从工业 1.0 时代到工业 4.0 时代，产品设计的演进反映了技术进步和社会变革对设计理念和实践的影响。这些变革不仅向设计师提出了新的挑战，也推动了设计领域不断进步和创新。设计师的角色从技术实现者转变为创意引领者和用户体验塑造者，产品设计的范畴也从物理产品扩展到整个生态系统。

这 4 个工业阶段并不是互相排斥的，而是彼此补充且相互交叉的。在设计实践中，设计师可能需要同时融合多个阶段的设计理念和方法，以应对复杂多变的市场和技术要求。这种跨时代的设计思维使得设计解决方案更为全面，更能满足当前和未来用户的需求。

露西娅·兰皮诺（Lucia Rampino）教授提出，基于西方经济形态的变化产生了侧重于 4 个不同方向的设计框架，对应 4 种经济形态：一是工业经济。它具有标准化、分工专业化、批量化的特点，科学与技术引领了以理性、效率及功能为主的时代精神。二是体验经济。"体验经济"一词在1999年由美国经济学家约瑟夫·派恩（Joseph Pine）和詹姆斯·吉尔摩（James Gilmore）提出，他们论述了我们已经进入了一个体验经济的时代，高度商品化促使企业寻找新的用户体验方式，提高自身的差异优势。三是知识经济。它与工业经济的概念相对，是建立在知识生产、分配和使用之上的经济。其中，Web 2.0技术和增材制造技术应运而生。四是转型经济。在转型经济中，出现了大量前3个经济形态导致的负面问题，如环境污染、全球气候变暖、贫富差距、劳动环境恶劣、隐私与安全问题等。

设计的历史不仅仅是设计对象变化的历史，更是主体观察视角的演变历史。在这个视角中，实体客体作为对这些变化观点的响应和表达方式而出现。因此，每种经济形态都见证了独特的设计语言及特定的设计技能、方法和过程的发展。在工业经济背景下，产品设计师主要关注产品的标准化和极简化，以更好地满足大批量生产的需求。而在体验经济中，设计的特点转变为强调产品美学，以及从以产品为中心转向以用户为中心的设计方法。在知识经济时代，产品设计师开始聚焦于探索产品系统的内在联系，而不仅仅关注单一产品。当前，转型经济下的设计则融合了环境、社会和伦理等多方面的考量，展示了一个较为全面、综合的设计哲学，旨在通过设计影响和改善更广泛的社会和自然环境。

每种经济形态都有主导的设计话语权，有相应的设计发展特征。而这些特征同时作为设计的4个视角：技术、用户、数字、社会（见图1-11、图1-12）。技术视角强调的是产品与技术本身。用户视角基于产品扩大研究范围，将用户及其体验纳入其中。数字视角探索更复杂的大规模生产，将新的电子元件、智能装备及智能材料等与传统的工艺技术相融合，产品由此变得更具动态性与交互性。作为数字化时代的衍生视角，社会视角从社会与伦理的角度出发看待问题,为发展可持续的社会而努力。

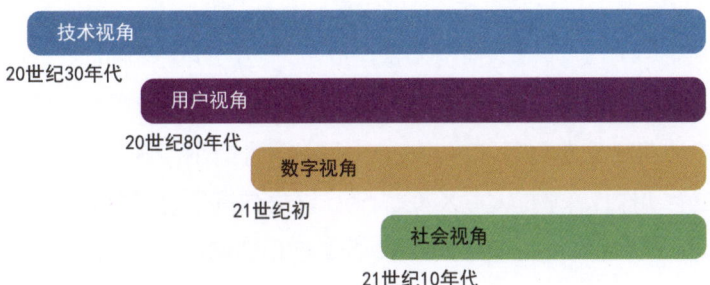

图 1-11　设计的 4 个视角:技术、用户、数字、社会

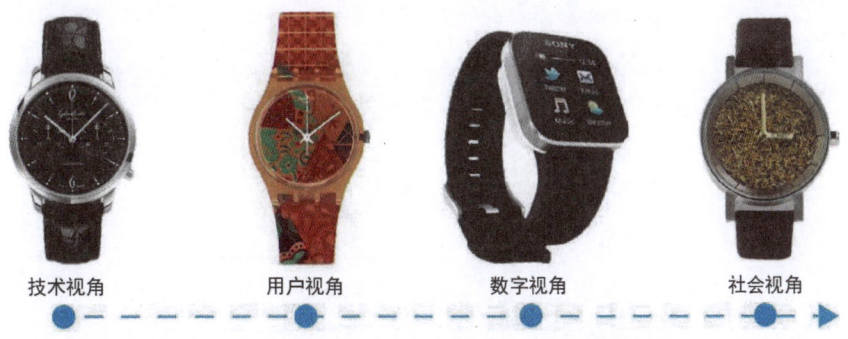

图 1-12　技术、用户、数字和社会 4 个视角下的手表设计

5. 工业 5.0 时代呼之欲出

进入 21 世纪 20 年代以来,工业 5.0 的概念开始被广泛讨论,并被视为对工业 4.0 的补充和扩展。欧盟在其多项政策和研究议程中提出了工业 5.0 的概念,特别是在研究与创新领域。这一新兴概念强调促进可持续、以人为本、具有韧性的欧洲工业转型,标志着欧洲工业向更加人性化和环境友好型工业转变。

工业 4.0 侧重于自动化、数字化和智能化,强调物联网、大数据、人工智能和机器学习等技术在制造业中的应用,旨在提高生产效率和灵活性。相比之下,工业 5.0 则在此基础上更加强调人的回归和人机协作,以及可持续性和环境友好的生产过程,主要围绕着如何将人类的创造力、手工艺和决策能力重新融入高度自动化和数字化的生产过程中,以及如何更加注重可持续性和社会责任。

如图 1-13 所示为自动订单拣选机——OPX iGo neo,获德国

Telematik 大奖。OPX iGo neo 实现了自主化和智能化，其多级安全概念和行人保护系统能够使水平顺序分拣设备准确避开障碍物，并且在停靠时和货架保持安全距离。如果较慢的车辆向前行驶或发生交通拥堵，OPX iGo neo 则会根据情况调整速度。一旦路线重新畅通，OPX iGo neo 就会自动提速。出于安全考虑，只有在操作员同意后，OPX iGo neo 才会在交叉路口行驶。当然，LED 信号指示当前模式，操作员可以随时手动操作车辆。OPX iGo neo 显著提高了拣选性能并减少了拣选错误。一方面，由于自主助手负责驾驶和转向，因此操作员可以全神贯注于自己的工作；另一方面，消除了多达 75% 的费时费力的安装和拆卸过程，并且大大缩短了带负载的步行距离。

图 1-13　自动订单拣选机——OPX iGo neo

（1）人机交互设计。

工业 5.0 突出了人与机器的和谐共存，这对工业设计师提出了新的要求，即在设计产品和系统时需重点优化人机交互（HCI）。设计师被期望创造出既能提升机器性能又能提高人类工作体验和效率的解决方案。这不仅涵盖了协作机器人（Cobots）的外观和界面设计，还包括工作环境的整体布局设计，目的是确保人机之间能够无缝协作和互动，从而创建更加有效和人性化的工作场所。如图1-14所示的OpenAI机器人Figure 01，设计灵感来源于人类的身体结构，其手部设计用于开门和使用工具，四肢则使其能够高效移动、爬楼梯、搬运物品等。

（2）定制化和个性化设计。

随着用户对产品个性化需求的增加，工业设计师需要探索更加灵活的设计方法，以适应小批量生产和定制化生产的需求。这可能涉及模块化设计理念的应用，使得产品能够根据用户的具体需求和偏好进行个性化组合和调整。同时，设计师也需要熟悉数字制造技术，如3D打印，以便在设计过程中直接考虑到这些技术的可能性和限制。如图1-15所示的适用于多种使用场景的C-lamp模块灯，具有个性化颜色组合及

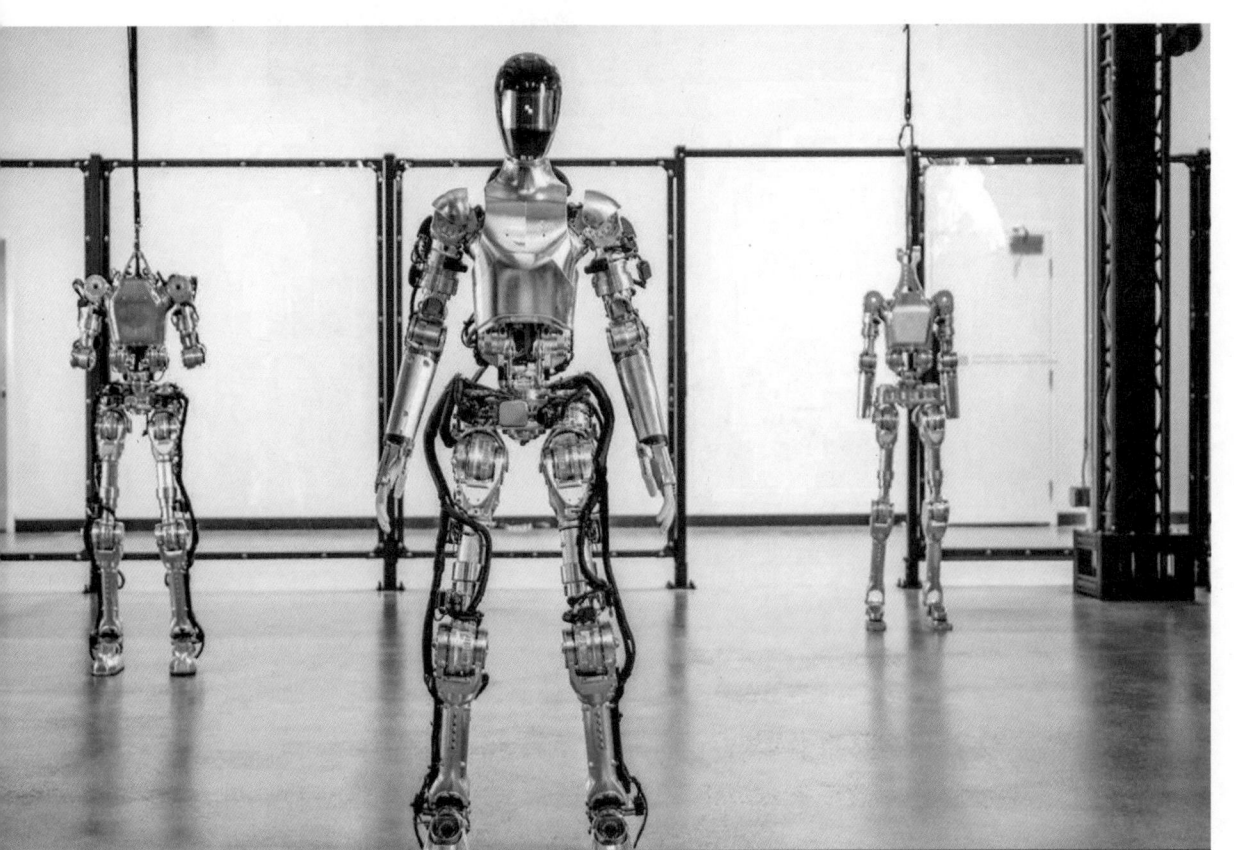

图1-14　OpenAI机器人Figure 01

流动形状；如图 1-16 所示的 VOLTBEERY 充电桩的表面外壳为装饰盖，用户可以根据自己的喜好更换颜色、质感，更加个性化。

（3）可持续性设计。

工业 5.0 倡导对环境的影响最小化，这要求工业设计师将可持续性纳入设计的核心原则，意味着在材料选择、生产过程、产品使用乃至回

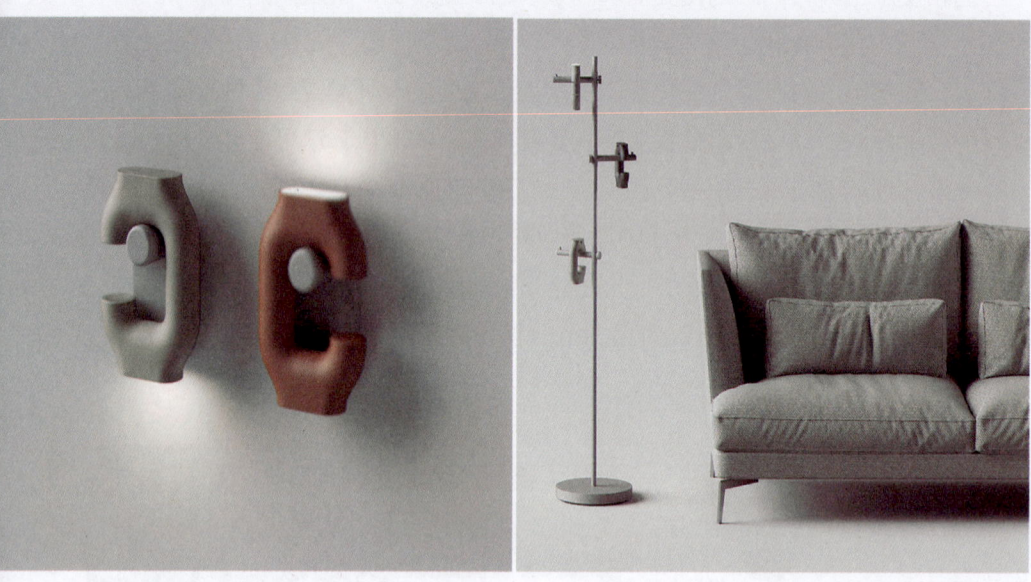

图 1-15　C-lamp 模块灯

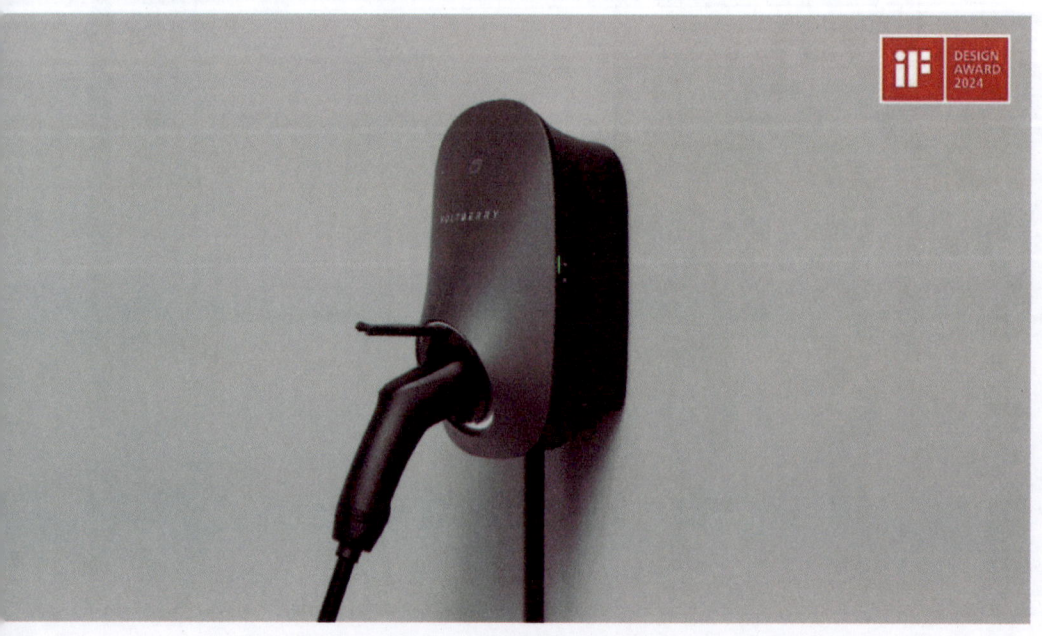

图 1-16　VOLTBEERY 充电桩

图 1-16　VOLTBEERY 充电桩（续）

收处置等各个环节，都必须细致考虑对环境的影响。设计师需采用创新的设计方法来减少资源消耗和促进材料的循环利用，探索和应用新型环保材料及技术，以确保设计方案的生态友好性。

如图 1-17 所示为艺搭绿色展台。传统艺搭展台以木质结构进行设计、搭建，主要原因在于木质展台造型多变，符合国内企业以展台造型吸引用户，同时体现企业实力的需求。但这种展台材料中的油漆、胶水、黏合剂、粉尘等包含多种污染物质，对周边环境影响较大。

艺搭绿色展台是基于整个展览过程进行的系统设计，以模块化、可持续的设计理念为基础，采用可循环、可降解、可再生的材料，从底层解决材料污染的问题；以施工人员为核心绘制用户旅程图，使整个流程从产品到落地的过程更合理；从市场化角度进行整体运营，使产品符合更多用户的需求，再反哺前端绿色化模块设计，形成生命周期的迭代。

如图 1-18 所示为 Apple Watch FineWoven Magnetic Link 磁吸表带，是在考虑环保要求的情况下设计的——由 68% 的回收材料制成，与皮革相比，显著减少了碳排放。磁吸表带与 FineWoven 包裹在手腕上，与模制磁铁相连，可轻微弯曲。FineWoven 由耐用的微斜纹材料制成，具有柔软的仿麂皮感。

产品系统设计：场景、体验与创新

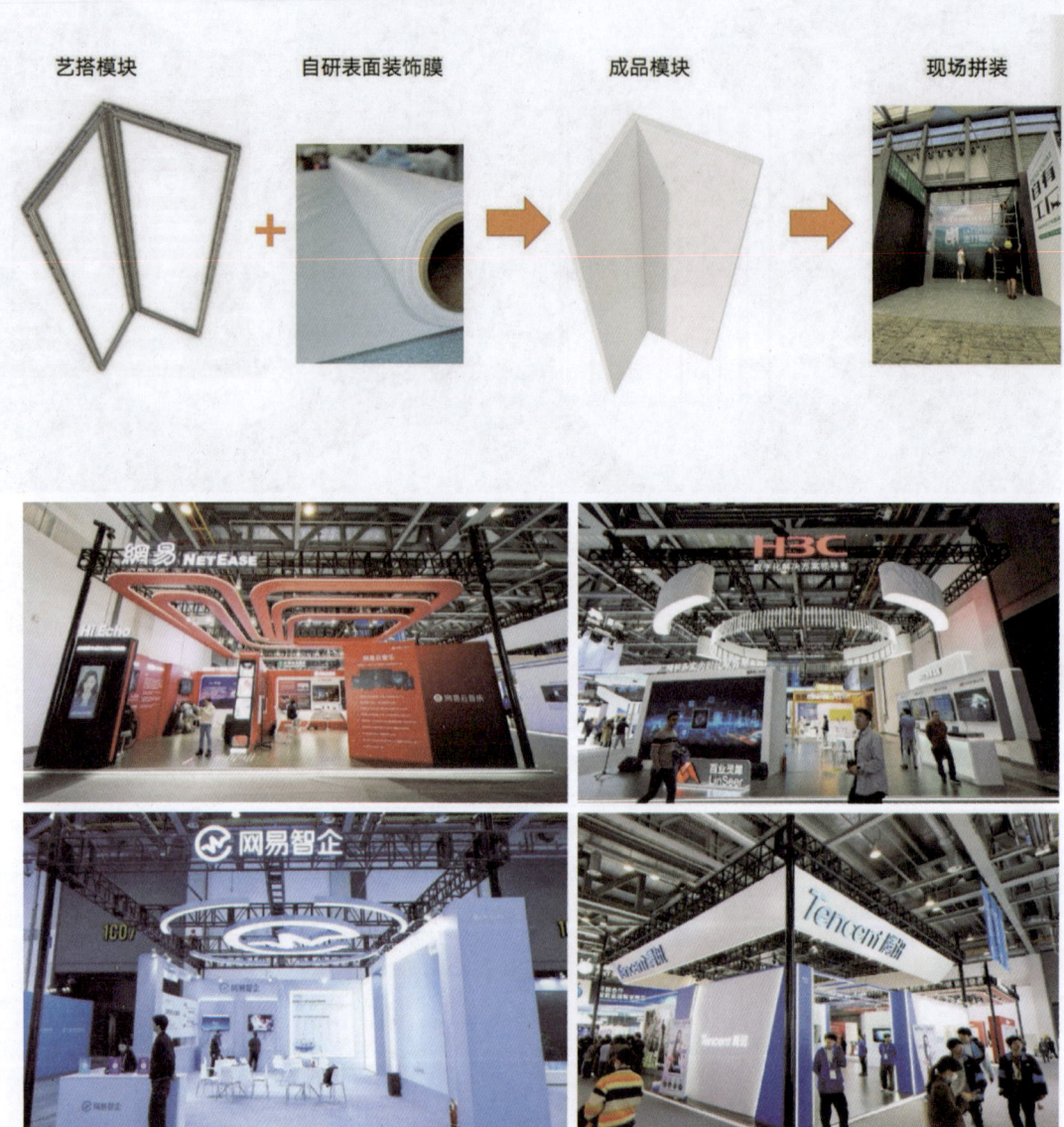

图1-17　艺搭绿色展台

图 1-18　Apple Watch FineWoven Magnetic Link 磁吸表带

（4）强化人的角色。

工业 5.0 时代，设计师被要求重新思考人在生产和消费过程中的作用。设计的目标不仅仅是提升生产效率和满足功能需求，更重要的是辅助增强人的能力、提高人的生活质量，并充分考虑社会和文化的影响。设计师需要采用更加人性化的设计方法，关注产品如何在情感、健康和社会互动方面产生影响，从而确保设计不仅满足技术和经济的需求，还能增进人的整体福祉（见图 1-19、图 1-20）。

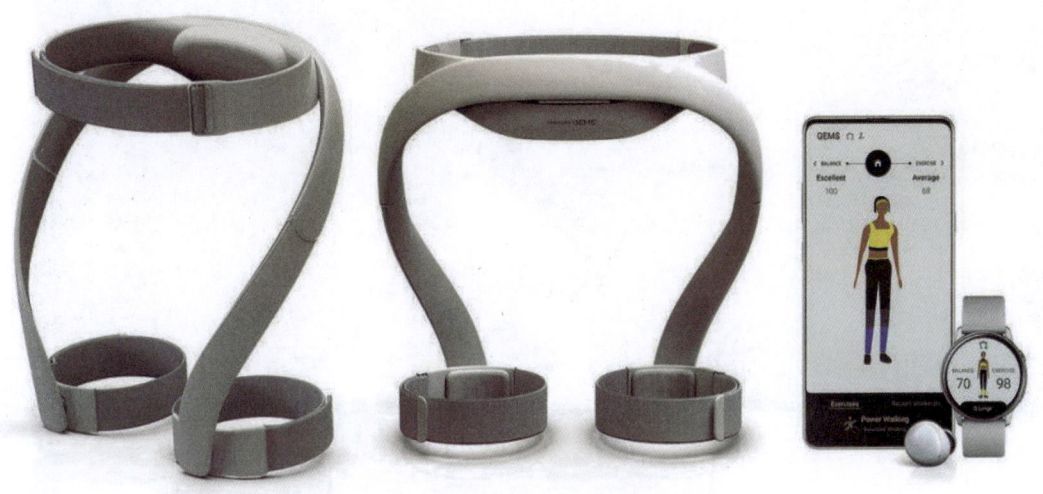

图 1-19　三星 GEMS 健身可穿戴设备

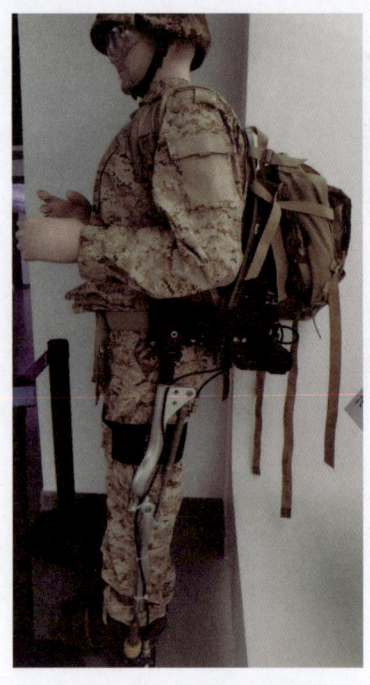

图 1-20　机械外骨骼

（5）利用新技术。

工业 5.0 时代的新兴技术（如生成式人工智能、物联网和增强现实等）为工业设计提供了新的工具和可能性。设计师可以利用这些技术创造智能化、互联的产品和服务，提供更加丰富和个性化的用户体验。如图 1-21 所示产品，设计团队以无线赋能，精准解决工具痛点。

图 1-21　琢美无线工具

如图 1-22 所示为高铁智能清洁机器人（高小管）设计，产品设计师利用智能物联技术，减轻高铁工作人员压力，改善高铁车厢环境。

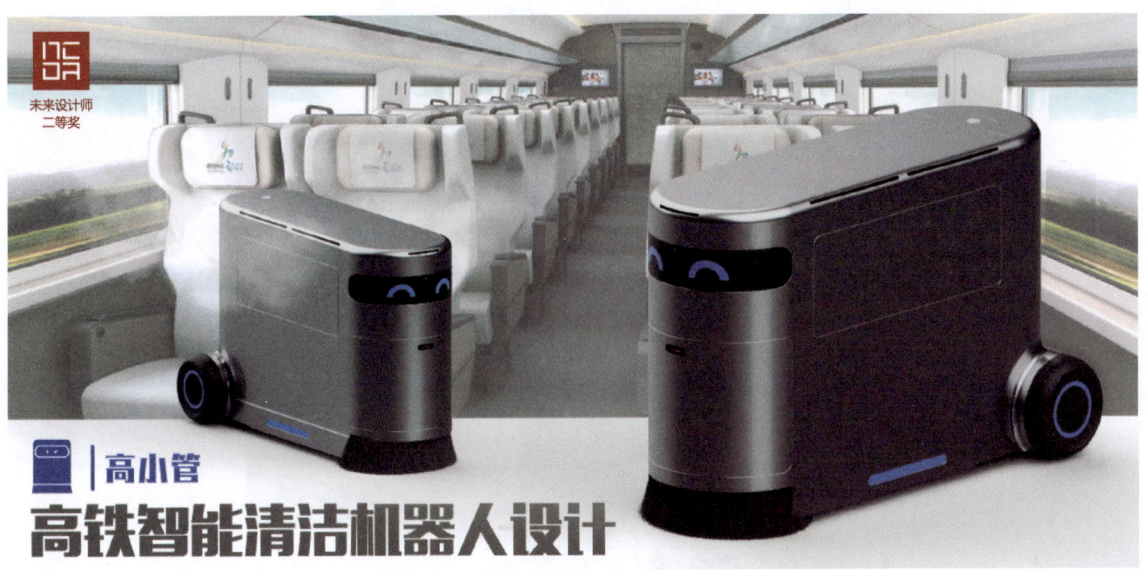

● ■ 设计说明

高小管是一款高铁智能清洁机器人，具有垃圾收集、地板清洁和空气清新3种功能。垃圾箱为自动感应设计，卫生且便捷，同时采用干湿分离分类方式。管理员可以通过高小管App查看机器人电量与可用容量等信息，通过实况视频查看车厢状况。此款机器人不仅能减轻高铁工作人员人手不足的压力，还能有效保障高铁车厢清洁，进行智能化工作。

● ■ 设计背景

过道狭窄　　　　垃圾乱扔　　　　人手不足

图 1-22　高铁智能清洁机器人（高小管）设计

图片来源：上海电机学院产品设计专业 2022 级陆懿岭、罗亚婷，设计指导：侯佳

● 细节展示

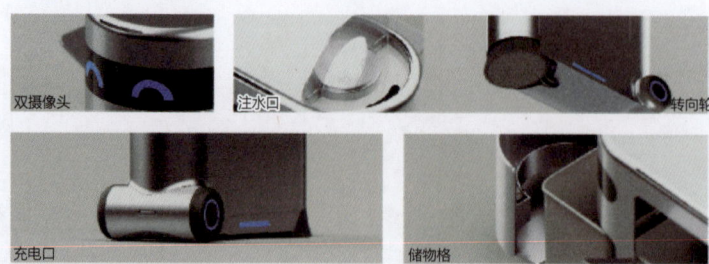

● 使用状态

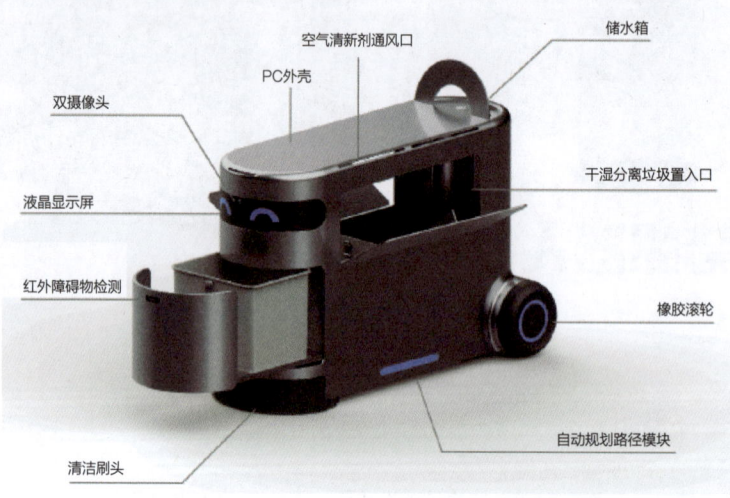

● 使用情景

收集垃圾

避让清扫

图 1-22　高铁智能清洁机器人（高小管）设计（续）

● 交互界面

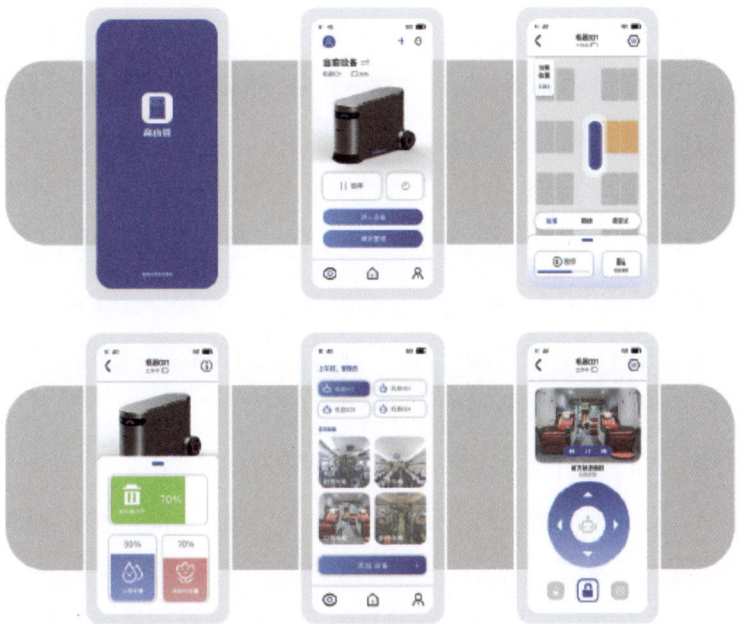

● 三视尺寸图

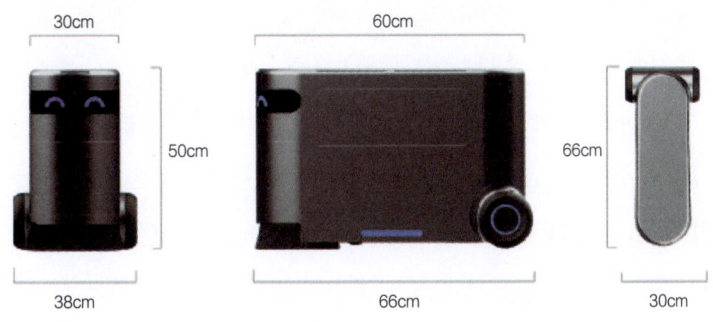

图 1-22　高铁智能清洁机器人（高小管）设计（续）

1.4 产品设计师的角色

产品设计的核心任务是识别、分析并解决问题。设计过程通常始于客户对问题的描述或企业内部对设计需求和目标的明确指导。从根本上说,产品设计面临的挑战涉及任务目标、限制条件及评价标准3个关键方面。产品设计师必须在给定的限制条件下实现任务目标,并利用既定的评价标准来判断所提出解决方案的可行性。

产品设计师的主要职责如下:通过优化产品功能和性能以简化用户操作,探索并应用最新的制造技术以提升产品的使用效率,以及通过创新且精美的设计来吸引用户,增强产品的情感感染力。产品设计师需深入参与整个产品开发过程,即从将用户需求转化为产品开发概要、创建初步草图、进行详细设计,到最终制作模型和原型。

随着时代的进步,产品设计师所需技能也发生了变化。他们不仅需要掌握概念造型、新产品开发、产品风格设计等传统硬技能,还需要熟练运用品牌化策略、计算机辅助设计(CAD)、趋势预测、图形用户界面(GUI)设计、用户研究和市场分析等现代软技能。这些能力的融合使得设计师能够更全面地应对当下的设计挑战。

概括来说就是,今天的产品设计师所需的能力包括观察、询问并听取用户的诉求,组织并掌控沟通与交流(与用户、制造商、客户、项目经理、工程师等),构思设计概念、开发与评估设计、制作与测试产品原型、制作细节效果图,并且深入参与到最终产品的制造过程中。产品设计师也因此转变成兼顾营销、管理、设计与工程,融合艺术、科学与商业的杂家。这对产品设计师提出了新的要求和挑战,要求产品设计师具备跨学科的知识、灵活的设计思维和对新技术的敏感度,以在利用新技术、人机交互设计、定制化和个性化设计、可持续设计和人性化设计等方面推动创新,见图1-23移动充电车设计。

第 1 章　绪论

移动充电车设计

为新能源汽车提供自动化的充电服务

未来设计师
二等奖

在目前充电桩的建设还不足以满足新能源汽车充电的背景下，通过AGV、可更换电池等技术为新能源汽车提供便捷的充电服务

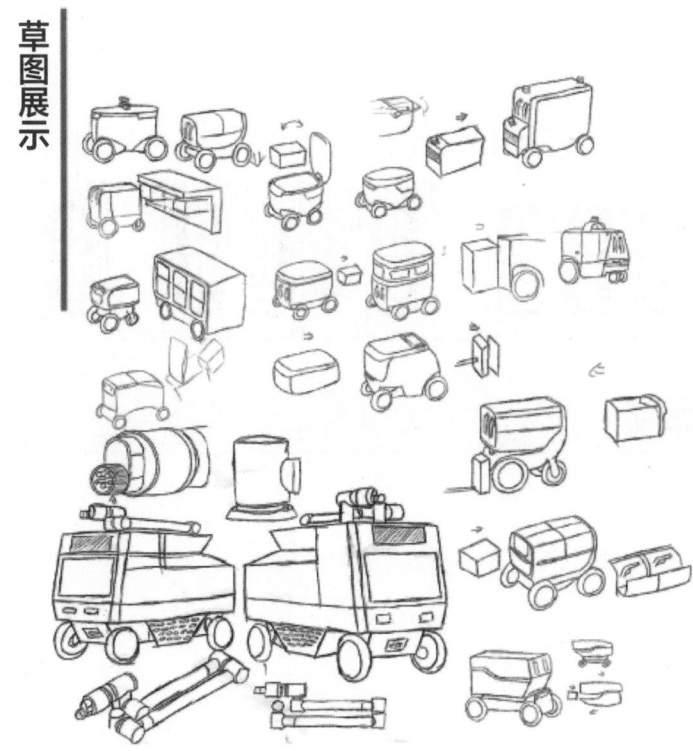

草图展示

图 1-23　移动充电车设计

图片来源：上海电机学院工业设计专业 2020 级徐晟，设计指导：王诗傲、刘成

产品系统设计：场景、体验与创新

换电设计

设计说明

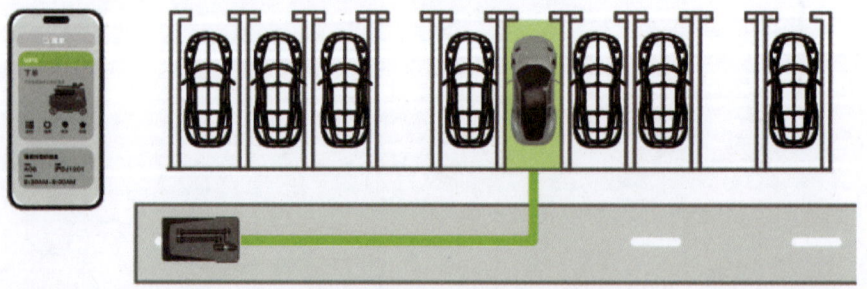

设计方面：首先，在AGV的基础上，通过设置机械充电臂的方式，为新能源汽车提供自动化的充电服务，用户只要在App上进行交互便可远程为新能源汽车充电，大大普及了充电服务，提高了充电效率。其次，电池为可更换设计，通过配套的换电站可以实现电池的快速更换，以此提高充电车的出勤率。

技术方面：通过搭配摄像头、激光雷达、传感器等，可以使充电车有效、及时地找到新能源汽车所在位置并精准地与充电口相连接，充电结束后充电车也能自动进行补电，以此实现完全无人化的充电体验。

图 1-23　移动充电车设计（续）

三视图

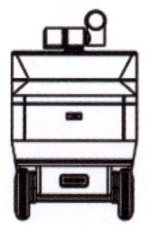 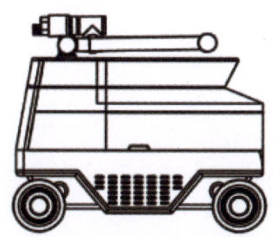 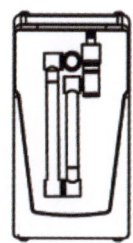

产品细节

| #3d9741 | #292b2c | #adacab | #e0dddb | #f9f0a7 |
| LED绿色灯光 | ABS工程塑料 | ABS工程塑料 | 奥氏体304不锈钢 | LED黄色灯光 |

图 1-23　移动充电车设计（续）

总而言之，良好的客户与产品设计师关系是影响新产品开发的关键因素之一。客户期望产品设计师能够发现并提出他们尚未遇到或未意识到的问题，甚至是他们可能忽略的衍生问题或设计机会。同时，客户还希望产品设计师在解决这些问题时能够兼顾产品的形式、材料、美学和制造等多个方面。这种关系是双向的：客户需要产品设计师全面考虑设计过程中可能遇到的所有问题，而产品设计师则希望在定义和探索新问题时能有更多的创造自由——这些问题可能是客户从未考虑过的。因此，客户与产品设计师之间的互动常常需要在双方的期望和控制欲之间找到一个平衡点，产品设计师需要有清晰的认识和适当的处理策略。

■ 思考题

1. 举例说明不同经济形态下的产品设计特征。
2. 产品设计的本质是什么？

第 2 章

系统科学与产品设计

1. 教学内容

（1）系统的概念与特征。
（2）系统的要素、结构、功能与环境。
（3）系统工程方法。
（4）产品设计系统观。

思政融合点：构建产品设计的系统性思维，提升人文素养，树立科学设计观念，强化对设计逻辑性、规范性与前瞻性的理解。

2. 授课方式及学时

（1）课堂讲授：2 学时。
（2）案例教学：2 学时。
（3）分组讨论：2 学时。

3. 学生学习预期成果

了解现代产品设计系统观。

4. 支撑课程目标

建立产品及其设计的系统观，在现代系统科学思想的指引下，理解现代产品及其设计的系统性内涵。

设计学作为一门交叉学科，必须整合其他学科的成熟理论和方法，深入探索设计创新活动的独特性，以进一步巩固其研究对象和方法论上的特色。在这一过程中，设计学与系统科学的结合至关重要，它要求将设计对象看成一个整体系统，关注系统内部组件之间的相互作用及其与外部环境之间的关系。这种综合性的方法鼓励设计师从宏观角度进行思考，不仅仅聚焦于单一产品的功能和外观，更强调产品在更广泛的系统中的作用和影响，涵盖用户体验、可持续性和生态平衡等方面。运用系统科学，树立正确的产品设计系统观，不仅能更好地响应社会和环境需求，还能推动产品设计创新及其可持续发展。

■ 2.1 系统的概念

人类对系统的研究源远流长，早在古希腊时代，哲学家们就已使用"系统（system）"一词，并定义其为由各部分组成的整体。然而，系统作为一个科学概念，在各学科领域的普及始于 20 世纪 20 年代。通常认为，美籍奥地利生物学家路德维希·冯·贝塔朗菲（Ludwig Von Bertalanffy）于 1937 年提出的一般系统论概念是系统论的起点。贝塔朗菲在 1945 年发表的《关于一般系统论》和 1968 年出版的《一般系统论：基础、发展和应用》，被视为系统论学科的经典之作。

系统论的核心思想是系统的整体观念。贝塔朗菲强调，任何系统都是一个有机的整体，不是各个部分的机械组合或简单相加，这些部分不能孤立地被完全理解，而应通过它们的相互作用及整个系统来理解，系统的整体功能是各个要素在孤立状态下所没有的。他用亚里士多德的"整体大于部分之和"的洞见来说明系统的整体性，反对那种认为要素好整体性能就一定好的观点。同时他还认为，系统中的各个要素不是孤立地存在的，而是每个要素在系统中都处于一定的位置、起着特定的作用；要素之间相关联，构成了一个不可分割的整体；要素是整体中的要素，如果将要素从整体中分割出去，其将失去要素的作用。

贝塔朗菲对系统及其基本原理的数学描述如下。

如何认识系统呢？对于任何一个"复杂"事物的组成"要素"的复合体，可有以下 3 种不同的区分方式。

（1）按照要素的数目来区分，如"a的要素数目与b的不同"。

（2）按照要素的种类来区分，如"a的要素种类与b的不同"。

（3）按照要素的关系来区分，如"a的要素关系与b的不同"。

将任何一个"复杂"事物的要素的数目、种类、关系认识清楚了，也就认识了复杂事物。

简单的图示（见图2-1）可以清楚地说明这个论点，图中的a和b表示不同的复合体。

在（1）和（2）这两种情况下，可将复合体理解为各个孤立要素的总和。

在（3）的情况下，就不仅要知道各个要素，还要知道它们之间的关系（结构—系统）。

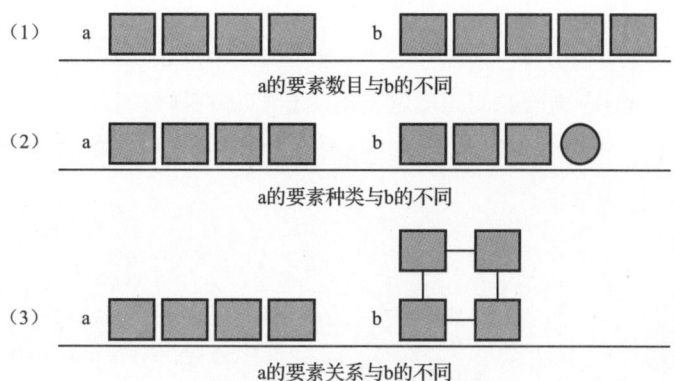

图2-1 系统的数学描述

一般系统论则试图给一个能描述各种系统共同特征的、一般的系统定义：若干要素以一定结构形式联结构成的具有某种功能的有机整体。这个定义中包括了系统、要素、结构、功能4个概念，表明了要素与要素、要素与系统、系统与环境3个方面的关系。

我国著名科学家钱学森曾引用恩格斯的话来阐释系统观："一个伟大的基本思想，即认为世界不是既成事物的集合体，而是过程的集合体"，并解释，"集合体"就是系统，"过程"则是系统中各个组成部分的相互作用和整体的发展变化。钱学森进一步指出："把极其复杂的研究对象称为系统,即由相互作用和相互依赖的若干组成部分结合成的具有特定功能的有机整体,而且这个系统本身又是它所从属的更大系统的组成部分。"此外,日本在1967年的工业标准(JIS)中定义系统为"由许多组成要素保持有机的秩序,向着同一目的行动的实体"。

总体来说,学者们从不同角度将系统大致定义为3类。一是把系统看成数学模型的某一类,即可以反映系统内部因素数量关系的数学公式、逻辑准则和具体算法。二是通过"元素""关系""联系""整体""整体性"这些概念给出系统的定义,通常为如下形式:系统是由两个以上可以相互区别的要素构成的集合体;各个要素之间存在着一定的联系和相互作用,形成特定的整体结构和适应环境的特定功能;它从属于更大的系统。三是借助"输入""输出""信息加工""管理"这些概念给出系统的定义。采用黑箱、灰箱和白箱来定义系统,是指当一个系统内部结构不清楚或根本无法弄清楚它的结构的时候,借助系统的输入、输出,分析系统特性,而无须考虑系统内部的结构。

下面以智能手机为例进行说明。

黑箱视角:对大多数用户来说,智能手机是一个黑箱系统(见图 2-2)。用户知道如何通过触摸屏幕进行操作(输入)以及预期的结果(输出),如点击摄像头图标拍照,但他们不了解内部的硬件或软件是如何处理这些指令的。

图 2-2　黑箱系统:用户操作智能手机

灰箱视角：一个智能手机应用程序开发者对于手机的理解可能是灰箱的（见图2-3）。他们了解软件开发的方方面面，以及如何调用手机的硬件功能（使用摄像头或加速度计等），但可能不完全理解这些硬件的内部工作原理。

图2-3 灰箱系统：开发者开发智能手机应用程序

白箱视角：对智能手机的设计工程师而言，智能手机是一个白箱系统（见图2-4）。他们不仅知道如何操作手机，还了解其内部的每个组件如何工作，以及微处理器、内存、软件算法等的详细信息。

图2-4 白箱系统：设计工程师了解智能手机的组件

系统和非系统的区分依赖于所使用的参照系。在一个特定的参照系中，若一个或一类研究对象被视为系统，其构成要素和所处环境则可能被视为非系统。同一个研究对象在不同的参照系中，可能被视为系统、要素或环境。例如，从生物学视角看，一个人是一个系统；从社会学视角看，他可能是家庭的一员（要素）；而对其他人来说，此人可能处于他们的社交环境。

总之，"系统"这一概念几乎无所不在。它适用于任何设计对象，允许人们从整体、要素和关系的角度全面分析事物。系统与非系统是相对的概念（见图2-5），在不同的参照系下，系统的定义和含义也会有所不同。因此，系统本身也是相对的。

图2-5　蓝牙音箱：从系统到非系统

图片来源：上海电机学院工业设计专业2022级张铖水等

■ 2.2　系统的特征

作为设计师，理解系统的特征对设计过程至关重要。系统一般具备以下特征。

1. 整体性

系统的整体性体现为它是由各个要素构成的有机整体。系统作为整体，具有部分或部分之和所没有的性质，即整体不等于部分之和。与此同时，系统组成要素受到系统整体的约束和限制，其性质被屏蔽，在系统中丧失独立性（要素脱离系统之外自成系统的独立性另论）。例如，在智能手表设计中，需考虑其与智能手机的配合使用，以确保用户体验的连贯性。如图 2-6 所示为不同品牌的智能手表系统设计。

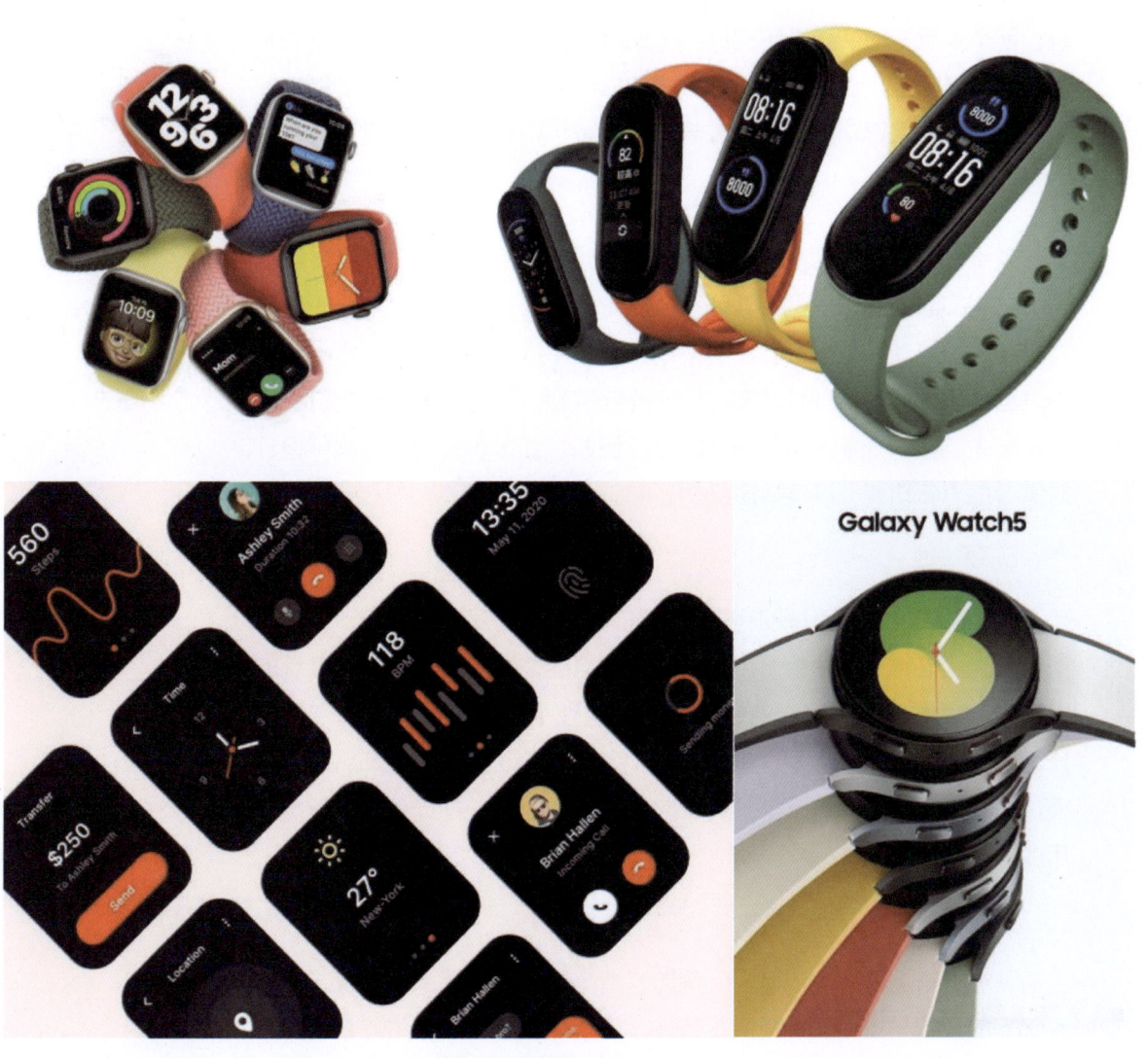

图 2-6　智能手表系统设计

2. 相关性

系统的相关性体现为组成系统的各个要素之间或系统与组分之间相互作用、相互联系、相互依赖和相互制约。系统中不存在与其他要素无关的孤立要素或组分，所有要素或组分都会按照该系统特有的、区别于别的系统的方式彼此关联在一起。例如，智能手表的通知系统设计要与用户的日常需求紧密相关，包括健康监测、日程提醒等。

3. 层次性

系统的层次性是指系统内部的等级秩序，是对复杂系统结构的一种组织和规划。同时，要素本身也是一个系统：要素作为相应系统的子系统，而子系统又由次子系统构成……如此，次子系统、子系统、系统构成层次递进关系。例如，在智能手表的操作界面设计中，重要功能应该容易访问，而次要功能可以稍微隐藏，以减轻用户的操作负担。

4. 动态性

系统的动态性体现为系统中的各个要素及相互关系是会发展变化的。一切实际系统由于其内外联系及复杂的相互作用，总是处于无序与有序、平衡与非平衡相互转化的运动之中，系统的存在本质上是一个动态过程，系统结构不过是动态过程的外部表现。而任一系统作为过程又构成更大过程的一个环节、一个阶段。例如，在进行智能产品软件设计时需考虑更新功能，以保持产品功能的时代感。

5. 预决性

一般系统论认为系统的有序性不是为有序而有序，而是按一定的方向有序，且这种方向是由一定的预决性或目的性所支配的。一个系统的发展方向，不仅取决于它的预决性（目的性）及实际状态（偶然性），还取决于其对未来的预测（必然性）。例如，在设计可穿戴产品时，需通过进行用户研究预测未来趋势，如增加血氧监测功能以应对健康类应用的需求增加。

6. 适应性

系统具有适应环境的能力。例如，汽车动力系统是人造系统，是为人服务的，要与使用环境及汽车特性、外形相匹配。一个生态系统只有适应生存环境，才能保持生态系统的稳定。例如，智能家居系统应能根据不同用户的偏好自动调整控制管理模式。

如图 2-7 所示为某智能家居系统,包含各种组件,如智能灯、智能恒温器、智能安防摄像头、智能锁和中央控制枢纽。连线指示了中央控制枢纽与每个组件之间的通信路径。智能灯在多个房间中、智能恒温器在客厅、智能安防摄像头在房子外部、智能锁在门上,实现移动感应、

图 2-7　某智能家居系统

日光感应、远程控制、语音控制、空调控制等功能，同时为用户提供综合能源管理、监控与运维、数据分析等多维度服务。

2.3 系统的要素

要素又称元素，是构成系统的基本单元，也是系统存在的根基。然而，系统并不仅仅是其组成要素的简单叠加。在系统内部，各个要素根据其对系统输出功能的重要性，具有不同的地位和作用。其中，一些要素因其在决定整个系统行为中的核心作用而被视为核心要素，而其他具有辅助性或从属性的要素则被视为非核心要素。这种分层凸显了要素在系统功能和结构中的不同重要性。

在用户层面上，核心要素是理解产品的重点，也是后期用户体验反馈的重点。

如图 2-8 所示为 iPhone 手机初代产品，屏幕下方的 home 按键即其核心要素，在起到物理按键作用的同时，还关联着手机内部交互等众多功能；在系统中属于核心要素的同时，在外观设计上也是如此。

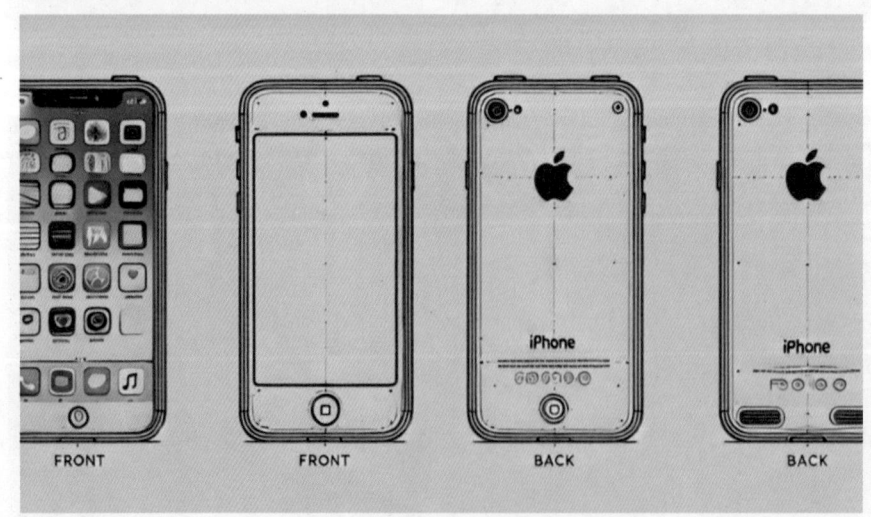

图 2-8　iPhone 手机初代产品

如图 2-9 所示的 OAK&IRON One 系列空气泵是先进的轮胎充气机，可实现无缝互动，轻松为轮胎充气。其强劲的电动机为轮胎充气的速度是其他轮胎充气机的 2～3 倍，先进的散热系统可确保其使用寿命，3.2 英寸的屏幕可显示精确到 0.1 PSI 的压力读数。在其整个系统中，核心要素为操作显示界面，而在操作显示界面这个子系统中，核心要素转变为用户直接使用的按键部分，和初代 iPhone 的核心要素设置是相同的。

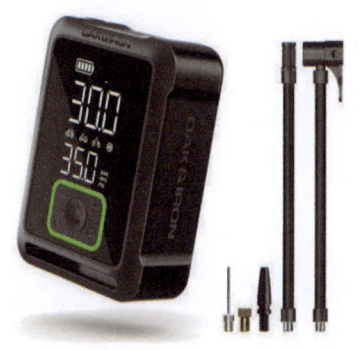

图 2-9　OAK&IRON One 系列空气泵

■ 2.4　系统的结构、功能与环境

系统的结构是指系统内部各组成要素之间的相互联系和作用方式，即要素之间在时间和空间上的组合关系。结构是系统内在关系的集合，是系统维持整体性并执行特定功能的基础。结构不仅仅是构造的体现，更关键的是，它反映了要素间的相互作用、活动、信息交流和反馈。通过结构，系统的各个要素组成了一个有机整体。结构越合理，系统内部各部分之间的相互作用越协调。系统结构的优劣直接影响到系统的综合性能：优秀要素若缺乏有效的结构组织，其潜力可能无法充分发挥；相反，即便是一般要素，通过优秀的结构组织，也可能最大限度地展现其效能。

系统的各个要素通过结构组成一个整体系统，而系统之所以表现出一定的整体性，还在于它表现出一定的功能。功能是一切系统所具有的行为特征，表现在一定系统同周围客体、对象和环境的关系上。系统学中的一个简单且基本的原理是系统的结构与环境共同决定系统的功能。功能是一个过程，是系统内部固有能力的外部体现，系统功能的发挥既受环境变化的制约，又受系统内部结构的影响。当然，系统功能反过来也会影响其结构和环境，它们往往是相互影响的双向关系。系统结构包括物理结构与信息结构，不同时空尺度和层次结构一般对应不同模式和功能。系统环境包括自然环境、社会环境、技术环境。

　　系统功能通常不能简单还原为其各组成部分功能的总和，它通常是在时间和空间中演化出来的。例如，在卷毛器产品系统中，旋转刀片、电池、电动机、壳体等单独组件并不具备完整的系统功能，但经过设计师的系统设计后，形成一件完整的商品（见图2-10）。此外，在特定环境条件下，系统的结构可以决定其功能，反之则不一定成立。这一事实不仅增加了

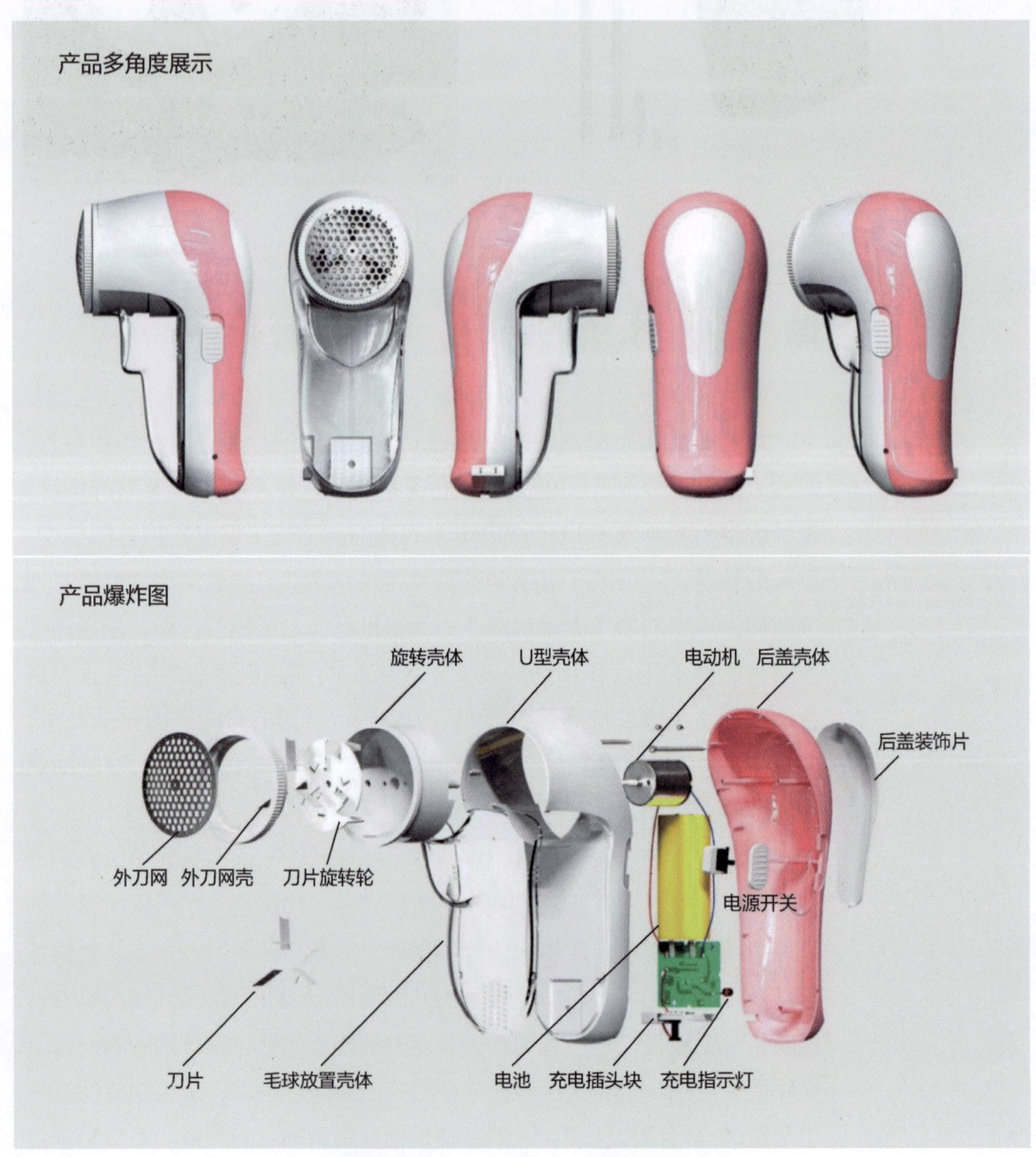

图2-10　卷毛器产品及其系统要素

根据系统功能来推断其内部结构("黑箱"或"灰箱")的难度,也提供了使用不同模型结构来表达、模拟或调控系统功能的灵活性。

产品的实际功能表现不仅取决于其形态,还取决于使用模式和使用场景。根据使用场景、使用状态的不同,又可对系统的各个要素进行重新排布,形成新的产品。虽然系统功能相同,但产品的使用场景、用户体验截然不同(见图2-11)。因此,设计师需要在设计中对二者一视同仁。换言之,设计产品也需要设计其使用场景。

图2-11 不同使用场景和用户体验的卷毛器

通常，为了理解系统行为，可以深化对其内部结构的认知，也可以利用外部观测信息，或将两者结合。为了提升系统功能，可以增强组件的个别功能，也可以优化组件间的相互作用，或两者同时进行。优化组件间的相互作用意味着对系统结构进行调整或调控，以实现期望的整体功能或目标。这通常涉及调整系统的可控变量或要素，以在一定范围内达到或维持其自身或其关联系统的动态平衡。显然，任何调控策略都依赖于系统的状态、功能和环境条件，这就要求对系统的信息、认知、调控与不确定性因素的处理进行深入研究。

■ 2.5 系统工程方法

1. 霍尔系统工程方法

常用的系统工程方法是由系统工程创始人之一霍尔（A.D.Hall）创立的。他将系统的整个管理过程分为前后紧密相连的 6 个阶段和 7 个步骤，并考虑了为完成这些阶段和步骤的工作所需的各种专业管理知识。霍尔的三维结构模型由时间维、逻辑维和知识维组成，如图 2-12 所示。

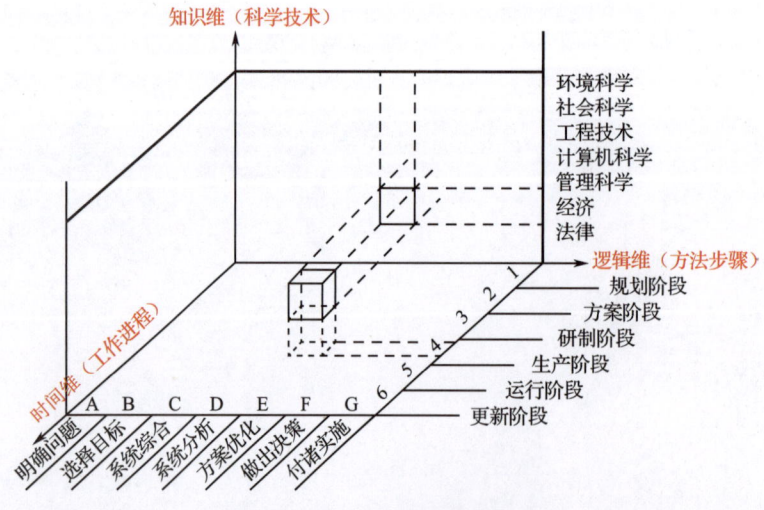

图 2-12 霍尔的三维结构模型

（1）时间维（工作进程）。对于一个具体的工程项目，从规划起一直到更新为止，全部过程可分为规划、方案、研制、生产、运行和更新 6 个阶段。

（2）逻辑维（方法步骤）。对于一个大型项目，一般可分为明确问题、选择目标、系统综合、系统分析、方案优化、做出决策和付诸实施 7 个步骤。

（3）知识维（科学技术）。系统工程需用到各种专业知识，霍尔把这些知识分成环境科学、社会科学、工程技术、计算机科学、管理科学、经济、法律等，并称之为知识维。

结合产品创新设计流程（详见第 4 章），运用系统工程知识，把霍尔三维结构模型中的 6 个时间阶段和 7 个逻辑步骤结合起来，便可形成产品设计情境下的霍尔管理矩阵，如表 2-1 所示。

表 2-1 产品设计情境下的霍尔管理矩阵

时间维 （阶段）	逻辑维（步骤）						
	1.明确问题	2.选择目标	3.系统综合	4.系统分析	5.方案优化	6.做出决策	7.付诸实施
1.规划阶段	a11	a12	a13	a14	a15	a16	a17
2.方案阶段	a21	a22	a23	a24	a25	a26	a27
3.研制阶段	a31	a32	a33	a34	a35	a36	a37
4.生产阶段	a41	a42	a43	a44	a45	a46	a47
5.运行阶段	a51	a52	a53	a54	a55	a56	a57
6.更新阶段	a61	a62	a63	a64	a65	a66	a67

在这个系统化的过程中，每个阶段都设定了具体的管理内容和目标，每个步骤都采用了特定的管理手段和方法。这些环节彼此相互联系，并与特定的管理对象结合，形成了一个有机整体。

霍尔管理矩阵作为一个工具，可以指导人们在各个阶段应执行哪些具体工作，并明确这些工作在整体中的位置和作用，从而合理安排工作。

将霍尔系统工程方法应用于大型工程项目，特别是那些探索性强、技术要求高、投资巨大、周期长的"大科学"研究项目，可以有效减少决策失误和计划实施过程中的困难。这种系统化的方法不仅有助于提高项目管理的效率，还有助于增强项目执行的准确性。

2. 切克兰德调查学习法

系统工程常把所研究的系统分为良结构系统与不良结构系统（见表 2-2），由于它们具有不同的特点，因此分别采取不同的解决方法。在产品设计背景下，系统工程更关注不良结构系统。

表 2-2　系统类型及其解决方法

类型	定义	特点	解决方法
良结构系统	偏重工程、机理明显的物理型硬结构	可用较明显的数学模型描述，有较现成的定量方法可以计算出系统的行为和最佳结果	用"硬方法"求出最佳的定量结果。霍尔的三维结构模型主要适用于此
不良结构系统	偏重社会、机理尚不清楚的生物型软结构	较难用数学模型描述，因其加入了人的直觉和判断，往往只能用半定量、半定性或定性的方法来处理问题	用"软方法"求出可行的满意解，常用德尔菲法、情景分析法、冲突分析、切克兰德调查学习法等

20世纪40—60年代，系统工程主要用于寻求各种战术问题的最优解策略或者组织和管理大型工程建设项目，这一时期非常适合应用霍尔方法论。然而，自70年代起，系统工程的应用领域逐渐扩展到研究社会经济发展战略和组织管理问题。这些新领域涉及的人、信息和社会因素相当复杂，导致系统工程的对象变得"软化"，其中许多因素难以量化。从70年代中期开始，许多学者在霍尔方法论的基础上进一步提出了各种软系统工程方法论。到了80年代初，由英国学者切克兰德（P. Checkland）提出的调查学习法则是具有代表性的一个。

切克兰德认为，将传统解决工程问题的方法应用于社会问题或软科学问题会遇到诸多挑战，尤其是在设计价值系统、模型化和最优化等方面，很多因素难以进行定量分析。因此，他将霍尔的方法论称为硬科学方法论，并提出了自己的软科学方法论。1981年，切克兰德提出了调查学习模式。从系统工程方法论的角度看，他的调查学习法具有更高的概括性。

切克兰德调查学习法的核心不是寻求最优化，而是调查、比较，或者说是学习：从模型和现状的比较中，学习改善现存系统的途径。

结合产品创新设计流程（详见第4章），在产品设计情境下，切克兰德调查学习法可分为以下5个步骤。

① 设计调查，发现问题和需求。一是不良结构系统现状说明，即通过调查分析，对现存不良结构系统现状进行说明。二是弄清关联因素，即初步弄清、改善与现状有关的各种因素及其相互关系。

② 产品定义，明确设计目标。这一步要建立概念模型，即在不能建立数学模型的情况下，用结构模型或语言模型来描述系统现状。

③ 概念设计与创意构思。这一步要改善概念模型，即随着分析的不断深入和学习的不断加深，进一步用更合适的模型或方法改进上述概

念模型。

④ 评估与测试。这一步要比较，即对概念模型与系统现状进行比较，找出符合决策者意图且可行的改革途径或方案。

⑤ 优化设计。一是实施，即实施提出的改革方案。二是采取行动解决实际问题。

产品设计情境下的切克兰德调查学习法流程如图 2-13 所示。

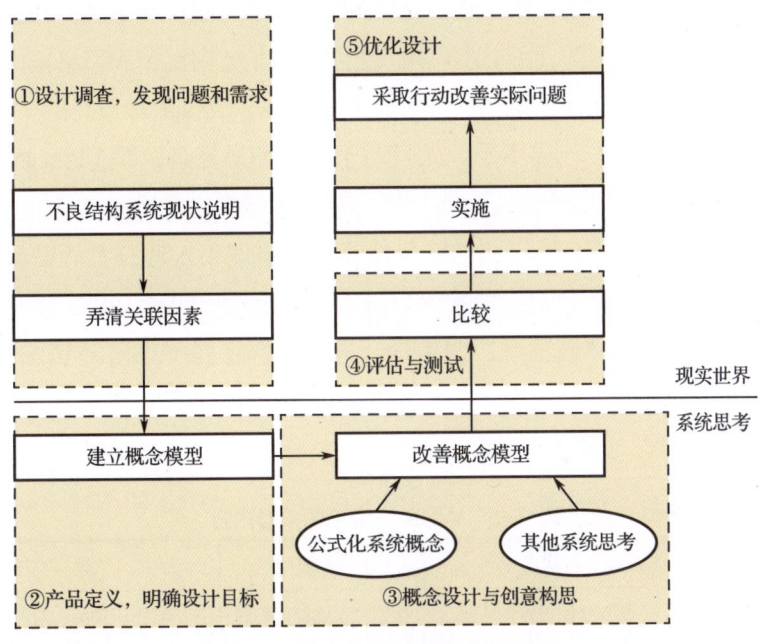

图 2-13　切克兰德调查学习法流程

系统工程方法强调从整体上理解和解决问题。虽然霍尔系统工程方法和切克兰德调查学习法在应用场景中的具体内容和侧重点可能有区别，但遵循的基本原则和步骤框架通常是一致的。这包括需求分析、系统设计、实施与测试，以及评估与优化等环节。这种全面的方法不仅增强了设计的透明度和可预见性，还提高了产品的整体质量和市场适应性。

3. WSR 方法论

WSR 方法论是"物理（Wuli）—事理（Shili）—人理（Renli）"方法论的简称，这是中国系统科学家顾基发教授和朱志昌博士于 1994 年在英国赫尔大学提出的。它既是一种解决复杂问题的工具，又是一种方法论。在观察和分析问题时，特别是在面对具有复杂特性的系统时，WSR 方法论展现出其独特性，它融合了中国传统的哲学思辨，是多种方法的综合统一。根据具体情况，WSR方法论能够条理化、层次化地组织方法组群，起到化繁为简的效果。它属于定性分析与定量分析综合集成的东方系统思想。

WSR方法论认为，现有的一些系统理论和方法尽管对那些表面上看来物理结构甚至事理结构比较清楚的问题分析起来可行，但实践效果却不尽如人意，主要是忽视了或不清楚人理而事倍功半。从问题结构的角度来分析，传统的系统工程方法在解决结构化问题或机械性可还原问题上表现出色。然而，面对现实中广泛存在的非结构化和病态结构问题，如众多社会、经济、环境和管理等领域的挑战，仅仅依赖原有的"硬方法"或"软方法"已显不足。尤其对于那些涉及复杂议题（Issue）和混乱局面（Mess）的系统问题，传统方法更显得捉襟见肘。

顾名思义，WSR方法论就是使物理、事理和人理三者巧妙配置、有效利用以解决问题的一种系统方法论。表2-3概述了WSR方法论的核心内容。而"懂物理、明事理、通人理"正是WSR方法论的实践准则，它形象地描述了一个人在成功运用WSR方法论时所展现出的"通情达理"的品质。

表2-3 WSR方法论的核心内容

项目	物理	事理	人理
对象与内容	客观物质世界，法规、规则	组织、系统管理和做事的道理	人、群体、关系、为人处世的道理
焦点	是什么？ 功能分析	怎么做？ 逻辑分析	最好怎么做？可能是什么？ 人文分析
原则	诚实；追求真理	协调；追求效率	讲人性、和谐；追求成效
所需知识	自然科学	管理科学、系统科学	人文知识、行为科学

（1）运用WSR方法论的原则。

① 综合原则。要综合各种知识，就需要倾听多方意见，吸取他们的长处，相互补充，以助于获取关于实践对象的可达的场景（scenario）。这需要各方面相关人员的积极参与。

② 参与原则。全员参与，或者通过不同人员（或小组）的积极参与建立良好的沟通，有助于理解彼此的意图、制定出合理的目标、选择可行的策略，并纠正不切实际的想法。实践中经常会出现一些用户认为一旦支付了费用，就将项目交给项目组处理而不积极参与，或者一些项

目组在了解了大致情况后便不再与用户保持联系而自行开展工作，项目也往往以失败告终的情况。因此，无论是建立项目组还是总体协调小组，都需要相应的用户方积极参与。

③ 可操作性原则。选用的方法必须与实践紧密结合，实践结果必须为用户所用。考虑可操作性，不仅需要考虑表面的可操作性，如友好的人机界面等，还应该重视整个实践活动的可操作性，包括目标、策略、方案的可操作性，以及文化和世界观对这些目标和策略等的可操作性的影响。最终的结果是否为用户所理解和使用，以及可用程度如何，都需要考虑在内。此外，设计师必须教会用户自己进行操作，因为有时只是开发方操作而用户旁观，会导致项目完成、开发方撤离后，仅旁观的用户无法独立完成相关操作。

④ 迭代原则。人们的认知过程是一个交互的、循环的、不断学习的过程。从设定目标到制定策略，再到形成方案并最终实施，这一连串的实践活动深刻反映了实践者的认知与决策过程，同时展现了他们如何进行主观评价及如何在冲突中寻求妥协。因此，采用 WSR 方法论的过程是迭代的，需要在不断的试错与反馈中逐步完善。在实践的每个阶段，物理、事理、人理的侧重点都会有所不同，并不强求在每个阶段都能同时处理好这 3 个方面的问题。特别是在面对那些极其复杂且缺乏经验的情况时，往往需要采取"摸着石头过河"的策略，即边实践边摸索，而在这一过程中难免需要付出一些代价。尽管无法做到洞察一切，但实践人员应当尽可能地在事前考虑周全，以减少不必要的风险和损失。通过不断的实践和学习，可以逐渐积累经验，提升认知水平，以更好地应对各种复杂情况。

（2）WSR 方法论的一般步骤。

WSR 方法论的一般步骤为如图 2-14 所示的 7 步：① 理解意图；②制定目标；③调查分析；④构造策略；⑤选择方案；⑥协调关系；⑦实现构想。

这些步骤并不一定需要严格按照图中所描述的顺时针顺序进行，但协调关系始终是整个过程的核心。协调关系并非仅限于协调人与人之间的关系，尽管 WSR 方法论早期的报告与文章多以此为例，进而导致人们对其理解出现片面性。实际上，协调关系涵盖了实践中物理、事理和人理之间的关系；协调意图、目标、现实、策略、方案、构想之间的关系，以及协调系统实践的投入（input）、产出（output）与成效

(outcome)之间的关系。所有这些协调活动均由人完成,其着眼点与手段应根据协调的具体对象而有所不同。

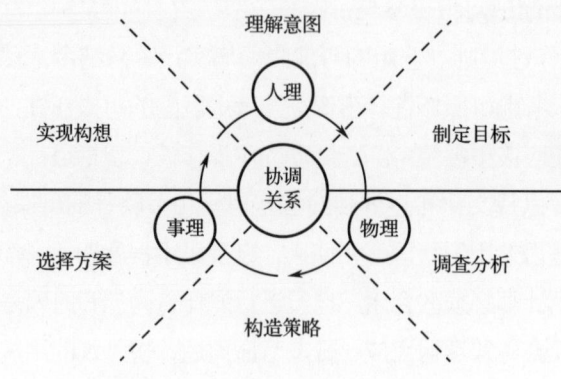

图 2-14　WSR 方法论的一般步骤

在深入理解用户意图后,实践者将根据在沟通中了解到的意图、简单的观察和以往经验,形成对考察对象的主观概念原型,包括所有能想到的基本假设,并初步明确实践目标,以此为基础开展调查工作。由于资源(人力、物力、财力、思维能力)有限,调查工作不可能漫无边际、面面俱到。调查分析的结果是将一个粗略的概念原型细化为详细的概念模型,修正目标,形成策略和具体方案,并提交给用户选择。只有通过真正有效的沟通,实现的构想才有可能为用户所接受,并可能激发其新的意图。

(3)运用 WSR 方法论的人理。

WSR 方法论在物理方面主要采用自然科学中的各种科学方法。而在事理方面,则主要运用运筹学、系统工程、管理科学、控制论和一些数学方法,特别是近年来,软计算方法(如进化计算、模糊计算和网络计算等)、各种模型和仿真技术,以及一些定性和定量相结合的方法(如德尔菲法、层次分析法)等都经常被采用。至于人理方面,可以进一步细分为关系、感情、习惯、知识、利益、管理、斗争、和解、和谐等多个方面。

① 关系。人与人之间都存在着相互关系,我们需要去深入了解它们,并将这些关系适当地表示出来。

CATWOE 是一个简单的清单,可以用来刺激人们思考问题和解决方案(见表 2-4)。CATWOE 这一名称由该清单的元素的第一个字母组成:C =Clients(顾客),A=Actors(实施者),T=Transformation process(转化过程),W=World view(世界观),

O=Owners（所有者），E=Environmental constraints（环境的制约）。在软系统方法论中，CATWOE 是用来了解要解决的问题所涉及的各种方法的一种工具，可以分别从其 6 个方面出发去思考问题，帮助获得解决方案。

表 2-4 CATWOE 清单

元素	含义
C=Clients	转换过程中的受害者和受益者，包括公司的顾客和营销管理人员
A=Actors	进行转换的实施者，包括研究人员、工程管理人员、人力资源管理人员、供应商的工程师、顾客的工程师、产品管理人员等
T= Transformation process	输入与输出的转化过程。输入顾客的建议、有形的和无形的资产，输出最初的产品或服务，以及用户的需求
W = World view	能让转化变得有意义的世界观
O = Owners	可以停止转化的人，如公司的高层管理人员
E = Environmental constraints	环境的制约，即元素之外的会受到影响的系统，如生产设备、技术发展、预算分配等

② 感情。人与人之间是存在感情的，我们同样可以采用多种方法来直接或间接地揭示这些感情。例如，通过直接的感觉体验；利用计算机进行测量；进行心理访谈等。

③ 习惯。人们在待人、处世、办事和做决策时，都会形成一定的习惯，这就如同物体在运动时会表现出惯性一样。我们可以通过观察一个人过去的习惯来预测他可能会如何行事，同时也有能力去改变那些不良的习惯，并培养一些好的习惯，从而使今后的办事方式更加合理与明智。

④ 知识。人具备拥有知识和创造知识的能力，因此需要找到知识的表达方式，特别是要将隐性知识转化为更多人能够掌握的显性知识。人不仅拥有已有的知识，还能够创造新知识，所以需要关注个人和群体知识的创造过程，并构建能够激发人们创造力的环境。

⑤ 利益。不同的人有不同的利益，如何协调并争取这些利益是关键。

⑥ 管理。在协调对物和事的管理过程中，需要关注对人的管理。例如，在计划协调技术和统筹法中，不仅要合理安排项目中的时间和设备，还需充分考虑人力资源的配置。

（4）WSR 方法论的应用。

以智能心电图检测设备 Dab 为例，基于 WSR 方法论的应用需要经历以下6步。

① 用户需求分析（人理）：通过调研和访谈潜在用户，了解他们的需求和偏好。这里的需求和偏好不仅包括产品的基本功能，还包括用户对产品外观、佩戴舒适度、操作简便性等的期望。

② 技术选择（物理）：评估不同的传感器和数据处理技术，选择能够准确收集生理参数并有效运行算法的技术方案。同时，考虑到产品的可穿戴性，选用轻便耐用、对环境友好的材料。

③ 市场定位与策略（事理）：根据目标用户群体的特点，确定产品的市场定位。例如，针对运动爱好者设计更加强调运动监测功能的产品，或者针对老年人开发更加注重健康管理和紧急求助功能的产品。

④ 综合设计与开发：在用户需求、技术可行性和市场策略的基础上进行产品的综合设计。这包括产品的外观设计、界面设计、功能开发和用户测试等环节。通过迭代设计和用户反馈，不断优化产品，直到达到预期的设计目标。

⑤ 可持续性考虑：在产品设计中融入可持续性原则，如使用可回收材料、优化能源利用效率、简化产品包装等，以减少对环境的影响。

⑥ 目标成果：该智能可穿戴健康监测设备以其创新的健康监测功能、优秀的用户体验和环保理念，在市场上获得成功。产品不仅能满足用户的健康管理需求，还能促进可持续设计在产品开发中的应用。

如图2-15所示，形状小、无创且简单的智能心电图检测设备Dab有效整合了医疗设备和可穿戴设备的功能。使用Dab的方法很简单，只要贴在用户的胸部即可，接下来它就能不断检测用户的心脏运动，在电量不足时，可利用无线充电集线器进行定期充电。除此以外，Dab干电极可以重复使用，大大减少了医疗废物的产生。

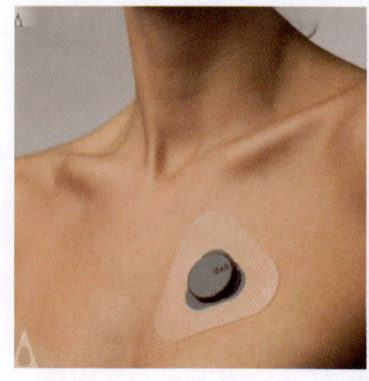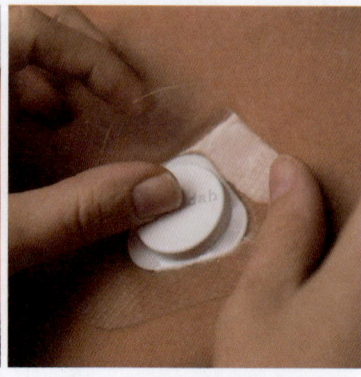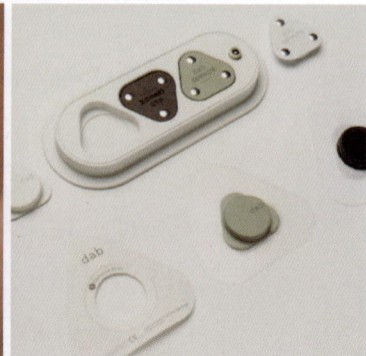

图2-15　智能心电图检测设备Dab

2.6　产品设计系统观

1. 产品生命周期管理

产品生命周期管理（Product Lifecycle Management，PLM）和系统论（Systems Theory）之间存在着紧密关联。系统论为理解和分析复杂系统（如产品、组织、环境）及其组成部分之间的相互作用提供了一个框架。而产品生命周期管理则是一种实践方法，涵盖了产品从概念化到退出市场的所有环节，旨在确保产品在整个生命周期内的信息、流程得到有效管理和协调。

PLM 主要包括以下 7 个主要环节。

（1）概念化。

市场研究：分析市场需求、竞争对手和潜在用户的需求。

概念开发：基于研究成果，提出产品的初步概念、功能和性能要求。

（2）设计与开发。

设计规划：确定产品的详细设计规格，包括工程图纸、材料选择和技术规范。

原型制作与测试：构建产品原型，并进行一系列测试以验证设计的可行性和安全性。

（3）制造与生产。

生产准备：准备生产线，包括制造工具、装配流程和质量控制系统的设置。

生产：实际制造产品，同时监控生产效率、成本和质量。

（4）市场推广。

市场策略：制定市场进入策略，包括定价、分销渠道和促销活动。

产品发布：正式向市场推出产品，开始销售。

（5）使用与维护。

用户支持：提供用户手册、在线帮助和客户服务。

维护与升级：提供产品的维修、软件更新和性能升级服务。

（6）改进与创新。

反馈收集：收集用户反馈和产品性能数据，用于产品改进。

产品迭代：基于反馈和市场需求的变化，进行产品的迭代更新设计。

（7）退市与回收。

退市规划：当产品达到生命周期末端时，制订退市计划和时间表。

回收与再利用：实施产品回收计划，包括材料回收、部件再利用和环保处置。

通过跨职能团队的紧密合作，产品生命周期管理确保产品从概念化到退出市场的每个环节都能够得到有效管理，以满足用户需求、降低成本、提高效率，并支持可持续发展目标。借助 Idemat Light 应用程序（见图 2-16），设计师可以采用快速跟踪方法进行简单的产品生命周期分析计算。进入生命周期评估（LCA）页面，添加材质、流程、所需数量，就可以依据环境声明计算出产品的生态成本。

产品生命周期图是根据产品在生命周期内经历的一系列环节绘制而成的示意图（见图 2-17），可以帮助设计师从产品生命周期的全局考虑设计问题，制定产品开发所需的各项标准。大多数设计师会首先从用户视角考虑问题。但设计新手通常由于更熟悉产品的使用阶段，因此不难设想产品在使用阶段的设计要求，而往往对其他重要阶段（如制造、分销、报废等）缺少了解。利用好产品生命周期图，设计新手可以较容易地确定这些阶段的设计要求。

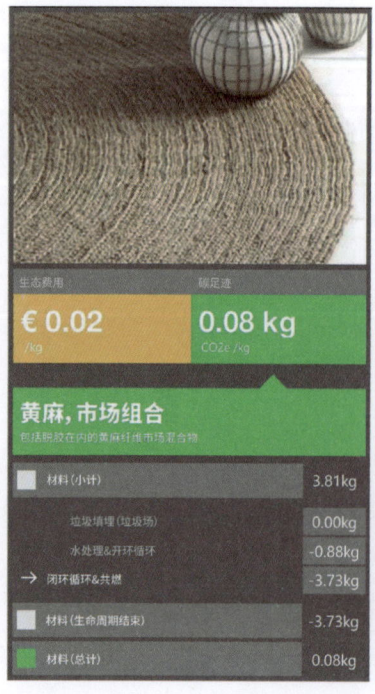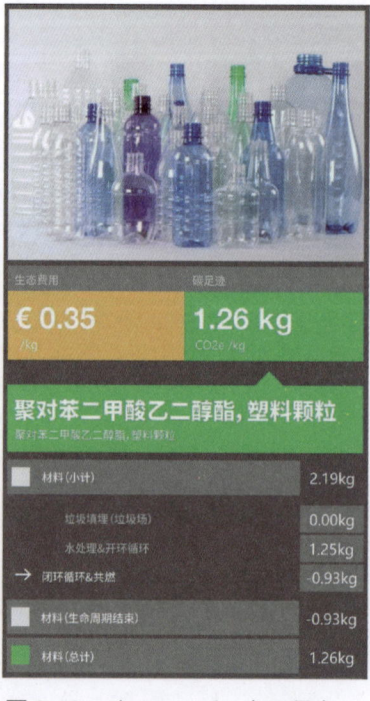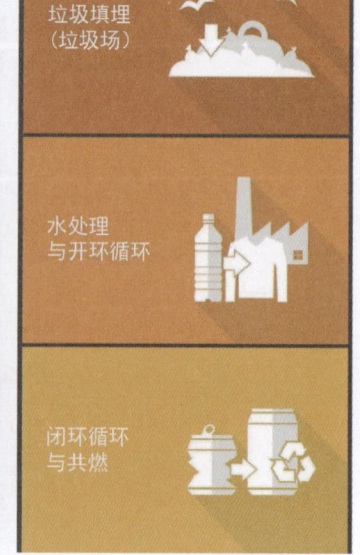

图 2-16　Idemat Light 应用程序

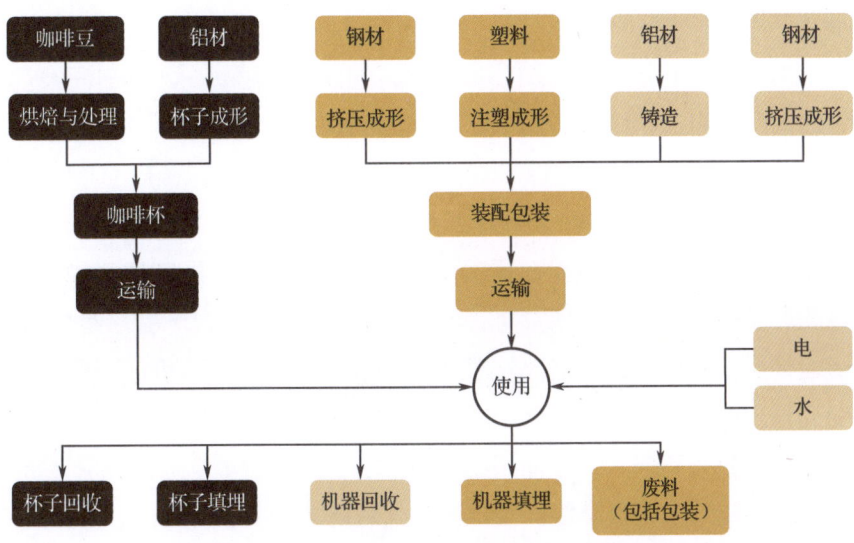

图 2-17　咖啡杯产品生命周期图

　　产品生命周期的概念通常在设计流程的分析阶段和产品概念设计阶段应用。在这两个阶段，设计师必须做出多项关键决策，这些决策将对未来的利益相关者产生深远影响。例如，选择某种生产技术为设计概念可能会直接影响负责生产制造的工程师的任务和工作流程。每个利益相关方（如制造方、组装方、处理方、回收方等），都有对新产品开发的特定要求和期望。例如，生产工程师希望设计师设计出易于生产的部件。通过绘制产品生命周期图，设计师被迫提前考虑多个重要问题：新产品将在什么情境、场合或活动中使用？谁将在这些环境中使用产品？他们将如何使用产品？使用过程中可能会遇到哪些挑战？使用产品的前提条件是什么？

　　产品生命周期方法一般从一款或一组产品开始，所得结果是产品在生命周期内经历的所有过程的结构化概述。这个结果能有效帮助设计师制定产品设计标准，并在此基础上进一步生成要求清单。产品生命周期方法主要包括以下 6 个步骤。

　　第 1 步，确定一款或一组产品。

　　第 2 步，确定产品生命周期内的相关阶段，如创造、分销、使用、丢弃。

　　第 3 步，用动词描述产品使用的各个环节。以第 2 步确定的相关阶段为基础，进一步扩充环节。

　　第 4 步，将每个环节用"动词＋名词"的形式记录下来，如运送产品、放置产品等。

第5步，将产品生命周期视觉化，如制作流程树，左侧表示产品生命周期内的主要阶段，右侧表示具体环节。

第6步，流程树制作完成后，可用于制定产品设计标准。

如图2-18所示为数字化智能包装系统的产品生命周期结构。数字化智能包装系统不仅能在运输过程中保护产品，还能实现全物流链路的产品检查和产品追踪。如此，人们就能根据需求对产品存储状况、装运情况、目的地进行动态调整，从而实现高效率、高价值、高质量的交付。现在，不但供应链相关方，消费者也能很方便地获取这些信息。智能包装和自动化存储系统带来了一系列好处，包括提高产品品质、减少材料/能源浪费、简化检验流程、重新规划路线、实现动态定价、节约大量时间和成本等。

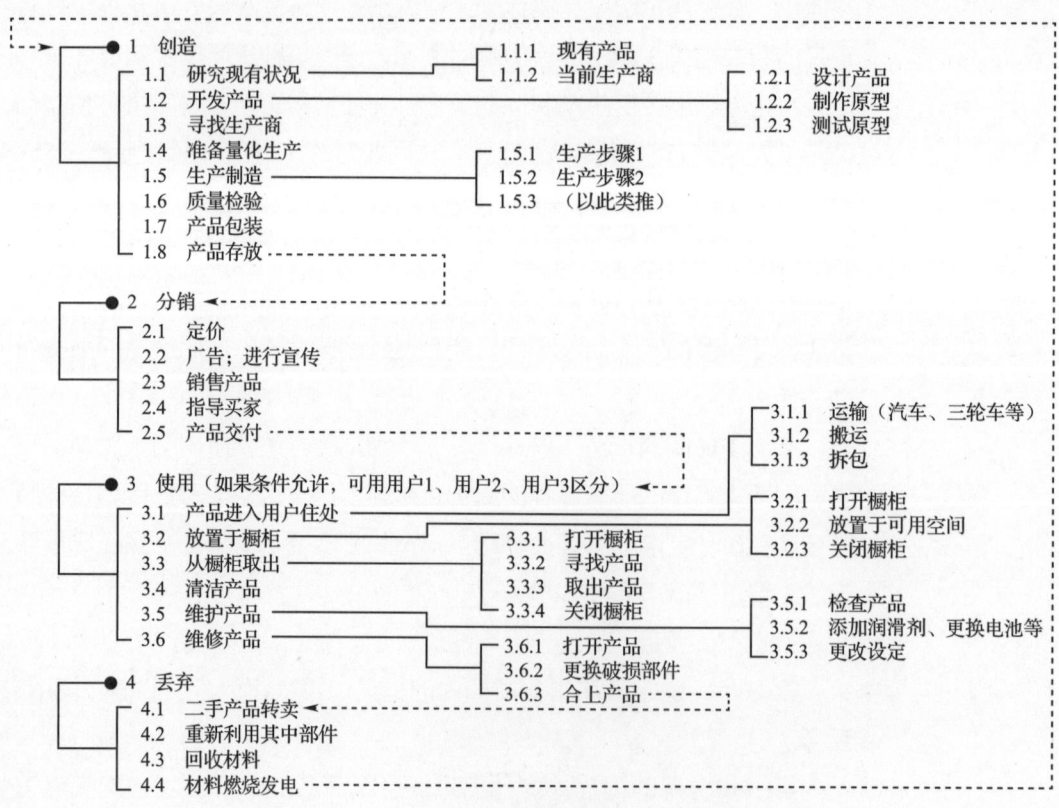

图2-18 数字化智能包装系统的产品生命周期结构

2. 产品系统设计应用

产品系统设计是一种综合性和系统性的设计方法，强调在设计过程中考虑产品本身及其与用户、环境和社会的复杂关系。在当前和未来的产品设计中，运用系统科学，能够帮助设计师应对复杂性的不断增加、技术的快速进步及用户需求的变化，促进创新。

（1）应对复杂性的不断增加。

随着产品功能和服务的不断扩展，产品系统变得越来越复杂。产品系统设计观应运而生，即通过构建产品的系统模型，将复杂的产品分解成多个子系统和部件，每个部件都被赋予特定的功能。通过理解这些部件之间的相互作用，设计师可以更有效地提升产品的整体性能和用户体验。例如，在一款服务于医生的移动临床工具——GUPO 移动医生的设计中，系统可通过官方 App、钉钉、微信应用与医院信息中心对接，并快速集成相关临床数据，建立以患者为中心的临床数据中心，为医生临床工作提供病患资料查询与管理、患者病情远程监管、诊疗方案在线讨论等服务。

如图 2-19 所示为航线维护机器人设计。整组产品包括终端、无人机、维护机器人。该作品获米兰设计周国赛二等奖。

（2）应对技术的快速进步。

技术进步为产品设计提供了新的可能性，同时也带来了挑战。产品系统设计观鼓励设计师持续跟踪技术发展趋势，并思考如何将新技术整合到产品系统中，以创造新的价值。因此，设计师不仅要具备跨学科知识，还要能够预见技术如何影响用户和社会。例如，通过应用人工智能技术，开发者可以创造出能够学习用户行为模式、自动优化操作并及时适应新环境的智能系统。这样的系统不仅能提升用户体验，还能大大提高设备的能效和实用性（见图 2-20）。

产品系统设计：场景、体验与创新

米兰设计周 Milan Design Week
中国高校设计学科师生优秀作品展 China Design Exhibition

作品名称： 航线维护机器人

设计说明： 航线维护机器人将在航线维护工作过程中，通过自动或半人工的方式，为机务人员提供辅助检查服务，并对作业能力范围内的缺陷部分进行修复，起到减小机务人员工作强度的作用。

图 2-19　航线维护机器人系统设计

图片来源：上海电机学院工业设计专业 2020 级徐佳怡等，设计指导：卢国英、王呈皓

命题赛场 □　　非命题赛场 ☑

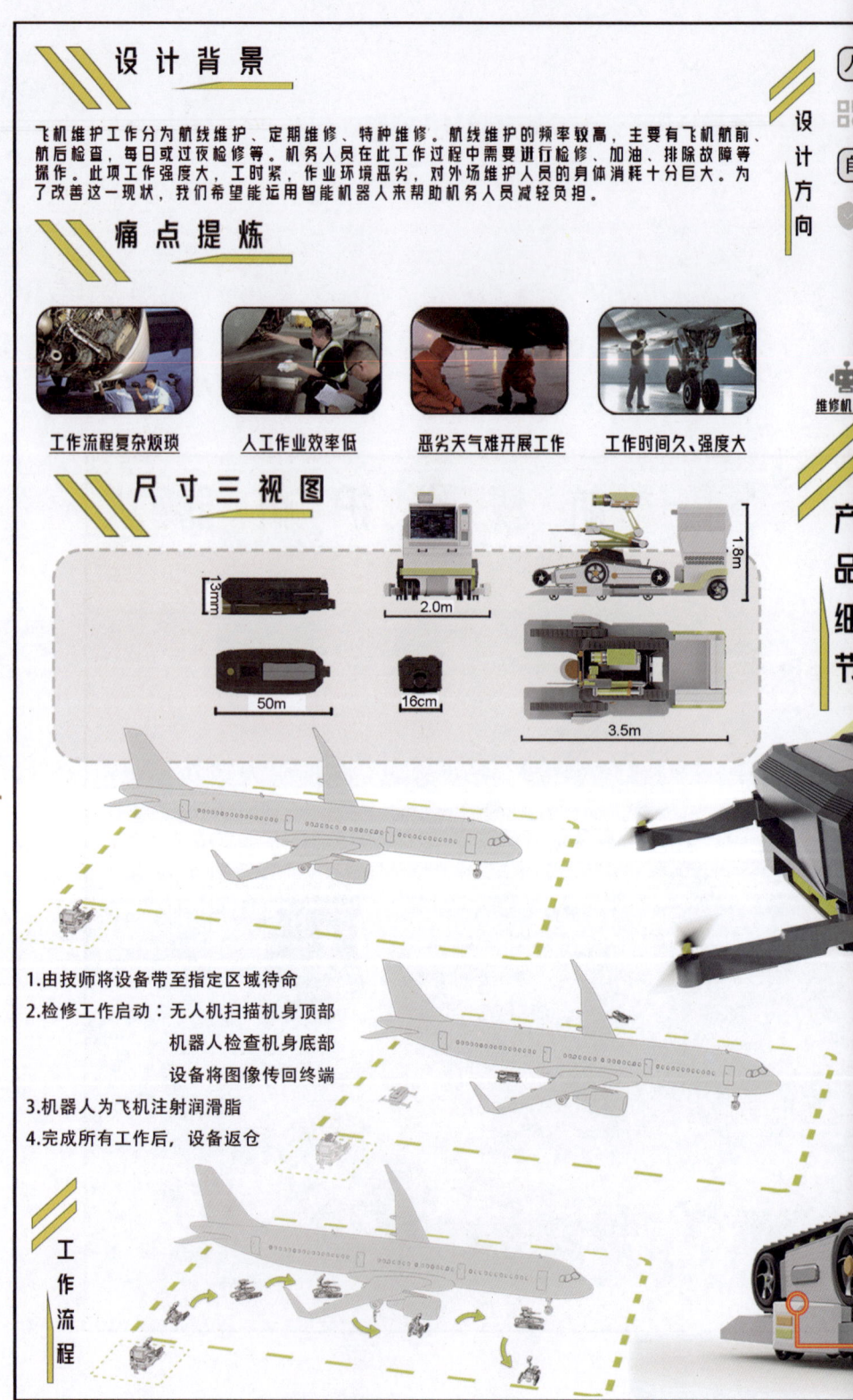

图 2-19 航线维护机器人系统设计（续）

第 2 章 系统科学与产品设计

图 2-20　LG PuriCare AeroFurniture 空气清新茶几

（3）应对用户需求的变化。

用户需求是多变且多样的，产品系统设计观强调通过深入研究和理解用户的真实需求及行为来指导产品设计。这不仅包括满足用户当前的需求，还包括考虑用户未来潜在的需求。通过构建灵活的产品系统，可以适应用户需求的变化，提供个性化的解决方案。如图 2-21 所示的"川流"智能交互概念车厢可以自动响应用户需求。

（4）促进创新。

产品系统设计观促进了跨学科合作和不同领域知识的整合，为创新提供了肥沃的土壤。通过考虑产品、用户、环境和社会的全面联系，设计师可以发现新的问题和机会，产生创新思维。同时，系统思维鼓励设计师从更广阔的视角考虑问题，超越传统的设计范畴，探索新的材料、技术和商业模式。例如，在汽车工业中，设计师可以将轻量化材料和节能技术结合起来，创造出更加高效和环保的车型。这种设计不仅降低了汽车的碳排放量，还推动了对新型环保材料和能源技术的研发及应用，开辟了新能源汽车发展的新方向（见图 2-22）。

3. 产品系统设计趋势

基于设计科学的产品设计系统观旨在为人类生活提供理想的设计服务，并引领创新的生活方式。它所涉及的学科和领域应当是开放的、多样的，而非人为地限定范围。随着 21 世纪计算机信息技术的迅猛发展，设计生产和设计模式经历了划时代的变革。此外，新材料和新工艺的开发及应用为设计师提供了广阔的空间，让他们能够构思新造型并创造新形式。参数化模型、快速成形、3D 打印等技术已经重新定义了产品造型语言。各类开源硬件平台的出现，加速了产品的测试迭代。随着新材料的不断涌现和电子技术的进步，设计的限制明显减少，设计师在设计外观时拥有更大的自由度，甚至可以超越功能的限制。当人们在谈论"形态追随时尚""形态追随情感"及"形态追随技术"这些理念时，设计已悄然步入全新的多元化时代，每种观点都能找到其追随者和信奉者，而用户群体也在多样化的设计中努力寻找自己的需求和存在感。

随着设计与科技的交叉融合，设计师也不得不深入了解大数据、云计算、工业 4.0、虚拟现实（VR）、人工智能（AI）等科学技术领域的知识，运用全新的理念和方法来满足用户的需求。如图 2-23 所示的 Robot-CT 主要应用于前端 CT 影像拍摄，是人工智能技术在 CT 诊断上的辅助应用产品。

图 2-21 "川流"智能交互概念车厢设计

图片来源：上海电机学院工业设计专业 2018 级陆俊杰，设计指导：侯佳

"川流"智能交互概念车厢设计

「座椅」

1. 独特曲线造型,具有设计美感
2. 人机工学设计,完美贴合背部曲线
3. 指纹解锁座位,离座自动锁座
4. 最大35°活动范围,多数躺姿都能满足
5. 升降椅面,适应不同腿长的人群
6. 框架采用高级碳纤维——PP纤维
7. 集成式控制面板,一板解决多数需求

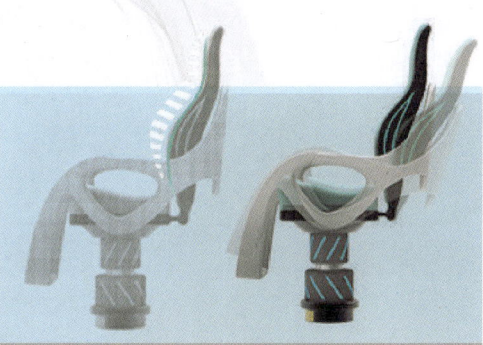

1. 曲线轮廓呼应座椅
2. 大容量双层收纳
3. 内饰同款皮革材质
4. 双侧强照明LED灯带
5. 氛围灯隐藏光源设计

「收纳柜」

「场景」

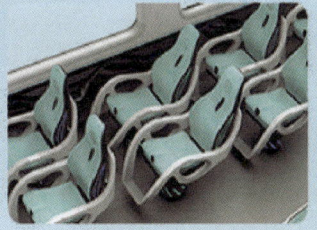
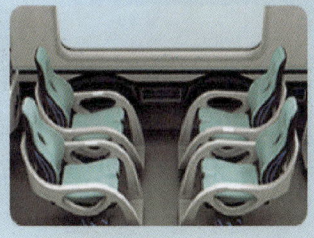

图 2-21 "川流"智能交互概念车厢设计(续)

图 2-22　特斯拉超级工厂汽车生产流水线

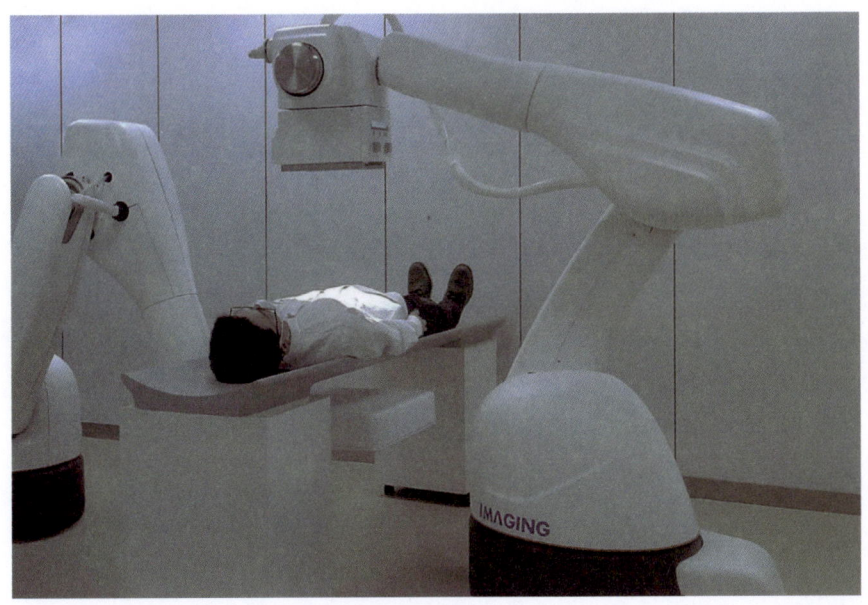

图 2-23　Robot-CT

　　设计师主要关注用户的感觉系统而非产品的物质系统。以人为中心（人本设计）的设计思想涵盖了包容性设计、用户体验设计、服务设计等多个方面。设计已从有形的物质领域扩展到无形的非物质领域，全新的理念和观点仍在不断充实和改变着设计的研究范畴。《设计方法与策略：代尔夫特设计指南》一书对设计观点进行了总结，主要包括：为健康和幸福而设计、可持续设计、为行为改变而设计、情感化设计、为大多数人设计、文化敏感设计、思辨设计、超人类设计、深度协同设计、可视化交互设计等。

■ 思考题

1. 举例说明系统工程方法在产品设计中的应用。
2. 以身边的产品为例分析其产品生命周期管理过程。

第 3 章

产品系统设计要素

1. 教学内容

（1）人机要素。

（2）技术要素。

（3）环境要素。

（4）美学要素。

（5）形象要素。

（6）社会要素。

（7）经济要素。

思政融合点：综合协调人、机、环境等多重设计要素，关注人文关怀与社会价值的平衡，增强社会责任感，推动可持续发展理念在设计中的应用。

2. 授课方式及学时

（1）课堂讲授：2 学时。

（2）案例教学：4 学时。

（3）分组讨论：6 学时。

3. 学生学习预期成果

了解现代产品系统设计要素，理解各项设计约束条件。

4. 支撑课程目标

能够综合考虑市场和用户需求，把握设计的约束条件和复杂属性，学会将不同的创新思维方法融会贯通于产品设计的不同阶段，培养实现有目的的产品设计计划的能力。

产品的构成要素很多，涵盖了从产品内部系统到外部系统的复杂工作体系，包括人机关系、技术可行性、环境、美学、形象创新与差异化、社会和经济要素等。产品创新的过程就是围绕这些要素进行设计活动。在设计时绝不能孤立地考虑某一要素，而应从具体的产品出发，对各个要素综合地加以研究和应用。由于目标价值、技术水平、成本定价、环境保护等设计条件各不相同，设计中各个要素的重要性也存在差异，它们并非天生平等。因此，设计过程中需要对核心要素及非核心要素进行有效的梳理和分类，从而形成符合设计活动规律的产品创新设计方案。这一过程旨在确保设计活动能够系统地解决关键问题，同时兼顾和优化各方面要素，以推动创新向前发展。

3.1 人机要素

在产品设计中，人是基本且关键的要素，其生理和心理因素均对设计的形成与实施起着决定性作用。生理因素涵盖了人体的基本尺寸、体形、动作范围、活动空间及行为习惯等，可以通过人体测量和人机工程学的生理测定方法获得，是在产品设计过程的分析和综合阶段必须考虑的重要事项。心理因素则包括需求、价值观、行为意识和认知行为等方面。人的心理因素主要关乎精神层面，受到国家、民族、地区、时间、年龄、性别、职业和文化水平等因素的影响，进而影响产品的形态、色彩和质感等与视觉美感相关的设计元素。总的来说，设计的本质是为人服务，旨在满足人们的需求。因此，对人的生理和心理因素的深入理解和关注是设计分析阶段的重要内容。

产品设计的核心目标是创造出能满足人类需求的产品。随着人类需求的不断变化，其价值观也相应地发生了变化。对产品设计师而言，深入研究用户的生活基础、价值观和需求至关重要，这直接影响产品的定位和设计方向。同时，这些定量的、感性的和模糊的需求通常无法仅通过市场营销学的数据调查方法来解决。产品设计师必须运用其独有的技能和敏锐的洞察力去感知和理解这些需求。

（1）用户需求与体验：深入理解目标用户群体的需求、行为、心理和情感。这涉及用户的功能需求、使用习惯、安全性和舒适性等方面。

（2）可用性和可访问性：确保产品的易用性和易理解性，使其适应所有潜在用户,包括那些有特殊需求的用户。

(3)人机交互:设计合理的人机交互界面,使用户能够直观地操作并与产品进行有效互动。

博世(BOSCH)GTR 550 墙面磨砂机

墙面施工环境中,原来的墙面作业工具约5千克重,而施工人员每次举起砂磨机施工至少需要半小时,这就对作业工具的轻量、机械结构和人体工程学提出了很高的要求(见图3-1)。

如图3-2所示,设计团队考虑如何将功能与工具造型相结合,并优化工具的人体工程学。

博世已获专利的"Ultra Flexible Head"(超灵活转头)可以在天花板与墙面上轻松滑动,减小对墙面的损伤。它的吸附功能使工具重量感更轻,确保施工人员打磨时的舒适性。

如图3-3所示,齐思的设计师与博世的产品经理、工程师及用户体验团队一起,从用户体验视角出发,通过创新的概念设计优化用户体验。从图纸到纸板模型再到样机,从内部测试到交由施工人员实地施工测试,经历了无数的纸上方案迭代、纸板模型制作,经过5轮可供直接使用的样机测试,迭代出最终的BOSCH GTR 550。

图3-1 墙面作业施工环境

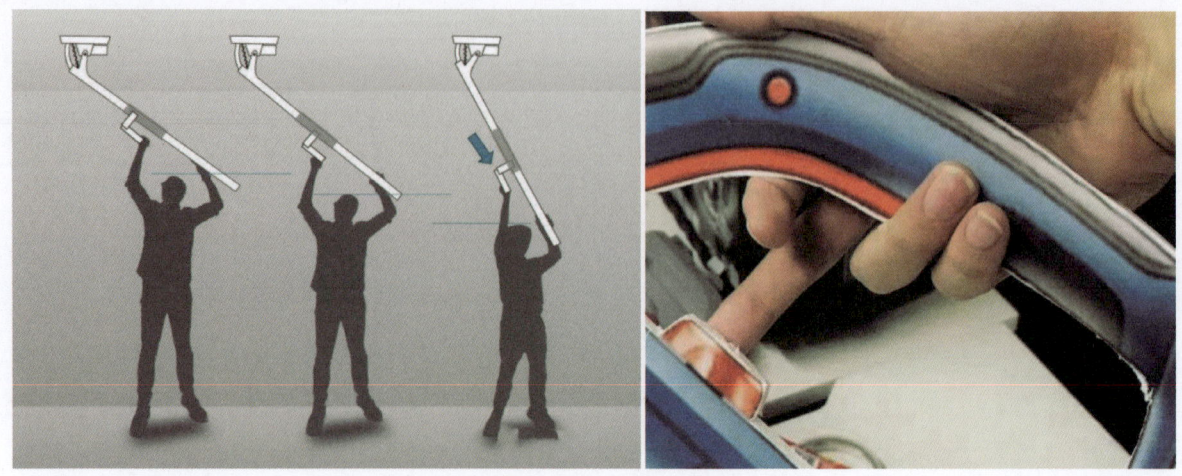

图 3-2　功能与工具造型相结合

图 3-3　BOSCH GTR 550 墙面磨砂机

■ 3.2　技术要素

　　技术要素是使产品设计构想变为现实的关键因素，主要是指进行产品设计时必须考虑的生产技术、材料选择、加工工艺和表面处理等技术问题。现阶段，科学技术发展为产品设计师提供了大量创造新产品的可

第3章 产品系统设计要素

能条件，产品设计也使无数的高科技成果转化为具体的功能产品，以满足人们不断发展的各种需求。

进入信息时代，技术开始从肉眼可见的方面转向肉眼看不见的方面，这进一步凸显了设计的重要性。正如第1章所述，传统机械技术时代的"功能决定形式"理论逐渐失效。科技赋能设计，未来的设计将是智慧科技与智慧设计的融合。

产品设计师在考虑技术要素时，一方面需了解并定位企业现有的技术能力，另一方面需放眼全球，掌握科技和制造领域的最新动态，关注最新科研成果，熟知新材料、新工艺及其革命性变化。技术要素的分析包括以下5项内容。

（1）功能分析：通过分析产品（或一系列过往产品）的功能技术结构，产品设计师能够有效地使用预设功能去分析产品，并将这些功能与相关零部件相联系，以寻找新的技术实现方法（见图3-4）。

（2）产品生命周期分析：对某产品的整个生命周期（如生产、销售、使用、报废）进行综合评估，考察该产品对能源、材料及环境的整体影响。

（3）CMF（Color-Material-Finishing，颜色—材料—加工工艺）分析：许多工程师视CMF为工业设计（ID）与生产工厂之间的桥梁。因此，产品设计师必须深入了解工厂操作、工艺和材料，并善于整合

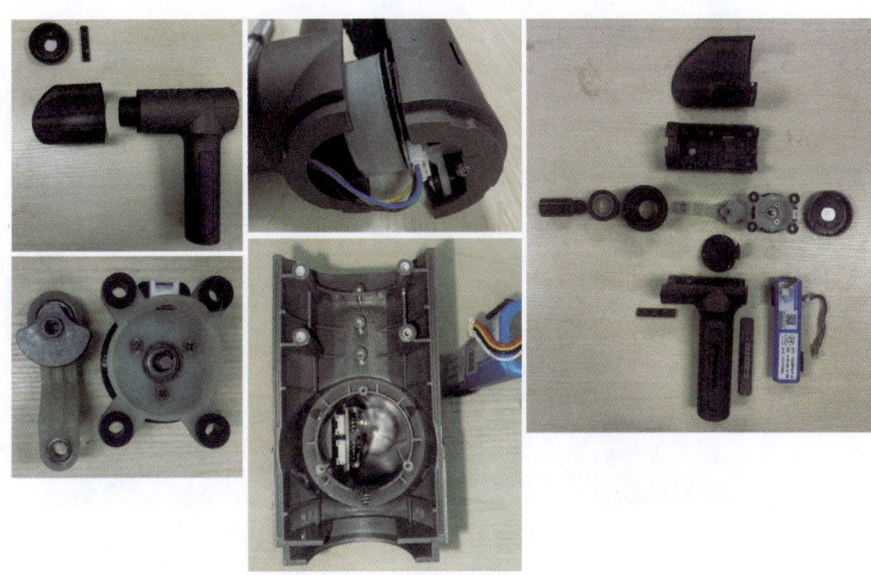

图3-4 筋膜枪产品技术构成分析

各种资源，同时保持创新性和严谨性。作为产品外观设计的关键元素，CMF 主要负责在颜色、材料和加工工艺上进行创新设计。当代 CMF 是一个基于美学、以创新为导向的设计细分行业。设计工作通过将颜色、材料和加工工艺的创新结合，赋予产品新的外观质感。例如，华为 Mate 60 pro 的色彩灵感源于大地色卡，使用户感到指掌间再现了多彩江山。该型号机的雅川青、白沙银后壳上部采用锦纤材质，南糯紫、雅丹黑后壳上部采用素皮材质。

（4）创新技术的应用：通过应用创新技术来增强产品功能并提升其市场竞争力。例如，利用物联网技术让产品更加智能化，从而提升用户体验。

（5）技术的可行性与可靠性：确保所选的技术解决方案不但可行，而且稳定可靠，能在产品的整个生命周期内持续发挥作用（见图 3-5）。

图 3-5　智能化产品技术要素分析

3.3 环境要素

环境要素已成为现代产品设计中必须考虑的关键要素之一。根据系统论的观点,产品设计的成功不仅取决于设计师的能力和水平,也受到企业内外部因素的广泛影响。此外,任何产品都不是孤立存在的,它们总是处于特定环境之中,并与该环境相互作用,形成部分环境系统。

1. 产品组成环境

多样化的产品构成了人们生活中的人造环境,这些产品通常不是单独存在的,而是以成套/系列的形式出现的。这种整体性的环境要求产品设计采用全局性视角。首先,产品系统中的多个要素如技术、功能、人的机能、结构、材料、加工工艺、经济、形态、色彩、法规、专利、操作、市场等需要进行综合协调;其次,各个产品应该易于识别,并明确体现其功能特点。

产品总是存在于特定环境之中,只有当它们与这些环境相结合时,才真正具有活力(见图3-6)。因此,根据不同的使用环境,产品的设计重点也可能存在明显的差异。

(1)市场需求分析:深入研究市场趋势及目标用户群体的需求变化,确保产品能满足市场的当前需求和未来趋势(见图3-7)。

(2)竞争分析:详细了解竞争对手的产品和市场策略,识别市场的空白区域及可利用的差异化机会。

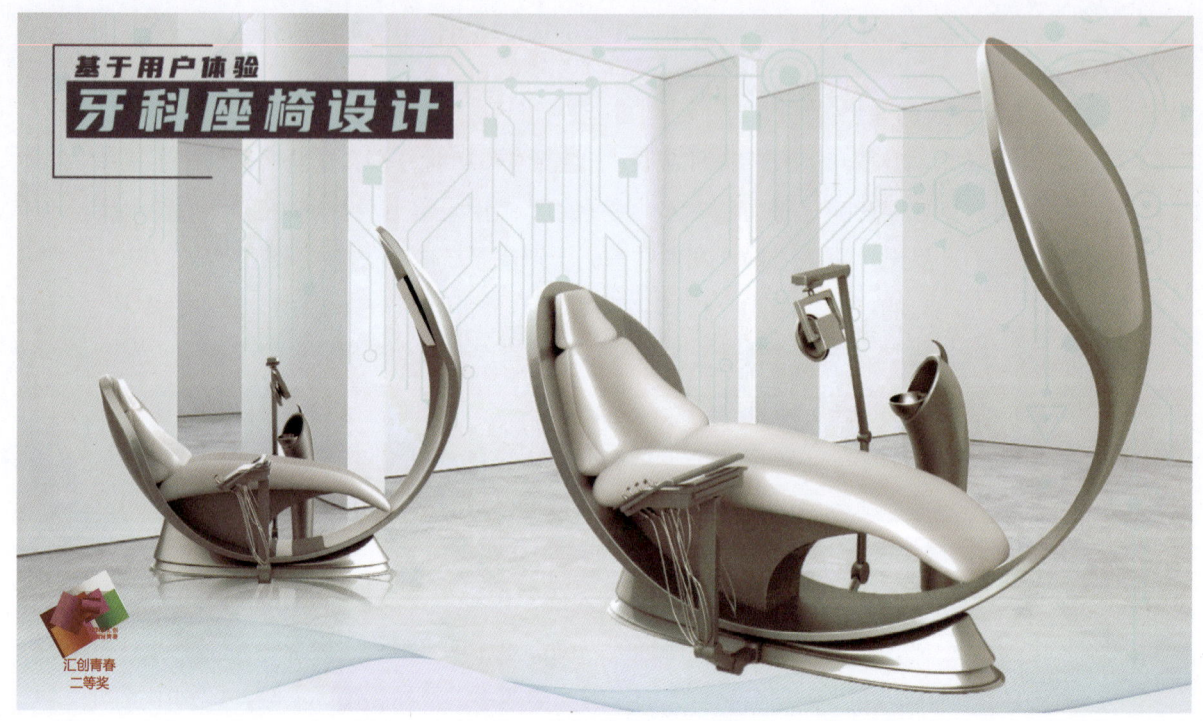

图 3-6　牙科座椅设计

图片来源：上海电机学院工业设计专业 2019 级范佳艺，设计指导：刘成

第 3 章 产品系统设计要素

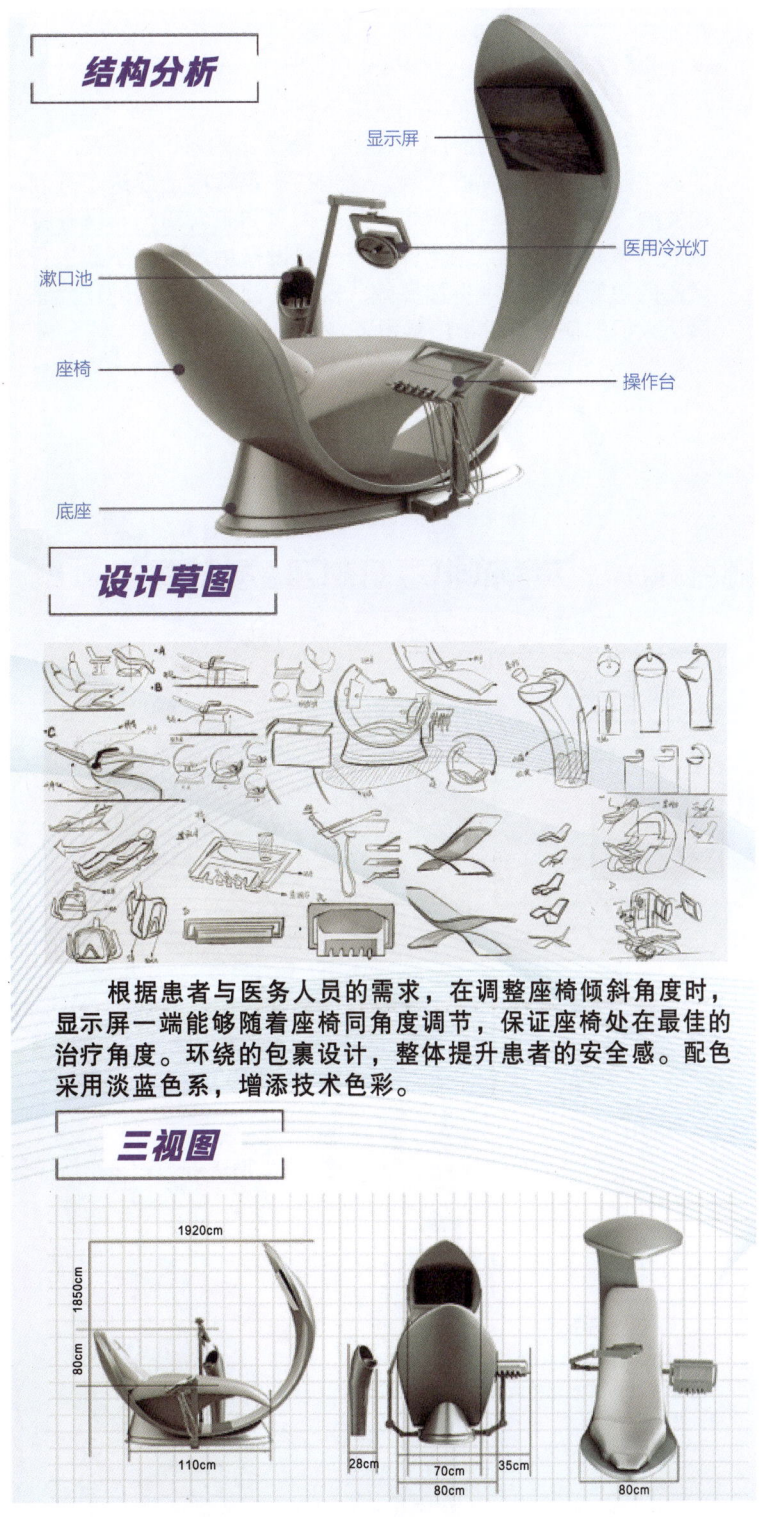

根据患者与医务人员的需求，在调整座椅倾斜角度时，显示屏一端能够随着座椅同角度调节，保证座椅处在最佳的治疗角度。环绕的包裹设计，整体提升患者的安全感。配色采用淡蓝色系，增添技术色彩。

图 3-6 牙科座椅设计（续）

设计说明

口腔健康直接影响到人体健康。随着保健意识的提高，人们越来越关注口腔护理问题，这也在一定程度上促进了牙科的发展。在现代牙科治疗中，医务人员和患者对牙科医疗器械的要求越来越高。这也推动着牙科设备生产企业不断进行产品的更新换代，用更加高效、安全、简便、舒适的产品来满足人们的使用需求和情感需求。

细节设计

- 座椅
- 医用冷光灯
- 操作台

将垃圾桶与漱口池两者完美结合，有助于维持医院环境，提升空间利用率；医患双方只需将废弃物品投入水池背后的空桶内。其背后设计开口，方便清理内部垃圾。

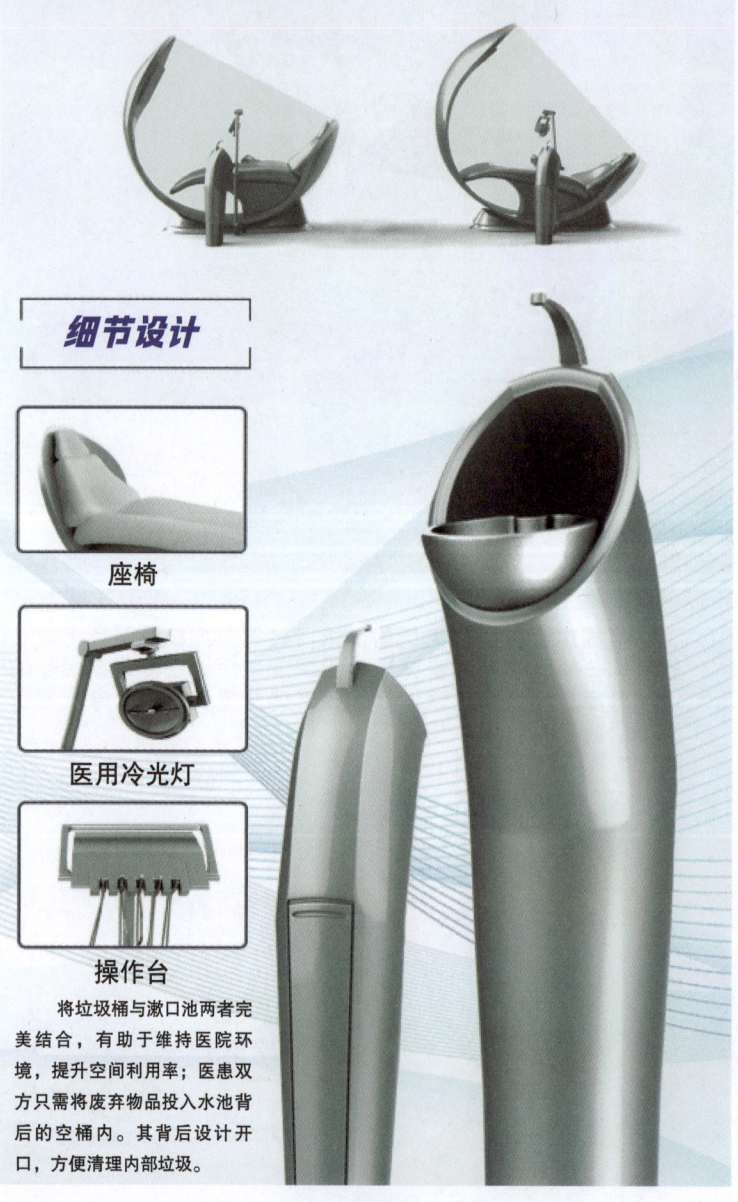

图 3-6　牙科座椅设计（续）

图 3-7　市场需求分析

2. 产品设计与自然环境

现代设计常常盲目追求创新、差异化，以最大限度地刺激消费，这种做法严重破坏了生态平衡，成为现代工业"文明"的悲剧根源。未来的产品设计应避免或减少这种悲剧的发生。设计的重点应转向最大限度地节约资源，减缓环境恶化速度，降低消耗，满足人类的基本生活需求而非无尽欲望，提高人类的精神生活质量。由此，生态设计的概念应运而生。生态设计强调运用生态思维，将产品设计纳入"人—机—环境"系统，不仅要满足人的需求，还要重视生态环境的保护和可持续发展。这种设计旨在对人和环境都友好，真正实现人与自然的和谐共存。

产品设计在注重保护自然环境的同时，自然环境也对产品设计有限制作用。在不同地理环境、经纬度、海拔等自然条件的综合作用下，产品设计无论是功能设定，还是材料选择，甚至使用方式都需要紧密配合自然环境所设下的前置条件（见图 3-8），注重环境可持续性，全面考虑产品从材料选择到生产过程，再到使用和最终回收处置的环境影响，实施可持续的方法和策略。

图 3-8　太阳能自行车

3. 地域文化环境

地域文化不仅塑造了人们的审美偏好，还影响了功能需求和使用习惯。地域文化在产品设计中的体现，可以帮助产品更好地与目标市场连接，提升用户体验和市场接受度。以汽车设计为例，就可以明显看到不同地域文化是如何影响汽车产品设计的。

（1）中国红旗（Hongqi）。

红旗作为中国的高端汽车品牌，其设计深受中国传统文化的影响，特别是在体现尊贵和权威方面。红旗汽车的设计融合了中国传统元素，如红旗汽车金葵花系列前部车灯创意来自天坛藻井，格栅灵感源自玉管竹节，这些设计细节体现了文化自信和尊重传统的价值观（见图 3-9）。

图 3-9　红旗国礼

（2）宝马（BMW）。

相对于红旗将传统文化融入设计，宝马更加突出技术和性能。宝马车型设计强调运动感和力量，采用流线型车身和强调动力的车头设计，反映了宝马集团对工程精度和高性能的追求（见图 3-10）。

图 3-10　BMW 6 系 GT

（3）丰田（TOYOTA）。

丰田作为日本汽车品牌则专注于实用和环保，其产品设计强调功能和燃效。丰田普锐斯等车型通过圆润的车身和优化的空气动力学设计，体现了日本文化中的效率和谨慎思想（见图 3-11）。

图 3-11　丰田普锐斯

由此可见，红旗的设计哲学与宝马和丰田形成鲜明对比。红旗的豪华设计强调的是文化身份和象征意义，使用的色彩和图案具有深厚的文化寓意，反映了中国对历史和传统的尊重及其现代化表达。而宝马和丰田则更多地体现了各自文化中对技术、效率和功能的重视。

3.4　美学要素

美可以唤起人的心灵和精神共鸣，给人以愉悦感。美学要素主要指审美形态，是物体的"外形"与"神韵"的结合，将某种"神"的精髓融入产品外在的"形"之中。从哲学的视角看，审美是事物对立与统一的完美体现。审美的对立性是很明显的，表现在个体性上——在不同的时代或阶段，人们所处的环境、年龄、生活状态等因素都或多或少地影响着人们的审美观。

心理学上存在一种心理现象叫"美即适用效应"：人们通常认为美观的东西更为实用，也容易被接受，并被长期使用。美观的设计能够帮助品牌与消费者建立正面的关系，让人能容忍产品的设计缺陷。

功能之美是设计美的本质。苏格拉底对事物功能之美有着精辟的阐述："任何一件东西，如果它能很好地实现其在功用方面的目的，那么它既是善的也是美的;否则,它既是恶的也是丑的。"从这一观点出发,苏格拉底特别强调了美的相对性。例如,盾牌从防御角度来看是美的,而矛则从射击的敏捷度和力量方面体现了美。

尽管审美形态具有多元化特征,但这并不意味着无法区分其优劣。审美形态的评价标准应结合形式美学和实际操作经验来构建,一般考虑以下 6 个方面。

(1)与环境相和谐:产品的整体形态应与环境保持和谐,其造型、色彩和材质应能充分体现其价值(见图 3-12)。

(2)功能可见:产品的形态应清晰表达其功能,并符合操作要求。

(3)情感共鸣:产品的形态应能激起人们心灵上的共鸣,引发使用者的兴趣、好奇心和愉悦感。

(4)形态与材质:设计产品独特的外观形态,选择合适的材质,在满足功能需求的同时,激发用户的审美兴趣(见图 3-13)。

(5)色彩与质感:合理运用色彩与质感,增强产品的吸引力和识别度。

(6)审美趋势:把握当下的审美趋势,将当代设计元素融入产品中。

图 3-12　家用产品 BéKKU 智能陪伴机器人的造型灵感

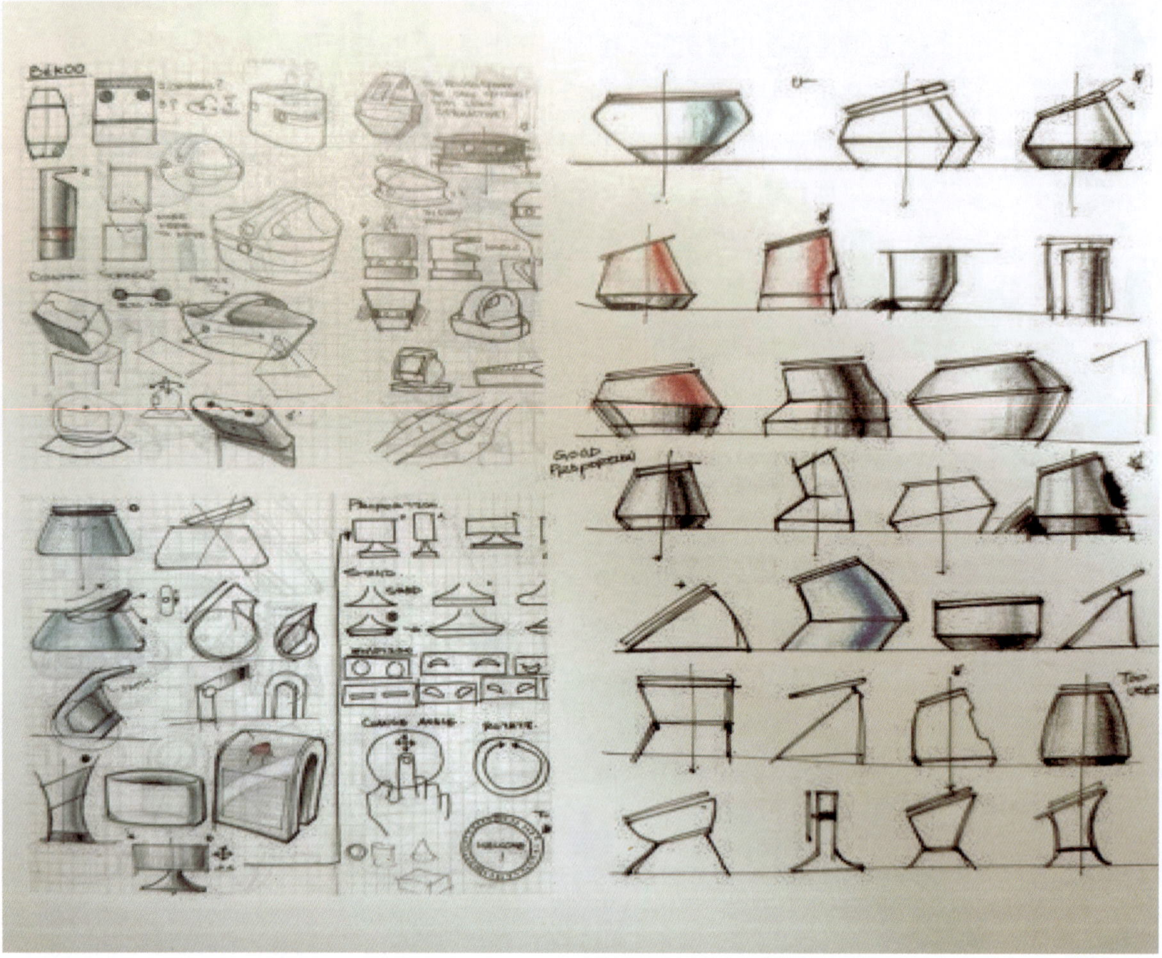

图 3-12　家用产品 BéKKU 智能陪伴机器人的造型灵感（续）

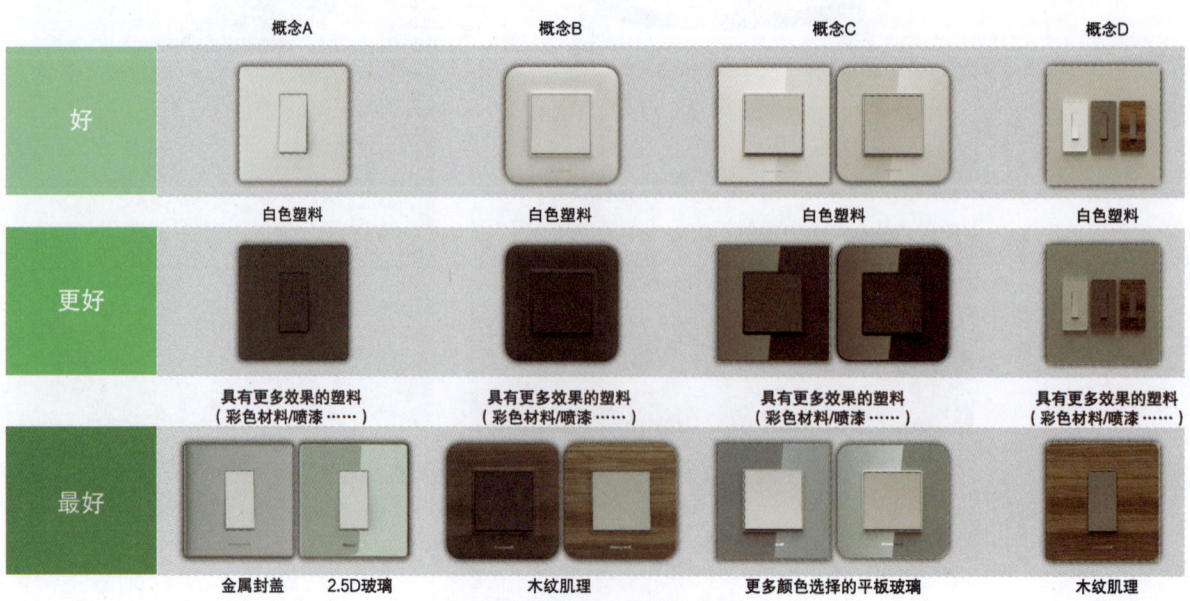

图 3-13　不同美学品质的开关

3.5 形象要素

形象要素指的是企业形象（Corporate Identity，CI）及产品形象（Product Identity，PI）要素。

企业形象源自组织的视觉特征，是指企业在设计新产品时，通过颜色、外观、造型、材质等，用视觉语言塑造出统一的产品形象。这一形象应与企业品牌形象相符合，并使消费者能够轻易识别。

随着企业的成长和产品线的扩展，企业开始意识到产品形象的重要性，强调在设计新产品时，能塑造鲜明的产品识别标志。然而塑造产品形象不是一朝一夕的过程，也不是通过单一的产品设计就能完成的任务，需要深入考虑企业在消费者心目中的现有形象与企业希望塑造的目标形象是否一致。此外，成功的产品设计还需逐步加深其在消费者心中的印象，并通过长期的品牌经营来实现持久的效果。

在产品形象设计方面，不应局限于产品的外观风格。而应通过深入的设计探索，寻找和确定那些能够代表产品形象的外观和功能特色。这些特色应跨越不同的产品系列，给消费者留下深刻的印象。同时，产品设计应预留出跨品牌、跨渠道营销合作的可能性。

如图 3-14 所示为齐思设计团队为 SUNTEK 设计的系列智能花园工具。团队基于复杂的割草机，经过多轮概念探索，最终确定 Power Sharp 设计语言，并应用于其他几款产品上。凌厉和简洁的线条及来源于方程式赛车的造型塑造了 SUNTEK 独特的视觉特征，灵活且易应用的核心视觉特征让所有产品统一起来。通过家族化设计语言的建立，SUNTEK 在已趋于饱和的市场环境中找到了全新的定位，让系列产品在传统品牌中脱颖而出。

如图 3-15 所示为齐思设计团队针对现代用户对可视化界面与可交互性的依赖，为 SUNTEK 设计的智能物联应用程序，将产品状态信息与电池参数尽数体现在工具的集成屏幕上，并增加可连接至手机应用程序的端口，以便用户随时查看充电通知和机器状态。为体现全系列产品的智能化，齐思设计团队在 SUNTEK 的家族产品中加入互联互通的功能，打造用户花园的"物联"服务。

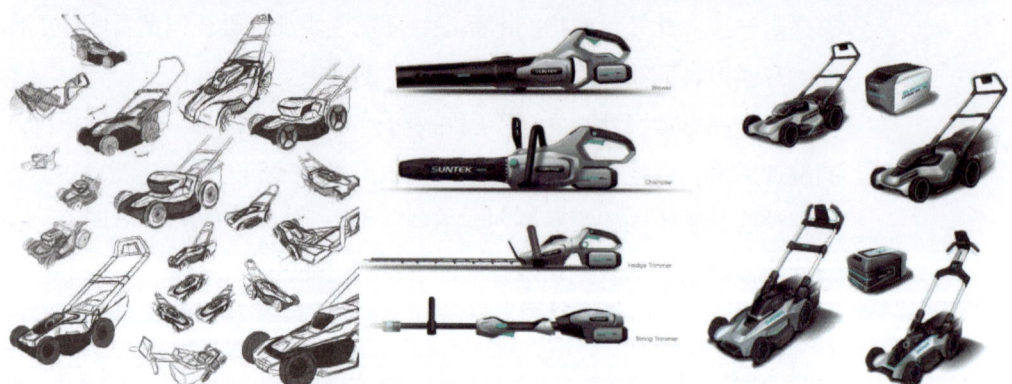

图 3-14　SUNTEK 系列智能花园工具

图 3-15　SUNTEK 智能物联应用程序

蔚来汽车作为一家以创新为核心的公司，其设计注重简洁、纯粹与优雅，追求整体外观的和谐统一。细节处理上，蔚来汽车同样不遗余力，通过运用 X-Bar 前脸设计、贯穿式尾灯组等家族式设计语言，提升了品牌形象，增强了公众对品牌的认知度。

如图 3-16 所示为基于蔚来汽车设计的露营灯，融入了蔚来的两大家族式设计——天际线和心跳尾灯。经过精心提炼和简化，这些设计元素被转化为造型，并贯穿于整体设计方案中。

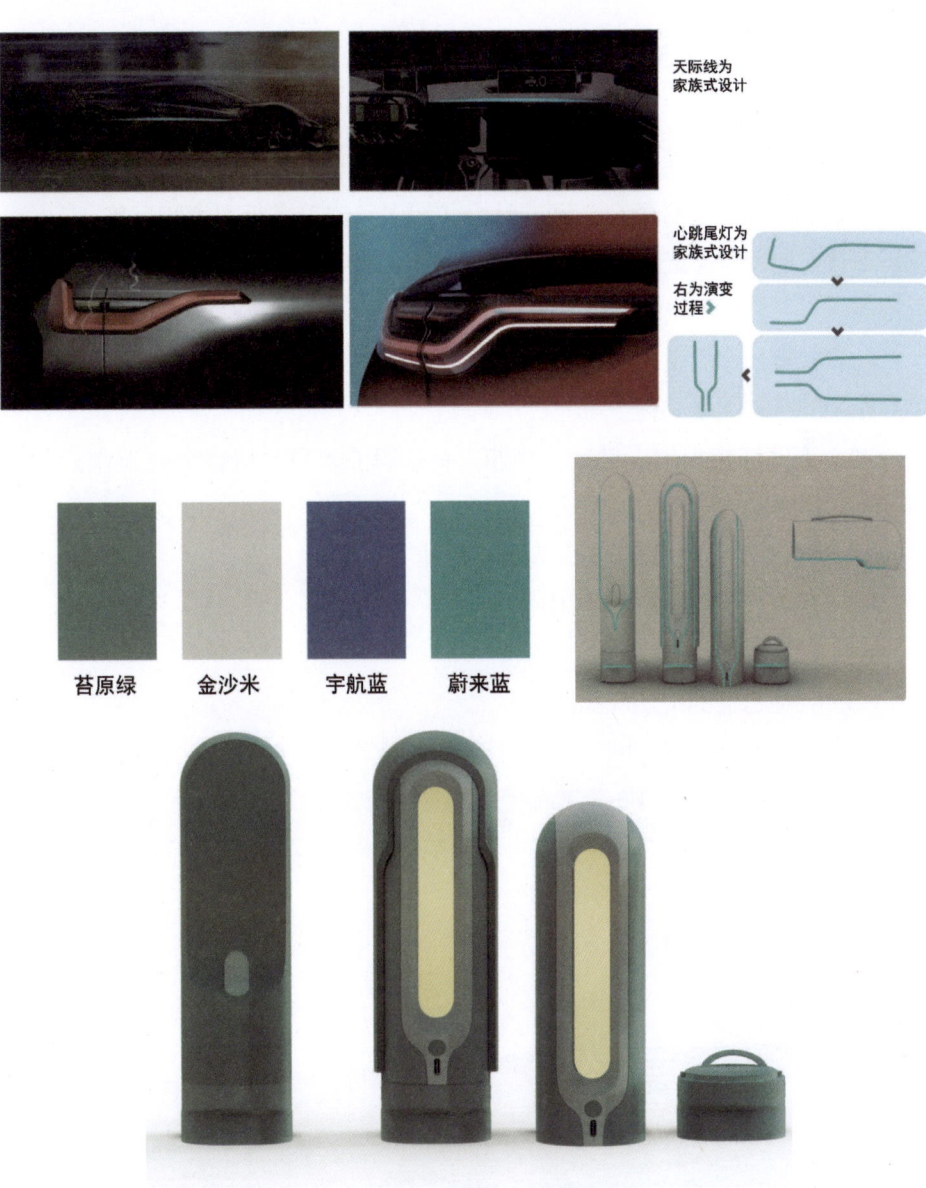

图 3-16 基于蔚来汽车设计的露营灯

图片来源：上海电机学院产业设计专业 2020 级李佳怡，设计指导：黄珏具体来说，第一款灯具的按钮凹陷处与蔚来两大家族式设计中的心跳尾灯的线条和谐呼应，凸显了设计的连贯性。第二、第三款灯具则在外壳和分体部分采用了心跳尾灯的设计元素，不仅增强了产品的识别度，还强化了灯具的整体系列感。而最后一款灯具则通过在外壳部分进行渐消面处理，展示了蔚来家族式设计中的天际线设计语言，进一步体现了品牌特色。

■ 3.6　社会要素

在当今多变的市场环境中，产品设计不仅仅是创造一个具有吸引力和功能性的物品，还必须在广泛的社会和经济背景下进行思考和实施。这种背景对如何定义产品的功能、目标用户、生产方法及最终形象有深远影响。

社会要素在产品设计中扮演着核心角色，集中于文化和社会生活中相互作用的各种因素。

（1）家庭结构和工作模式（例如，有兼职的单身父母数量或工作时间相对灵活的双职工父母数量）。

（2）健康问题（例如，运动有助于健康）。

（3）计算机和互联网的应用。

（4）政治环境。

（5）其他行业的成功产品。

（6）运动和娱乐（例如，街头滑板运动造就了一种穿着松松垮垮长裤的新生代年轻人的时尚美学和相应的生活方式）。

（7）体育（例如，各种新式的、复古的或极为现代化的体育场馆的建设，以及场馆里运动员的表演）。

（8）电影、电视等娱乐产业。

■ 3.7　经济要素

经济要素同样对产品设计有重大影响。经济要素即人们相信自己所拥有的、可以用来得到改善其生活方式的产品与服务的购买力，往往被称为"心理经济计量"（Psych Econometrics）。其受整体经济形势和经济形势预测、燃油消费、原材料消费、贷款利率、可获得的风险投资、股市和股市行情预测、实际拥有的可自由支配收入等多方面的影响。在诸多经济要素中，影响产品设计与开发的还包括了解谁是家庭的赚钱者、谁在花钱，以及为谁花钱等方面。随着经济要素的改变，人们的消费趋势也在发生变化。

在经济衰退期间，消费者的购买力下降，这促使设计师创造出更高性价比的产品，以吸引那些预算有限但仍寻求品质的消费者。在经济状况好转时，市场可能更倾向于奢侈或高端产品。此外，全球化也推动了设计的国际化，设计师需要考虑到全球市场的需求，这涉及调整产品设计以适应不同国家和地区的法规、消费习惯及审美偏好。

■ 思考题

1. 举例说明地域文化如何影响产品设计。
2. 完成一个产品系统设计前期要素分析作业。

第 4 章

产品系统与创新设计

1. 教学内容

（1）以人为中心的设计（HCD）。
（2）创新模式与设计思维。
（3）产品创新设计流程。
（4）Parsons 设计学院产品系统设计案例。

思政融合点：将创新设计思维深度融入以人为本的设计过程中，提升人文素养，培养设计伦理意识与工程道德责任，推动技术与人文的有机融合。

2. 授课方式及学时

（1）课堂讲授：2 学时。
（2）案例教学：8 学时。
（3）分组讨论：2 学时。

3. 学生学习预期成果

能够基于设计任务制订设计计划，并综合运用设计工具和创新思维，基于提案→评议→迭代的模式开展设计实践、评价和展示。

4. 支撑课程目标

目标 1：能够综合考虑市场和用户需求，把握设计的约束条件和复杂属性，学会将不同的创新思维方法融会贯通于产品设计的不同阶段，培养实现有目的的产品设计计划的能力。

目标 2：能够运用系统思维在实际产品的设计实践中论证设计方案的可行性，分析和评价设计方案对社会、健康等多方面的影响。

系统化设计之所以富有生命力和内在的创新潜能,是因为它是一种以系统思维为基础的创造性思维模式,将设计对象视为一个互相关联的系统,通过考虑系统的整体性、结构、动态性和环境因素,综合分析并提出创新解决方案。

■ 4.1 以人为中心的设计（HCD）

在产品系统设计的实践过程中,可以先利用系统思维来识别和分析问题的整体结构和动态,然后应用设计思维来迭代实现具体的解决方案。以人为中心的设计思维和快速迭代方法,以及系统思维的整体视角和长期战略,可以帮助设计师更全面、深入地理解和解决问题,创造出既满足用户需求又可持续发展的产品和服务。

1. 以人为中心的设计思路

以人为中心的设计（Human-Centered Design, HCD）是一种专注于用户视角来创造有价值的和实用的产品、界面、服务、系统的设计思路,试图以合适的方式让用户参与设计过程的所有阶段。需要注意的是,本教材所提及的用户指广义的用户。

HCD的思路是通过关注（产品、服务、系统）用户的需求、愿望、属性、能力来解决问题。它与以技术可行性和商业可能性为起点的思路截然相反。以人为中心的设计过程能对设计的易用性和用户体验产生积极的影响。HCD时刻将用户放在所有问题的首位。在产品开发的最初阶段,以满足用户的需求为基本动机和最终目的;在产品后续的设计和开发过程中,对用户的研究和理解被作为各种决策的依据;同时,产品及其设计的各个阶段的评估信息也来源于用户的反馈。在项目初始阶段,设计师往往对用户的需求、使用流程、限制等因素知之甚少,故很难预判设计方案可能会在哪些方面给未来用户带来问题,而HCD恰好可以解决此难题。设计师以用户观察、用户访谈、采集数据等为基础开展设计,可以避免主观的假设和猜测。

HCD以用户体验为设计决策的中心,强调用户优先模式。简单地说,即在产品的设计、开发和维护过程中始终从用户的需求和体验出发,确保产品能够满足用户而不是迫使用户适应产品。无论是产品的使用流程、信息架构还是人机交互方式，HCD 都强调应密切关注用户的使用习惯、期望的交互模式和视觉体验等。

在众多情况下，产品和系统的用户体验至关重要。然而，仅靠流程和步骤无法保证设计的可用性和良好的用户体验。除了流程，HCD 也强调在整个设计决策过程中始终保持以用户为核心的思维模式。

衡量一个好的以人为中心的产品设计，可以从以下两个维度进行。

一是产品在特定使用环境下服务于特定用户时所具有的有效性（effectiveness）、效率（efficiency）和用户主观满意度（satisfaction），延伸开来还包括对特定用户而言，产品的易学程度、对用户的吸引程度、用户在使用产品前后的整体心理感受等。

二是以人为中心的思考路径。作为设计师，应深入了解用户使用时的痛点，提取场景化的故事，了解产品需求，关注科技发展，懂得生产制造流程。

2. HCD 的重要性和意义

（1）每个产品的来源可能有很多种，如用户需求、企业利益、市场需求或技术发展的驱动等。从本质上来说，这些不同的来源之间并不矛盾。一个好的产品，首先是用户需求和企业利益（市场需求）的结合，其次是低开发成本，而这两者都可能引发对技术发展的需求。

① 在产品设计的初期，如果能充分理解目标用户群体的需求并结合市场需求，就可以大幅度降低产品后期的维护成本甚至重制成本。如果能在产品中让用户感受到"我们非常关心你"的信息，那么用户对产品的接受度将显著提高，他们也更能容忍产品的不足。这种用户关怀不能仅体现在产品的包装或界面上，而应该贯穿于产品设计的整个过程。因此，设计师需要在设计初期就将用户置于中心位置。

② 基于用户需求的设计不仅对当前产品的开发有益，还对未来产品的设计及整个产品线的规划极为重要。理想的用户体验应来源于并超越用户的初步需求，这样的设计方向有助于增强产品的市场竞争力。

（2）随着市场上同类产品的增多，用户越来越重视在使用这些产品时所涉及的时间成本、学习成本及情绪体验。

① 时间成本：简单来说，就是用户在使用某产品时需要投入的时间。用户不愿意将宝贵的时间浪费在仅仅实现基本功能的产品上。如果一个产品不能在短时间内让用户体验到积极的情感并快速地实现所需功能，

那么它就难以满足基本的用户需求。

②学习成本：这主要关系到新用户。在网络产品领域，这一点尤为重要，因为市场上类似产品众多且易于获取。对新用户来说，选择哪款产品往往依赖于哪款产品更容易上手。研究结果显示，新用户在首次使用产品时往往需要花费大量时间进行学习和尝试，且如果首次尝试失败，则他们放弃使用该产品的可能性很大，即便这可能意味着放弃背后的潜在物质利益。

③情绪体验：虽然情绪体验通常是基于上述两点建立的，但实际上，某些产品通过提供卓越的情绪体验，能够促使用户投入时间去学习如何使用它们。在某些情况下，用户对产品的情绪体验的重视程度甚至超过其他所有因素。例如，在对产品安全性的感知要求很高时，增加用户操作的步骤和所需时间可以向用户传递"产品非常安全、细致"的感觉。在这种情况下，倘若减少操作时间，让用户快速完成操作，反而可能会降低用户对产品的信任程度。

（3）设计发展至今，已多次转变其核心关注对象。现今，若希望设计获得用户的青睐，则必须表现出对用户的尊重与关怀。

①用户数量和市场需求。市场不仅仅由生产者、经营者、广告机构和质量监督部门构成。没有用户，这一切都将失去意义。作为市场中最重要的买方之一，用户的选择能够改变市场的走向，且随着用户数量的增加，这种影响会呈指数级增长。

②用户喜好和产品生命周期。如果用户认为某款产品不再具有使用价值，那么该产品将面临被淘汰甚至完全消失的境况。以移动设备为例，现在很少有用户还在使用 1.8 英寸或 2.0 英寸屏幕的手机，原因就在于，传统的小屏幕手机本身无法一次性解决用户体验问题：功能少，无法实现多种移动应用；显示信息有限且操作受限，无法提供愉悦的感官体验；有限的外观设计从视觉上直接拉低了使用档次。

③用户的选择权。在全球经济合作的背景下，几乎所有产品都不仅仅由其生产商单方面设计和制造。因此，产品的质量、差异化、可用性和易用性等因素逐渐成为用户选择产品的重要参考。

④现实用户对潜在用户的影响。一个用户的购买并不直接代表产品的成功，而意味着该产品将要经受一系列严格的测试和评估。任何不利的用户观点都可能被无情放大。

设计师在倾听用户意见和观察其使用行为时，必须区分这是不是简单地按照用户要求来设计的。设计师需要坚定的态度和毅力，接受初期设计想法、假设可能不合适的情况，并始终坚持与用户一起进行评估。虽然设计前期的用户研究和评估需要较大的投入，但这是帮助设计师作出更明智决策、设计出更优秀产品的关键。

HCD 可以应用于设计师和用户之间存在认知差异的任何领域。这种设计思路可以贯穿于设计的整个流程：既可以用于制定计划目标，也可以用于创造设计方案。

如图 4-1 所示为 IMA Life 制药机械产品设计。根据用户旅程洞察，

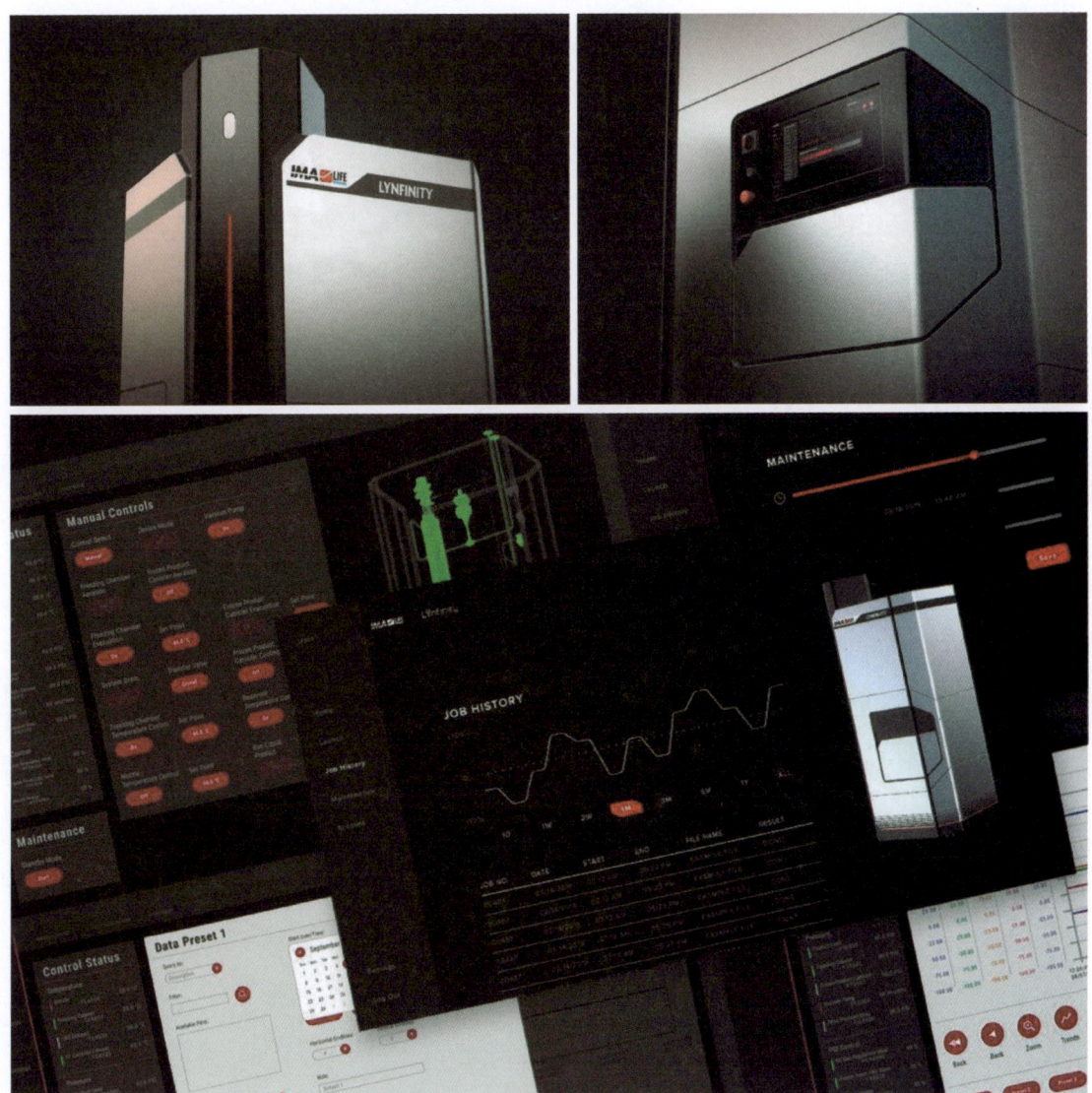

图 4-1　IMA Life 制药机械产品设计

齐思设计团队开发了一个定制的用户界面（该界面与新设计相得益彰），并设计了一个更加以用户为中心的工作流程，来引导实验室科学家使用新技术。

■ 4.2 创新模式与设计思维

1. 产品设计创新模式

（1）市场驱动型创新模式。

市场驱动型创新以"需求中心论"为导向，将用户的需求分析置于核心位置。企业根据分析结果寻找技术突破，生产出满足用户需求的新产品，或对已有产品进行更新以适应发展趋势。以用户为导向的设计或消费者主导型设计是市场驱动型创新模式的一种，其目标不在于质疑或重新定义主流产品的内在意义，而是更好地理解和诠释产品。消费者主导型设计相比传统的市场驱动型设计更为有效，因为它能够巩固现有的主流社会文化制度，因此应归为渐进式创新模式。

以篮球鞋的发展为例，如图 4-2（a）所示为帆布篮球鞋：最早的篮球比赛用鞋是帆布运动鞋，其优点是轻质透气、穿着舒适，但在篮球比赛的特定场景下，其保护性和包裹感较差。20 世纪 70 年代，为了解决这一问题，如图 4-2（b）所示的皮革鞋面彻底代替了帆布鞋面，特别设计的皮革鞋面通过加温至 100～140℃的模具进行施压合模成形，具有超高的耐用性。对激烈的篮球运动而言，皮革鞋面优质的保护性和舒适性很好地满足了运动员的需求。此后出现了 Air Jordan 系列的气垫篮球鞋，如图 4-2（c）所示。气垫缓震的功能，在实战性上赋予了运动员更快的启动速度、更高的跳跃高度等，后来发展为细分到每个位置都强调功能性（参考詹姆斯和科比的签名鞋系列）。

为了提升运动鞋的保护性，adidas 公司在 1989 年研发出具有独创性的 Torsion System（又称大底技术）。Torsion System 重现了赤脚的概念，使脚能够扭转自如。其交叉的热塑扭转系统使脚弓得到支持，从而更好地帮助使用者控制脚部运动，避免可能出现的伤害。其形状有 X 型、Y 型和 V 型等。后来，adidas 公司又发明了三维扭转系统和延伸扭转系统。

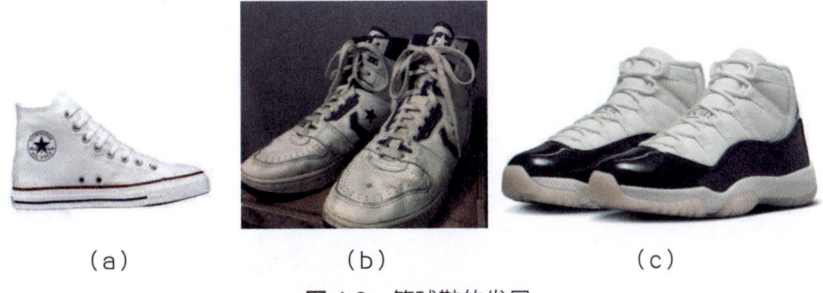

（a）　　　　　　　（b）　　　　　　　（c）

图 4-2　篮球鞋的发展

（2）技术驱动型创新模式。

技术驱动型创新源自"技术推动论"，其核心在于企业依赖特定技术进行产品创新，并将技术的实用价值和科技含量转化为商业价值，从而推动市场变革。在技术驱动型创新策略下，企业不能仅仅迎合当前市场的消费者需求，因为在多数情况下，消费者对未来的需求和期望具有不确定性。即使用户意识到了未来需求的趋势，市场需求从趋势到现实也是一个缓慢的过程。在这种情况下，企业必须主动作为，利用新技术进行产品创新，并在此基础上积极引导市场需求。正如秉承技术驱动型创新策略的日本索尼公司创始人盛田昭夫所说："我们不应该只是满足市场，而应该积极创造市场。"技术驱动型创新主要聚焦于产品研发，已成为许多企业的研究重点。它往往会带来技术领域的革新，对行业产生重大影响，也会使企业获得长期的竞争优势。技术驱动型创新模式被认为是激进、革新、不连续、能力卓越、开启新周期或新轨迹的创新模式，比较典型的有 DJI 无人机、戴森吸尘器等。

（3）设计驱动型创新模式。

设计驱动型创新被定义为对产品内在意义的颠覆性创新。在这种创新模式中，企业通过突破性的产品内在意义和产品语义的创新，向消费者传达全新的理念和愿景。这种理念或愿景往往是消费者长期期待但尚未实现的，容易被消费者接受和喜爱。相较于市场驱动型创新模式，设计驱动型创新往往是一种突破性的创新，其主体是设计师而不是消费者。其设计的使命是迎合消费者的需求，激发和引导消费者的购买意愿，从而推动市场本身的演变，完善市场机制。因此，设计驱动型创新与技术驱动型创新有相似之处，存在一定的交集。

3 种创新模式的比较如图 4-3 所示。

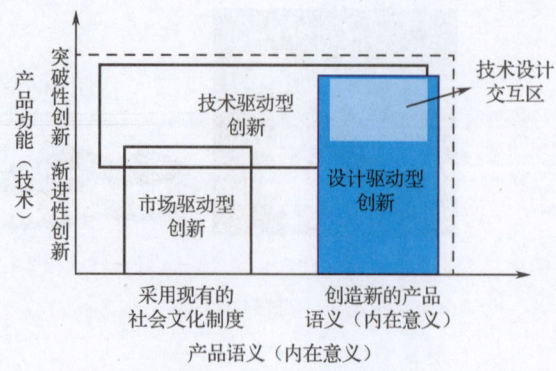

图 4-3　3 种创新模式的比较

在设计驱动型创新模式下，产品内在意义的创新在整个新产品开发过程中起主导作用，能带动技术和市场的创新，助推新产品的开发。简而言之，设计驱动型创新强调通过设计思维为新技术寻找新的产品内在意义。因此，设计是一种创新整合过程，其整合对象包括技术、市场需求和产品内在意义 3 个方面。如图 4-4 所示为任天堂 Wii 体感游戏产品。于 2006 年发售的 Wii 第一次将体感引入了电视游戏主机，其主要特点是采用了运动控制器和互动性游戏玩法，从而为游戏市场带来了颠覆性的创新。

图 4-4　任天堂 Wii 体感游戏产品

设计驱动型创新是一种以设计为核心的创新方法，其主要特点在于利用设计思维和设计过程来发现和解决问题，从而创造新的价值和市场机会。相较于传统的以技术或产品为中心的创新，设计驱动型创新更加关注用户需求、体验和社会文化背景。它通过深入了解人们的生活方式和未被满足的需求来引导创新过程，从而确保所设计的产品或服务能够真正满足用户的期待和需求。

苹果公司前设计总监罗伯特·布伦纳（Robert Brunner）等在《伟大的设计：通向完美用户体验的门户》一书中指出，驱动一个设计驱动型公司的因素有以下几个：一是用户的需求；二是在情感上回应这种需求的产品；三是产品从设计、制造到交付的协调性；四是保持对用户的新需求及新产品的预见敏感性。

苹果公司是设计驱动型创新的典范，其设计驱动体验的特征有以下4个。

① 自上而下的驱动。高阶管理层不仅扮演了设计驱动战略拥护者的角色，还将设计和创新打造成了公司基因的特征之一。苹果公司前设计总监乔纳森·伊夫（Jonathan Ive）认为这是苹果公司作为一家设计驱动型公司最成功的部分。

② 聚焦于设计驱动。设计不是产品完成后的装饰和点缀，而是起点。设计也不是只关乎漂亮的外观，而是通常以奇妙的方式将功能和易用性结合在一起，为目标用户创造具有情感联系的解决方案。正如乔布斯所说，设计创造"让人爱上的"产品。

③ 与众不同的想法。与众相同不可能造就伟大，要借助与众不同的想法来创造差异。从某个方面来说，苹果公司的 iPod 播放器要比竞争产品少一些功能，但其设计成功地为用户提供了更好的体验，人们也因此爱上了他们的 iPod 播放器。

④ 快速制作原型并上市。乔布斯说过，"推出新产品的总是艺术家"。一家设计驱动型公司会快速且经常发布新产品，并根据消费者的反馈加以改善。

以苹果公司推出的 Vision Pro 为例（见图 4-5），它将数字世界融入真实世界，从而实现增强现实（AR）。这款设备兼容 iOS 和 iPadOS 的各种软件，支持用户办公、娱乐、拍摄空间视频，并且只需手、眼和语音就能交互。其开启了空间计算新时代，对全球市场产生了深远影响。苹果公司正是因为深入了解用户的需求和生活方式，利用设计引领了技术创新和市场趋势的发展。

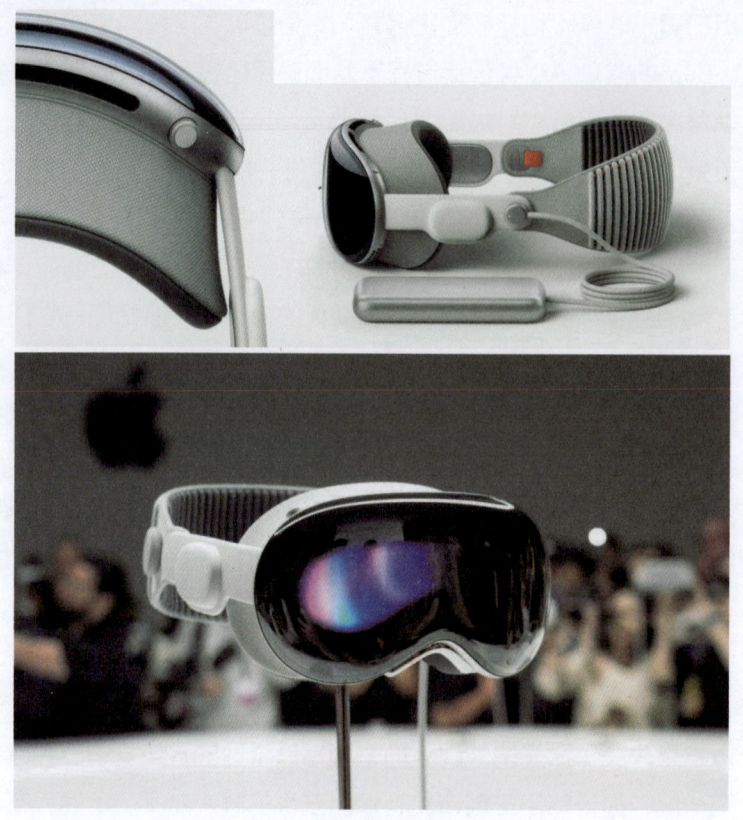

图 4-5　苹果公司的 Vision Pro

2. 常用设计思维模型

托马斯·洛克伍德（Thomas Lockwood）在其《设计思维：整合创新、用户体验与品牌价值》一书中提出，设计思维本质上是一个以人为中心的创新过程。它侧重于观察与协作、快速学习、将想法视觉化、快速原型化及开展并行的商业分析，这些活动最终会对创新和商业战略产生深远影响。设计思维的目的在于将消费者、设计师和商业人士纳入一个统一的流程中，这个流程不仅适用于产品和服务，也适用于整体的商业体验。它是一种预见未来情境并将产品、服务和体验带入市场的有效工具。

鲁百年在其《创新设计思维：设计思维方法论以及实践手册》中区分了设计与设计思维的概念。他指出，设计是将计划、规划或设想通过某种形式表达出来的活动过程。而设计思维则是一种思维模式，它不仅关注设计的产品、服务或流程本身，还强调"以人为本"的创新理念，即从客户的角度出发，实现创新。

信息时代，产品和流行趋势变化迅速。尽管常规产品设计和改良型产品设计仍占据市场主导地位，但现象级产品或颠覆性产品的崛起需要依赖创新性。举例来说，苹果智能手机的出现颠覆了人们对传统手机的认知，而诺基亚等曾经的手机巨头则因产业转型策略失误而被挤出市场。按部就班的产品设计或产品改良过程，如果没有设计思维的引导，周围颠覆性产品的涌现很可能致使企业因跟不上新的产品形态和商业模式变化而走向没落。因此，设计思维和设计方法的重要性被提升到了一个更为突出的位置。

设计思维是一种以人为中心的创新方法，它从设计师的工具箱中汲取灵感，将人的需求、技术的可行性和对商业的要求整合起来。常用的设计思维模型主要有 D.school 设计思维（Design Thinking）和英国设计协会的双钻模型。

（1）D.school 设计思维。

"设计思维"这一理念最早由哈佛设计学院院长彼得·罗（Peter Rowe）于 1987 年提出，为设计师和城市规划师提供了一套系统的问题解决方法。1991 年，大卫·凯利（David Kelley）创立 IDEO 公司，将设计思维确立为其核心理念，并成功将其商业化，流程如图 4-6 所示。2005 年，大卫·凯利成立了斯坦福大学 D.school，开设设计思维课程，并指出设计思维注重"了解""发想""构思""执行"的过程，将设计思维划分为如图 4-7 所示的 5 个步骤：共情（empathize）、定义（define）、设想（ideate）、原型（prototype）、测试（test）。

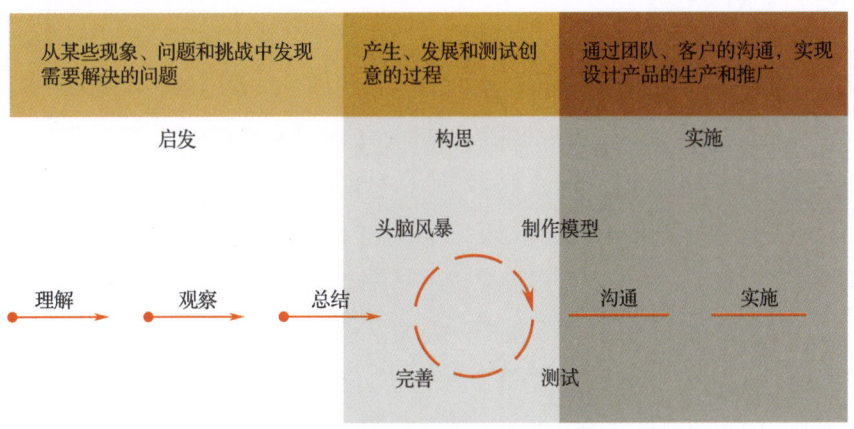

图 4-6　IDEO 公司的设计思维流程

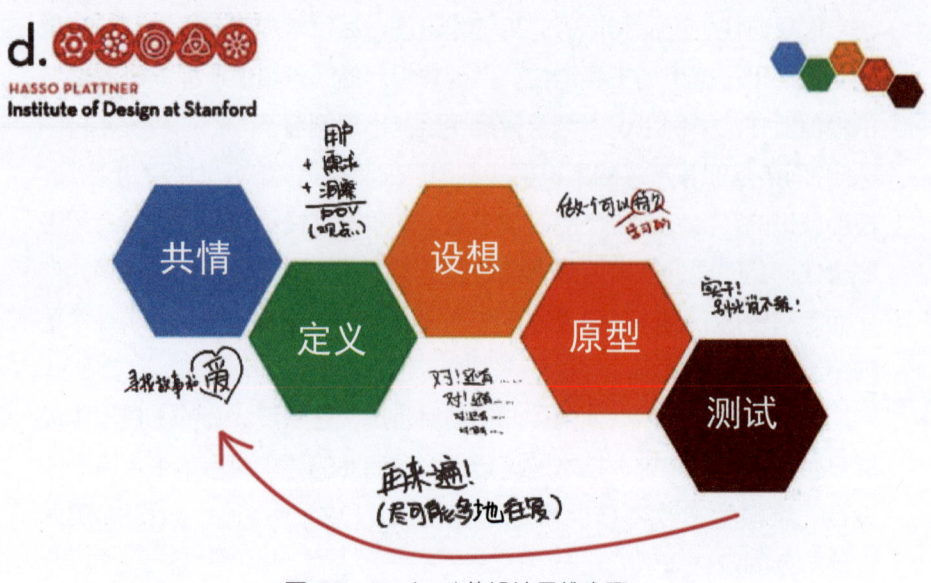

图 4-7　D.school 的设计思维步骤

①共情。"共情"这个词，在中文当中，原来有近似于体验、体谅、体察三者综合的意思。说得更简单一些，就是要站在他人的立场上思考，了解他人的问题和需求。这个阶段的核心价值是以人为中心，一切需求的出发点是人，通过观察、倾听、访谈等方法和用户产生共情，进而分析用户的核心诉求。

②定义。通过共情搜集到一部分信息以后，就进入第二步——定义，指通过"架构""删减""深挖""组合"等操作，对信息进行加工，从而对问题进行更深入的定义。如果说在共情阶段更倾向于探索式的调研，即先对问题有一个基本的了解，那么到了定义阶段，则会更倾向于描述式的调研，即对问题有一个比较精准的定义，并从中挖掘出用户的根本问题。同时，定义阶段要定义出自己的立足点（本质上就是清晰地说明自己——设计者对于问题的细致理解），让别人能够清楚地知道你想干什么。

③设想。发现具体的问题后，就要想办法解决问题，提出解决方案，也就是第三步——设想。设计思维不是一味地追求完美的唯一的解决方案，而是尽可能想出足够多的解决方案。这就需要团队合作，进行头脑风暴。设想过程的核心价值是创意自信，正如大卫·凯利所说："事实证明，创造力不是幸运的少数人才享有的一种罕见的礼物——这是人类思维和行为中的一个部分。它在我们太多的人中都被封住了，但它可以

被解开。解开创意火花对自己、你的组织和你的社区可以有深远的影响。"设想时可以遵循"三不五要"原则,即不要打断、不要批评、不要离题;要延续他人的想法、要画图、要疯狂、要数量、要下标题。

④ 原型。这一步要设计产品原型或问题的解决方案。设想阶段结束后,产生了许多想法,应从中选取一些想法形成基本的概念模型,设计出相对详细的解决方案,落到实处,制作产品原型,然后和团队成员甚至用户沟通,看看效果如何。在制作产品原型的过程中要坚持发现问题,并进行不断的完善和改进。

⑤ 测试。最后,把上一个阶段的成果放到一个和现实类似的模拟情境中进行测试,看看设计想法对用户来说是不是真的适用。在测试过程中要仔细观察用户的使用状况、反应等。用户的使用反馈可以让设计师进一步改进所提出的解决方案。在这个过程中,设计师也可以更加深入地了解用户,甚至重新定义问题。

设计思维的这 5 个步骤并不总是必须按照顺序进行的,设计师可以从任何一个点开始。如果从一开始便有一个很好的想法,那么便可以快速生成原型,然后进行测试以验证设想,或以此作为和用户交流的对象,从而探索出用户潜在的或更深层次的需求。但是在这个过程中,切记要以人为中心,是验证想法,而不是向用户推销想法。如果已经有了一个产品,想要改进或创新,那么便可以从测试阶段开始,探索和洞察用户新的诉求。

(2)双钻模型。

2004 年,英国设计协会提出双钻模型。这一模型将设计过程分为发现、定义、开发和交付 4 个阶段(见图 4-8)。基于原始的双钻模型,

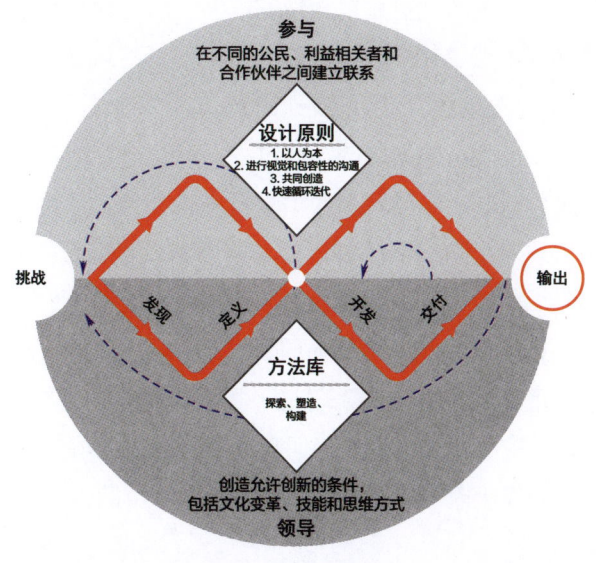

图 4-8 双钻模型

结合 IDEO 的以人为本的设计思想和斯坦福大学的设计思维过程，Dan Nessler 于 2016 年提出双钻模型的改进版（见图 4-9）。双钻模型及其改进版的核心本质是思考设计过程中正确的问题和针对正确的问题设计目前最有效的解决方案。

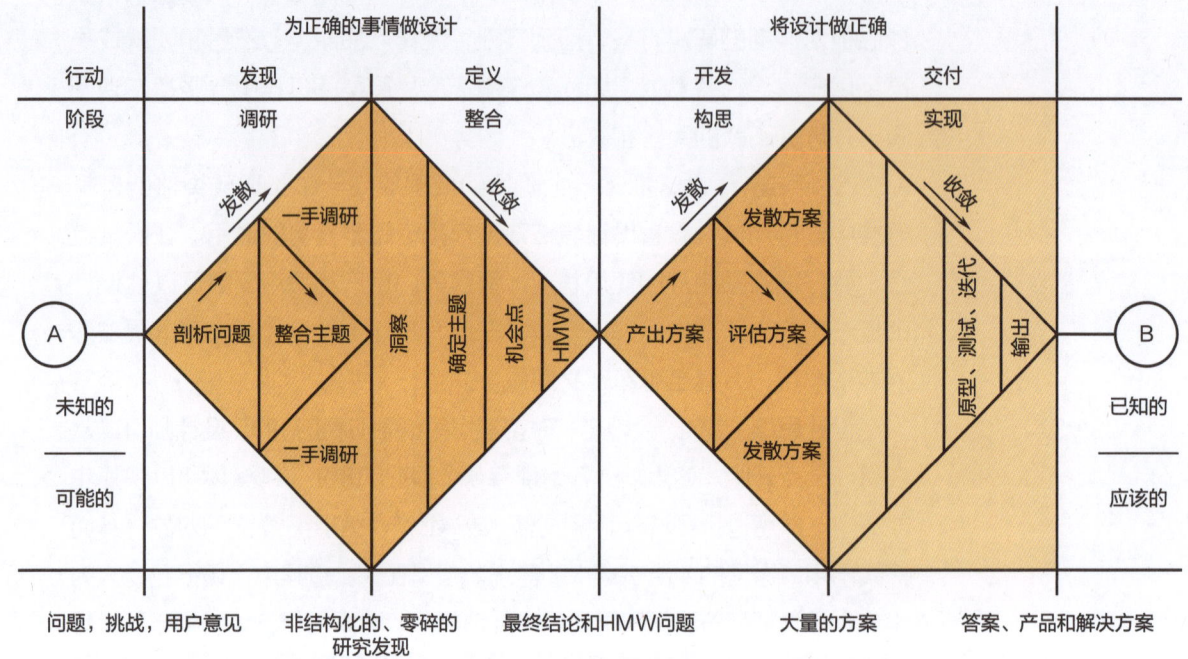

图 4-9　双钻模型改进版

如图 4-8 所示，原始的双钻模型概述了设计师应坚持的 4 个核心原则，以便尽可能有效地工作：一是以人为本，即首先了解使用产品或服务的用户；二是进行视觉和包容性的沟通，以帮助项目组成员对问题和想法达成共识；三是共同创造，即一起工作，并从他人的工作中获得启发；四是快速循环迭代，以尽早发现错误，避免风险并验证前期的想法。

双钻模型改进版不是简单的线性过程，而是一种结构化的设计方法，反思和迭代是其核心，主要分为两个阶段 4 个步骤。

第一阶段：为正确的事情做设计（需要解决的正确的问题有哪些，重点是哪部分）。

第 1 步：发现 / 调研——剖析问题（发散）。

第 2 步：定义 / 整合——要关注的领域（收敛）。

第二阶段：将设计做正确（如何制定当前有效的解决方案）。

第 3 步：开发 / 构思——潜在的解决方案（发散）。

第 4 步：交付 / 实现——可行的解决方案（收敛）。

在所有步骤中，可以应用不同的设计工具、技术和方法，并且穿插着发散和收敛。在发散阶段不加限制，尽可能多地发散；在收敛阶段融合收敛想法。

第 1 步：发现 / 调研问题。

① 质疑：对最初的问题提出质疑，质疑每个部分（包括需求、问题、行业分析、商业利益、用户利益等），多维度发散性地思考，力求全面性地考虑问题。

② 定义调研范围和方法，整合成主题进行总览。

③ 投入调研：针对问题进行一手调研（如用户访谈）和二手调研（如桌面调研）。

这一步将产出大量非结构化的、零碎的研究发现。

第 2 步：对问题的定义 / 整合。

将第 1 步发散性思考的问题集中在某个范围进行解决。

① 列出并与团队成员分享前期所有的研究发现，启发团队成员进行思考和讨论。

② 总结结论，将同类合并，逐渐收敛并确定明确的主题。

③ 寻找产品的机会领域和潜在优势。

④ HMW（How might we…）方法：重新定义"我们将如何……"，即在行为领域中要做什么、解决什么的建议。

第 3 步：开发 / 构思潜在的解决方案、策略。

① 构思：在发散阶段展开头脑风暴，产生尽可能多的想法或潜在的解决方案，设想期间不要评价。

② 评估：评估所有设想。可以通过投票和方案可行性矩阵（用来显示创意的可行性与潜在影响的关系）两个工具来评选出最佳创意。评估后，找到最初问题的最优解决方案。

输出：一组想法、策略、概念。

第 4 步：设计方案执行落地。

① 制作原型：使最优的解决方案切实可行，在原型中体现产品的完整流程。

② 测试分析：对原型进行快速测试，考虑产品的可用性和开发风险，可利用灰度测试或 A/B 测试。

③ 循环迭代：重新思考，重新测试，快速循环迭代，来开发出最有

价值的产品，验证是否解决了最初的问题。

④ 输出：最终产品和解决方案。

IDEO 设计思维应用——唛步儿童安全座椅

设计思维以人为中心，基本涉及3种产品设计创新模式。作为将设计思维商业化最成功的公司之一，IDEO 在中国的商业化应用案例——唛步儿童安全座椅设计，能够较好地说明企业产品系统创新设计过程。

1. 设计洞察与用户需求调研

考虑到中国市场的需求差异，IDEO 设计团队在上海和泰州开展了用户调研，通过家访、访问母婴店、与育儿专家对话来深入了解目标用户的真实需求和期望。研究发现，一线城市与三线城市的消费市场有差异，但在与消费者的深度交谈中发现了鲜明的共性。儿童安全座椅除了为儿童服务，还应当为作为"间接使用者"的新一代父母设计；安全性依然重要，但保证安全不等同于忽视父母的情感需求。新一代父母对儿童安全座椅品牌和产品的需求包括3个方面：一是表达身为父母的独特一面；二是支持先进的育儿理念；三是传递更高层次的安全感。

2. 产品定位与概念设计

IDEO 设计了一个"共创式"的合作模式：在品牌定位、产品设计阶段的首尾分别引入了两个共创工作坊，其中包括企业项目团队和儿童安全座椅制造团队，他们共同讨论产品方向，探寻儿童安全座椅在真实生活中的使用情境。由此，各方反馈可以被及时获知，产品设计方向得以迅速明确。

IDEO 设计团队提出了追求自然质感的设计方案，并强调满足父母情感需求的产品定位，通过对方案进行高精度渲染，将消费者在日常购物场景中见到的产品展示在页面中，将有潜力的产品逼真地呈现在用户面前。这种方法不仅能使设计团队了解用户的需求，还能从用户的视角进行思考，并通过产品设计来呈现品牌价值。

3. 模型搭建与产品测试

利用共创工作坊进行实际操作，小组成员使用现场材料搭建模型，并讨论方案的适用性。开发团队和生产团队通过早期融合，确保设计方案能顺利转化为可生产的产品，清晰理解彼此的意图，建立起彼此的信任。

4. 设计交付

设计团队开发了符合新一代父母审美和功能需求的儿童安全座椅，强调了材质的自然感和与消费者的情感共鸣：在实用性方面，选用了抗污能力强、易清洁的面料，并将椅面部分的布料设计为可拆卸的样式，以满足清洁需求；在安全性方面，在卡扣外包裹了布料，有意在视觉和触觉上隐藏了塑料和金属配件的坚硬感，提升座椅的舒适性，为儿童与父母带去更高层次的安全感；在观感方面，为了尽力放大座椅舒适柔软的观感，反复打磨了木质饰板与织物交会处的形态，使得座椅在视觉上最坚硬的部分也呈现出了圆润的质感。

设计团队不仅关注产品本身的功能性和安全性，还重视消费者的情感需求和市场定位，通过与消费者的情感共鸣来提升品牌价值和市场表现。IDEO实时关注消费者的需求变化，并对产品的开发和延展做出了动态的判断和管理。IDEO通过把消费者洞察、商业策略和产品定义融合在一起思考的工作方式实现了内部的整合。这个组织架构的变革具有更强的市场导向性，面对市场的变化，也会更加灵活和反应迅速。

对IDEO而言，设计的最终目标在于解决客户真实存在的问题。

苹果公司前CEO史蒂夫·乔布斯对在桌面上移动鼠标时产生的声音不满意。IDEO团队努力地解决这个问题，最终通过在鼠标外壳中加入橡胶材质和钢球，成功地消除了这种干扰声音。如图4-10（a）所示为IDEO使用设计思维设计的第一款苹果鼠标原型，如图4-10（b）所示为不断迭代后的多点交互魔术鼠标。

　　　　（a）　　　　　　　　　　　　（b）

图 4-10　苹果公司的两款鼠标

3. 设计思维教学案例 A 组：通用设计工作坊

（1）课题要求。

2017 年 6 月，上海电机学院邀请日本九州大学张彦芳研究员和伊藤慎一郎研究员，以"面向 2030 年中国老龄化社会的通用设计提案"（Design Challenge for Aging Society 2030）为题，承接联合国开发计划署（UNDP）的"全球目标活动"（Global Goals Jam）和"社会公益峰会"（Social Good Summit），针对中国老龄化社会的现状和未来发展趋势，进行了长达 5 天的工作坊教学。

上海电机学院的通用设计工作坊在开始设计之前布置了学生作业，要求每个学生在"通用设计、设计思维、自给自足、分享经济、循环经济"5 个未来社会方向和"机器人技术、智能移动、人工智能、无现金支付、个人化"5 个未来技术方向中选择一个题目，提交一份 A3 纸大小的设计作业。作业内容包括对所选主题的具体阐述，及其对 2030 年中国老龄化社会的影响及提案。根据前期作业的完成情况，将学生划分为 6 组，每组 5~6 名学生，分别指定"家居、交通、工作、学习、社交、健康"6 个设计主题。

（2）协同共创。

通用设计工作坊邀请了 6 名老年人志愿者（3 名男性，3 名女性，为 62 ~ 72 岁）分别加入各组作为设计伙伴，参与从最初的调研、草模制作到最终发表的整个设计过程。为保证最后的设计产出效果，另邀请了 6 名高年级具有较丰富的实际项目设计经验的学生分别加入各组。因伊藤慎一郎研究员的加入，通用设计工作坊的工作语言为中英双语，学生都努力地用英语进行交流和汇报。为期 5 天的通用设计工作坊的主要活动内容及阶段产出如表 4-1 所示。

表 4-1　通用设计工作坊的主要活动内容及阶段产出

阶段	主要活动内容	阶段产出	阶段照片
第一天 （发现）	● 工作坊介绍 ● 自我介绍 ● "破冰"活动 ● 讲座：什么是通用设计/可持续发展目标 ● 与设计伙伴进行为期半天的调研	● 关于调研过程的 3 分钟汇报	
第二天 （洞察）	● 讲座：设计洞见 ● 整理调研结果 ● 讲座：设计思维 ● 整理调研发现 ● 关键问题 ● 我们可以做什么	● 关于设计概念的 3 分钟汇报	

续表

阶段	主要活动内容	阶段产出	阶段照片
第三天 （概念）	● 头脑风暴 ● 讲座：设计方法 ● 概念深入和细化 ● 讲座：设计原型 ● 原型介绍	● 关于详细设计方案的5分钟汇报	
第四天 （原型）	● 讲座：如何讲故事 ● 制作原型 ● 准备最终发布	● 关于原型设计的3分钟汇报	
第五天 （故事）	● 讲座：设计师的社会责任 ● 作品发布和评价	● 采用PPT汇报、短视频播放、角色扮演的方式进行10分钟的作品发布	

第4章 产品系统与创新设计

第一天上午,通过"破冰"活动,各组学生与设计伙伴快速熟悉。下午,学生与设计伙伴围绕不同的设计主题到学校周边进行实地调研。各组调研了超市、医院、居委会、图书馆、公园等场地,并与设计伙伴进行了深入交流,对调研过程进行摄影和摄像记录,并以3类即时贴(What:记录现象、问题;Why:分析原因、影响因素;How:如何改进)分别对发现的问题和设计灵感进行记录。

第二天,对前一天记录的问题进行分类梳理和分析,找出关键问题,拟定设计解决方案。

第三天,通过头脑风暴产生概念设计方案,以小组成员投票的方式进行方案遴选,选定最终方案并进一步深化,制作初步草模。

第四天,在模型车间制作较为精细的方案原型,设计伙伴参与进来,以对方案进行评估。

第五天,举办通用设计工作坊成果发布会,每组以PPT汇报、短视频播放、角色扮演的方式对各自的作品进行展示,由现场观众投票评出最具人气奖,由专家打分评出专家评审最佳奖。

各组最终的设计解决方案涵盖了产品设计、视觉传达、交互设计、界面设计等领域,学生尝试从他们并不熟悉的老年人视角看待生活中的设计,并与真实用户一同进行创作。各组在设计过程中找到的关键问题及设计解决方向,以及最终的设计产出如表4-2所示。

表4-2 通用设计工作坊小组设计过程及产出

小组和主题	关键问题	我们可以做什么	设计产出
A组(家居)	● 老年人夜间安全问题	● 通过外部媒介(信息、材料等)向老年人传达信息,帮助老年人获得生理和心理上的安全保障	● 夜间安全防护系统

续表

小组和主题	关键问题	我们可以做什么	设计产出
B组（交通）	● 降低老年人户外步行的事故风险	● 增强老年人外出时的安全感和自信心	● 智能鞋垫
C组（工作）	● 帮助老年人获取就业信息	● 拓宽老年人获取就业信息的渠道	● 老年人信息筛选终端
D组（学习）	● 聚焦老年人学习问题	● 帮助老年人自主学习或以低成本在任意时间、地点进行学习	● 供老年人学习的共享设备
E组（社交）	● 帮助老年人获取社交信息	● 提供老年人获取社交信息的平台	● 老年人出行指引平台
F组（健康）	● 老年人的自我保护	● 老年人患病前，帮助他们了解自身健康状况，鼓励和引导其采取积极措施 ● 老年人患病后，实时监测身体状况，有突发情况时启动应急反应系统，及时通知其家属	● 老年人健康监测贴

第 4 章　产品系统与创新设计

4. 设计思维教学案例 B 组：老年人智能出行项目设计工作坊

老年人智能出行项目设计分为调查与分析、总结与构思、作品介绍、展望未来 4 个部分。

（1）调查与分析（见图 4-11～图 4-17）。

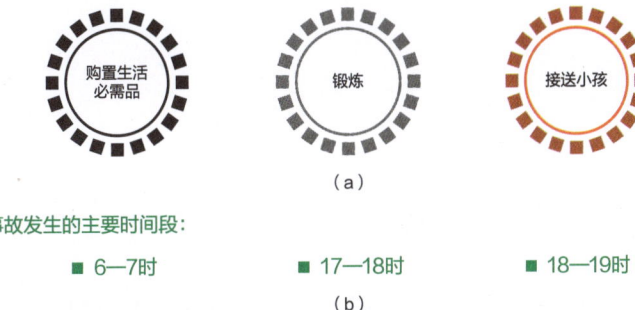

图 4-11　老年人的出行目的及事故发生的主要时间段[1]

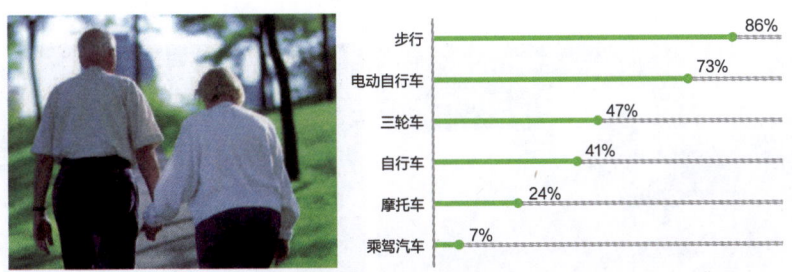

图 4-12　各出行方式下交通事故死亡人员中的老年人占比

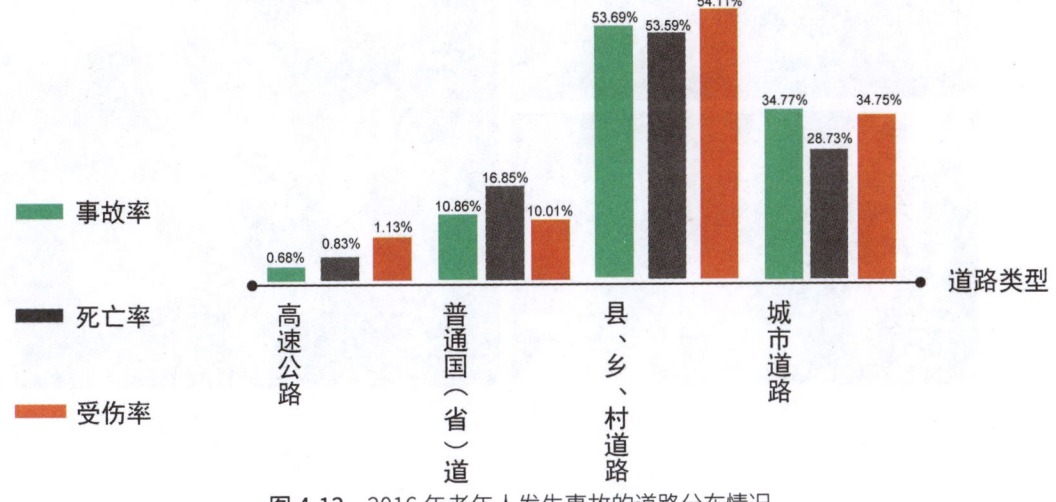

图 4-13　2016 年老年人发生事故的道路分布情况

1　展示当时的调研结果。

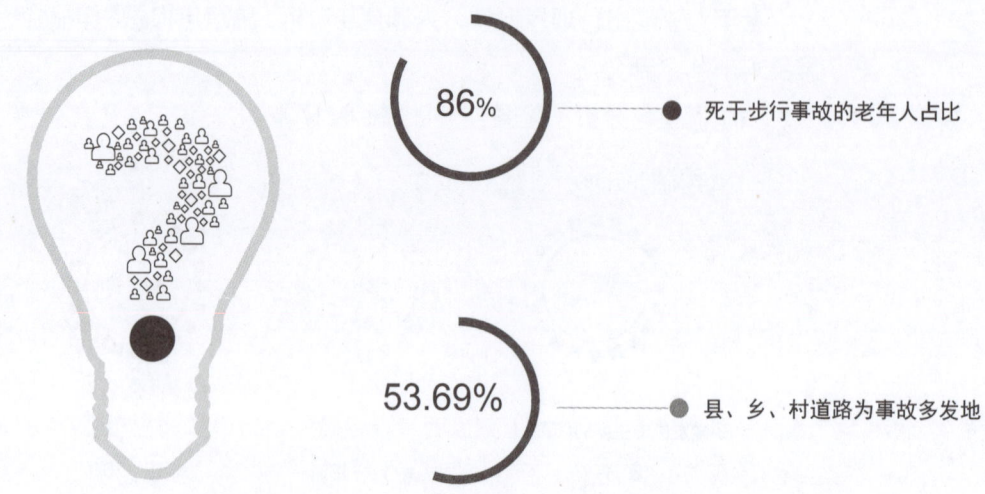

图 4-14　老年人发生事故最多的交通方式及道路分布比例

图 4-15　小组头脑风暴

第 4 章 产品系统与创新设计

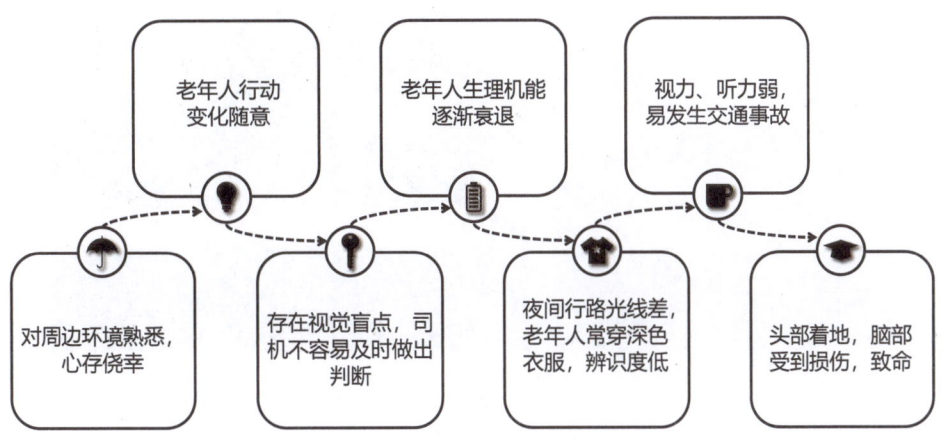

图 4-16 发现关键问题

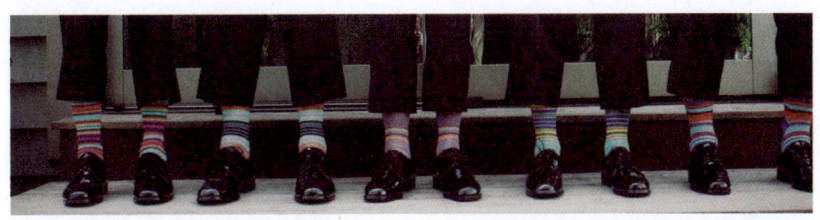

如何让老年人在外出行更安全、更自信？

图 4-17 讨论：我们可以做什么

（2）总结与构思（见图 4-18）。

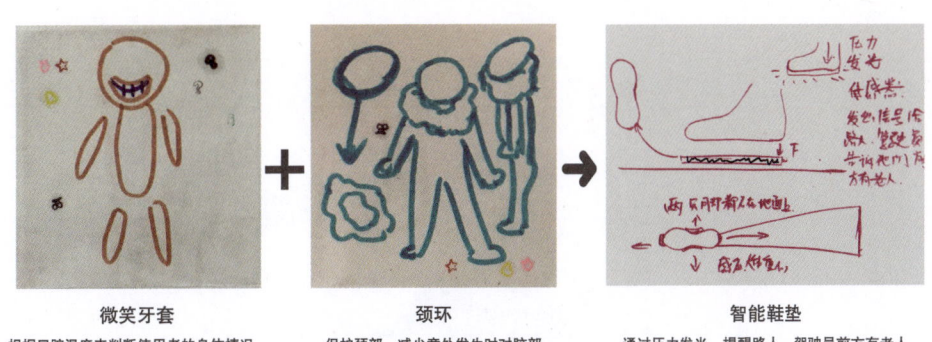

图 4-18 前期的概念设计：微笑牙套、颈环、智能鞋垫

（3）作品介绍（见图 4-19 ~ 图 4-22）。

113

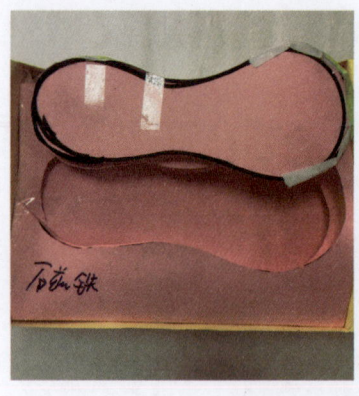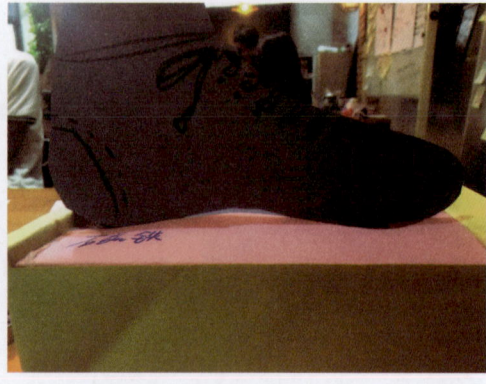

图 4-19　智能鞋垫的纸质原型（草模）

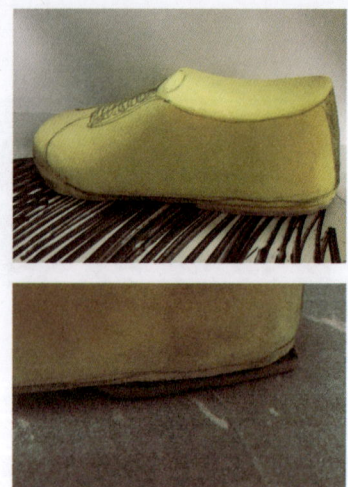

图 4-20　智能鞋垫的聚氨酯原型（成品）

图 4-21　智能鞋垫的视频动画（截图）

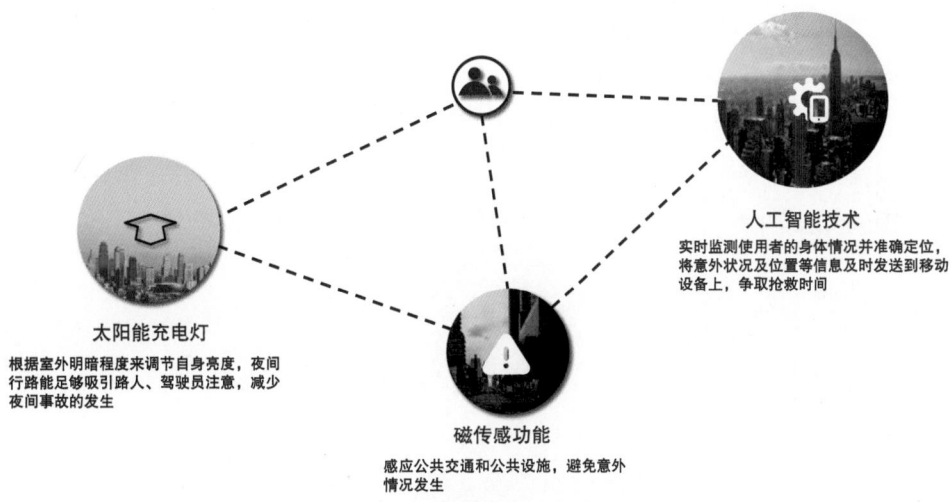

图 4-22 智能鞋垫的设计总结

（4）展望未来。

2030 年，科技必将带给人们更智能、更安全的生活。这款老年人智能鞋垫，在外形上做到了足够隐蔽，在功能上结合了先进的人工智能技术、磁传感功能、太阳能技术。

相信在不久的将来，科技会越来越发达，或许老年人无法简单地接受新事物，但我们必须在技术上给予他们足够的保护，让他们能够更自信地去接触外面的世界。

4.3 产品创新设计流程

1. 企业产品创新设计一般流程

企业面临的市场环境、组织结构与决策流程、企业文化与创新理念、资源配置与技术基础、创新策略等都有所不同，导致各企业在产品创新设计流程上存在个性化需求和独特适应方式。

虽然每个企业的产品创新设计流程不同，但一般阶段过程（见图 4-23）都表现为各阶段独立且连续的线性研发结构（除详细设计阶段外），并通过受控的设计流程和开发步骤避免返工和设计变更。Erdogmus 与 Williams 通过导入迭代设计策略，优化了线性阶段模型，构建了"瀑布"分阶段设计过程模型，使用 3 个评估过程（验证—确认—

评审）来支持5个设计阶段（需求研究—设计输入—设计过程—设计输出—成果发布），旨在围绕原型设计进行几次内部迭代（见图4-24）。这种设计流程面向解决方案的输出，通过早期严格的设计评审制度确定设计规范，尽早明确产品定义，帮助研发团队筛选合理的技术，限定清晰的开发范围，让产品创新设计流程表现得有序而规范。

图4-23　企业产品创新设计一般阶段过程

然而，对处于动态市场中、需要较短开发时间或在开发过程中需要不断进行更改的复杂项目而言，一般阶段过程和"瀑布"分阶段设计过程模型都显得不够灵活。一是在早期设计需求和规范较为模糊的情况下，过早定义原型和设计规范会导致设计研发无法适应不断变化的市场需求而产生高昂的研发投入。二是分阶段设计过程有时难以处理阶段内的并行任务，以及支撑跨学科团队的协同设计。因此，线性分阶段设计过程难以探索更多创新性解决方案，并支撑产品的可持续发展。

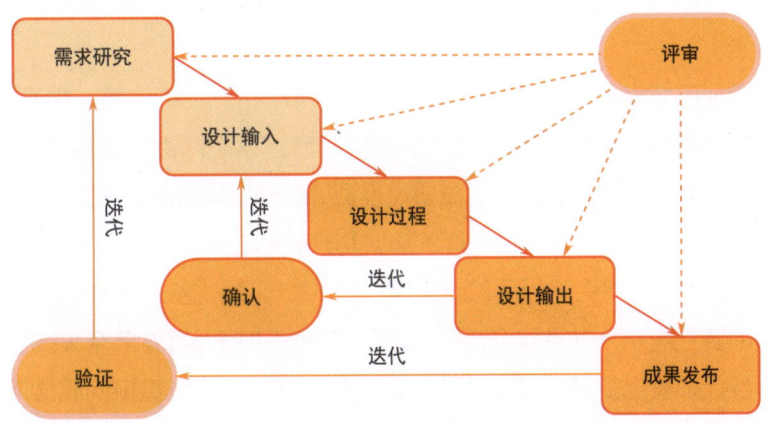

图 4-24 "瀑布"分阶段设计过程模型

2. 霍尼韦尔（中国）产品设计流程

以霍尼韦尔（中国）有限公司为例，在企业组织架构方面，在项目开发团队（见图 4-25）中，设计师隶属于独立的用户体验设计部门，产品经理隶属于市场业务部门，而工程师则隶属于研发部门。

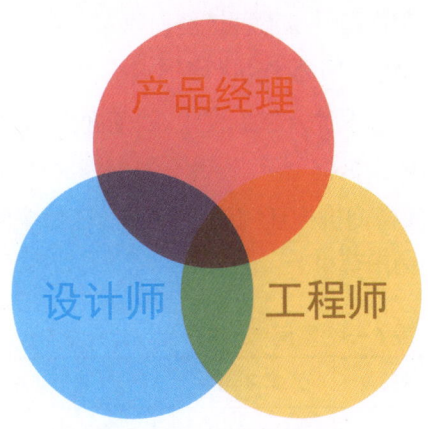

图 4-25 项目开发团队

这 3 个部门以既相互补充和配合又相互挑战和制约的形式来执行开发。从设计部门的角度看，设计师所在部门可以单独作为一方在工作中发出自己的声音，这使设计师在执行设计时能相对独立地思考和做出判断。用户研究分析结论的输入和设计提案的输出对产品经理和工程师的输出有支持与补充，有时也会产生挑战和质疑。通常当挑战和质疑发生时，项目组会重新回到原点来思考"产品设计是否满足了用户需求"这一根本问题，在不断反思和自省、讨论的过程中实现设计流程的螺旋式推进。

霍尼韦尔非常认同用户设计研究方法对产品开发的价值，极其重视设计方法梳理和导出结论。这个情况可以通过以下两点来说明：一是会在用户洞察和用户体验测试上做重点投资，在开发早期阶段就支持设计师多次而深入地与客户进行面对面的访谈和开展调研，在方案发展过程中也会为设计师创造机会，当面做终端用户测试和访谈，这对设计师准确理解用户的真正需求，以及验证方案能否有效地解决痛点有着非常大的意义。二是设计师输出的用户体验地图和痛点洞察分析结论可直接向高层汇报。这种汇报渠道一方面会让设计师感受到极高的关注度和成就感，另一方面使得设计方法的产出有机会通过架构的便利直接影响到业务的走向和高层的决策。

在企业产品开发过程中，设计师在执行设计创新时主要受到两个要素的影响：一是整个团队需要保证设计师的话语权，对设计师的决策给予足够的尊重和认同；二是在整个执行过程中确保设计思考的独立性，给予设计师一定的空间。霍尼韦尔对设计师和设计方法的重视程度贯穿于组织架构、客户洞察及开发流程这些日常事务中，这也随着企业文化渗透到每个员工的潜意识和工作执行理念中。

在霍尼韦尔的产品设计开发流程中，除前面提到的3个内部部门外，有时还会引入外部咨询机构。整个设计开发流程大体可分为5个阶段（见表4-3）。包含外部咨询机构在内的4个部门在每个阶段都有相对明确的分工和阶段性的输出要求。

表4-3 霍尼韦尔的产品设计开发流程

组织架构	第1阶段	第2阶段	第3阶段	第4阶段	第5阶段
产品经理	产品企划	产品需求定义书	确定方案方向	设计检讨及原型可用性测试	内部测试及出厂验收测试
设计师	设计研究	设计提案	设计细节打磨		
工程师	竞品剖析	可行性评估	结构、硬件、软件开发		
外部咨询机构	行业战略	行业趋势	—		

就设计师所在的内部设计部门而言，其 5 个阶段分别包括以下工作内容。

第 1 阶段：设计研究。在这一阶段，设计师需要与其他部门同时进行沟通并有所产出，其职责着重于对客户需求的研究和验证，以及对用户场景的理解和分析。

第 2 阶段：设计提案。在这一阶段，设计师或设计团队需要根据其他部门在同一时间点给出的输出信息，从头脑风暴草图开始，经过三维设计推演，最终收敛出若干完整的设计提案。

第 3 阶段：设计细节打磨。在这一阶段，设计师需要基于研发部门工程师给出的可行性评估结论和市场业务部门产品经理给出的产品需求定义书，在选定的设计提案中与工程师一起完善设计细节，并锁定最终的设计图稿。

第 4 阶段：设计检讨及原型可用性测试。在这一阶段，设计师需要与市场业务部门和研发部门一起进行原型打样、设计检讨，对原型进行可用性测试。在这个阶段得到的结论会决定项目组是继续在第 4 阶段内迭代设计方案，还是顺利进入下一个阶段；如果可用性测试收到了不错的结果，则可进入最后一个阶段。

第 5 阶段：内部测试及出厂验收测试（A/B 测试）。在这一阶段，设计师将关注软件的内部测试及出厂验收测试，并重点关注软件中与人机交互体验相关的部分，以确保最终上市的产品可以获得很好的用户体验。

■ 4.4 Parsons 设计学院产品系统设计案例

Parsons 设计学院基于设计思维引导学生进行产品设计，其中，钱启元同学提供的两个设计案例较好地说明了基于设计思维的产品系统创新设计流程。

1. AR-Trip 艺术馆增强导览产品设计

AR-Trip 艺术馆增强导览产品设计如图 4-26 ~ 图 4-32 所示。

产品系统设计：场景、体验与创新

图 4-26　项目介绍和楼层导览图

项目介绍

艺术史是艺术与设计学院最重要的课程之一。学生通过学习艺术史,了解人类文化的一个基本方面,并讨论及设计艺术作品,练习视觉元素表达,培养批判性思维。

然而调研发现,学习艺术史很难,尤其是理解那些浓缩的阅读材料。因此,实地考察是一种更具吸引力的方式,可以帮助学生学习艺术史。

AR-Trip这个名字由增强现实(Augmented Reality)和旅行(Trip)组合而成。AR-Trip 是一项为大学生设计的服务,旨在让大学生通过使用 AR-Trip 设备和平台在博物馆实地考察之前、期间和之后增强艺术史学习体验。

楼层导览图

4 虚拟交互平台

3 产品设计和技术研究

2 产品设计构思

1 服务设计蓝图

-1 用户旅程图

-2 背景调研

-2 背景调研

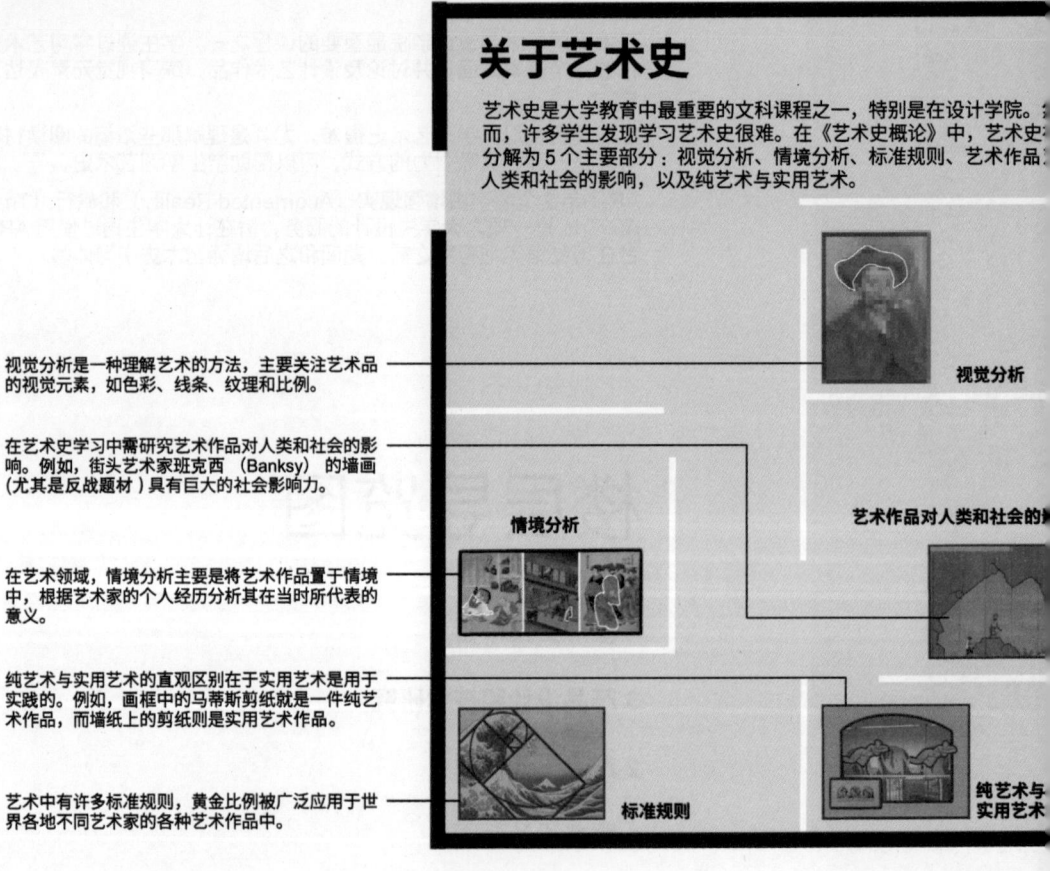

图 4-27　背景调研

第 4 章 产品系统与创新设计

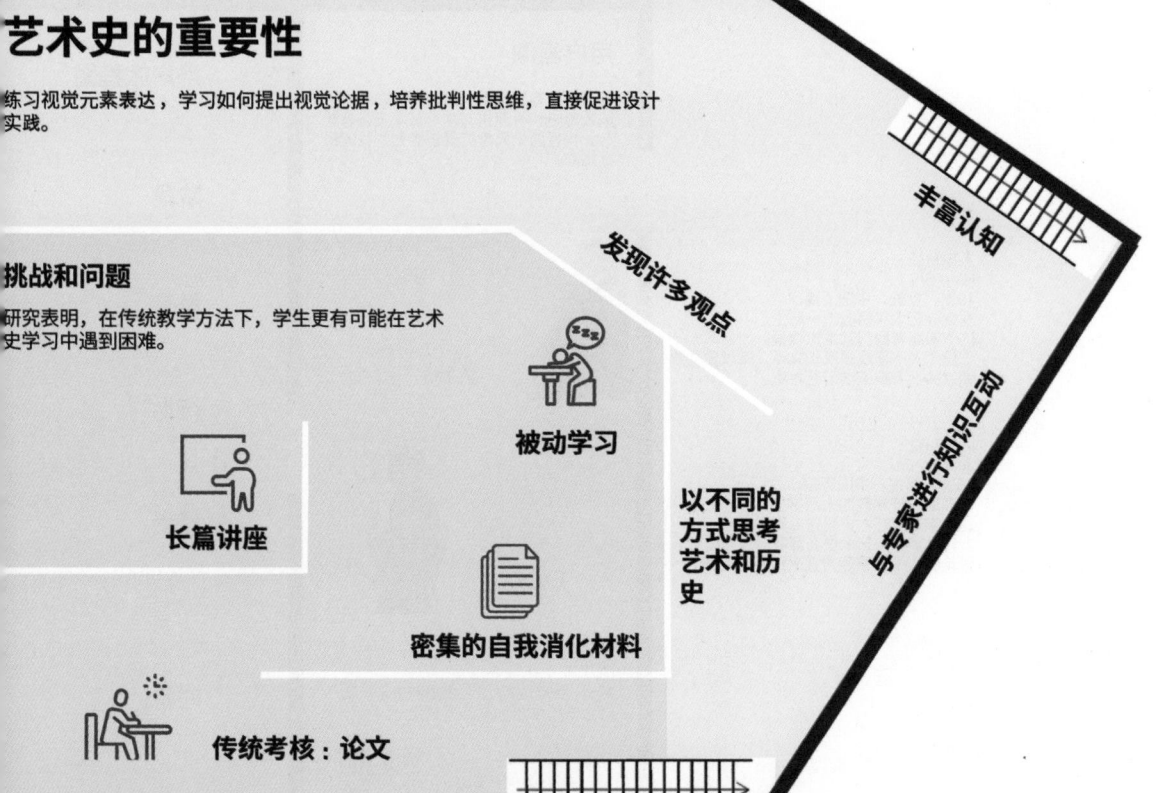

-1 用户旅程图

人物特征：
Ham Shi
19岁，女性，中国上海。
视觉与艺术学院的大一新生。
这个学期有两门艺术史课程。
"我个人不喜欢阅读长文章，所以更喜欢通过实地考察来学习艺术史。"

人物特征：
Joseph Wu
23岁，男性，中国苏州。
帕森斯设计学院的大四学生。
这个学期有艺术史研讨会和讲座。
"我希望我的艺术史老师能通过多媒体、讨论和实地考察等方式来给我们上课。"

图 4-28　用户旅程图

第 4 章　产品系统与创新设计

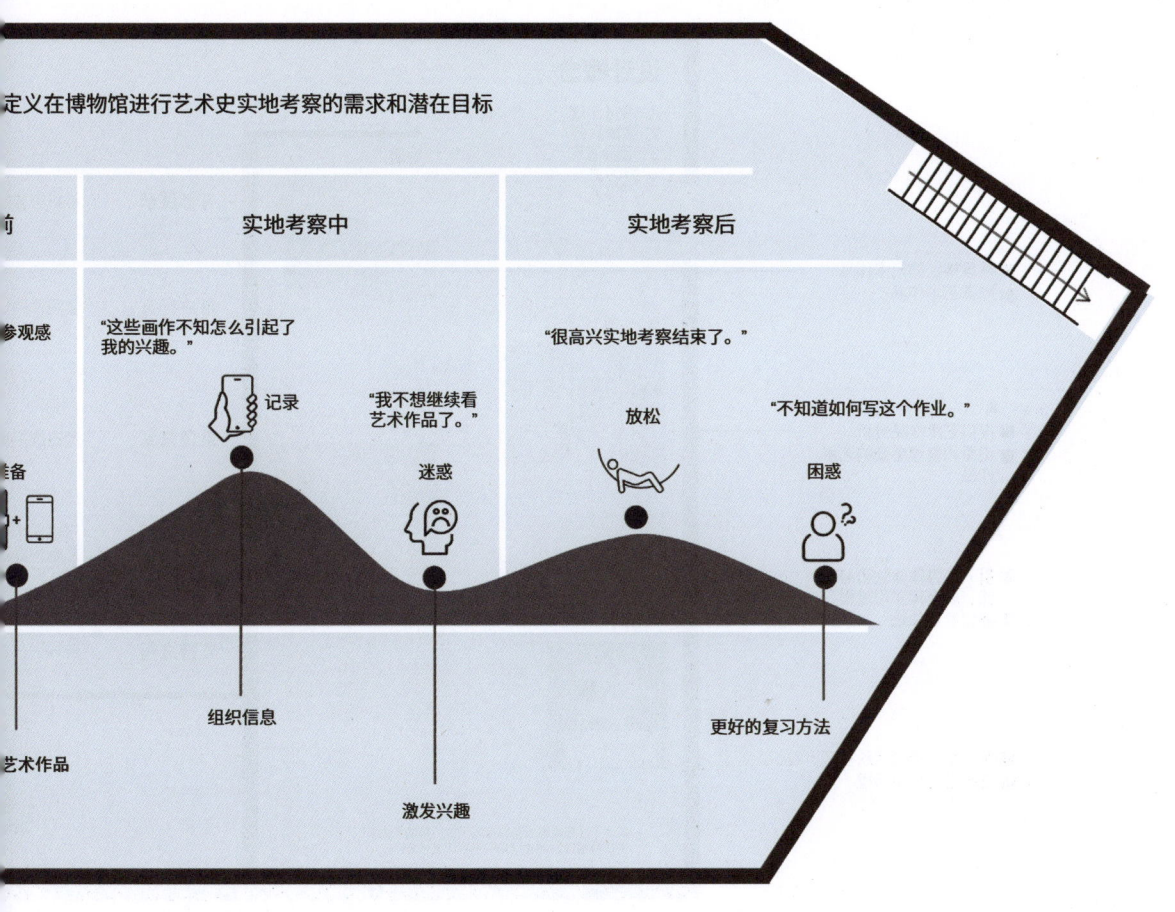

1 服务设计蓝图

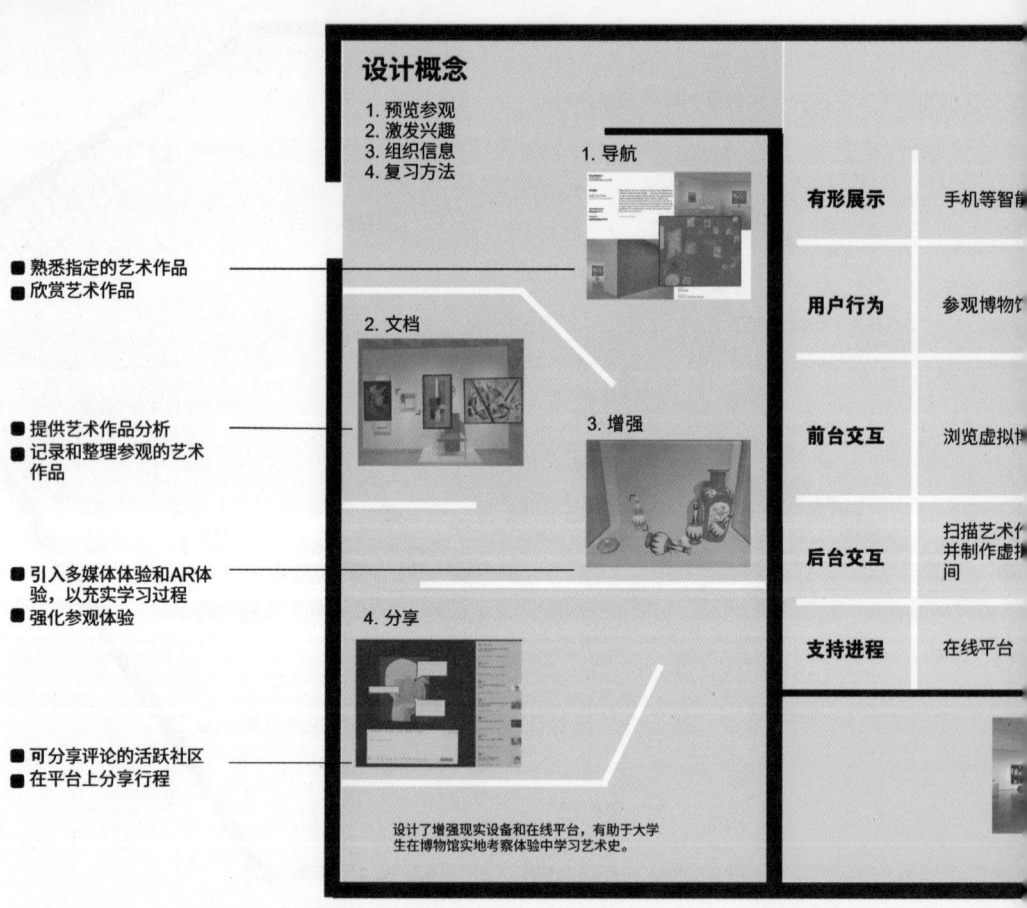

图 4-29　服务设计蓝图

服务设计蓝图

AR设备	AR设备	手机等智能设备	手机等智能设备
使用AR导览参观博物馆	使用AR设备与艺术作品互动	利用平台更新已看作品和参观路线	分享参观感受，加入虚拟会议室
使用设备	与艺术作品互动并听取介绍	按路线浏览及组织实地考察	在平台上分享信息，阅读和发表评论，在虚拟会议室讨论艺术作品
制作AR软件以显示路径	制作AR软件以便实现所有交互	记录所看到的艺术作品和路线；组织信息	归档数据；创建线上聊天室
AR软件	AR软件	在线平台	在线平台

AR软件用户场景　　在线平台用户场景

2 产品设计构思

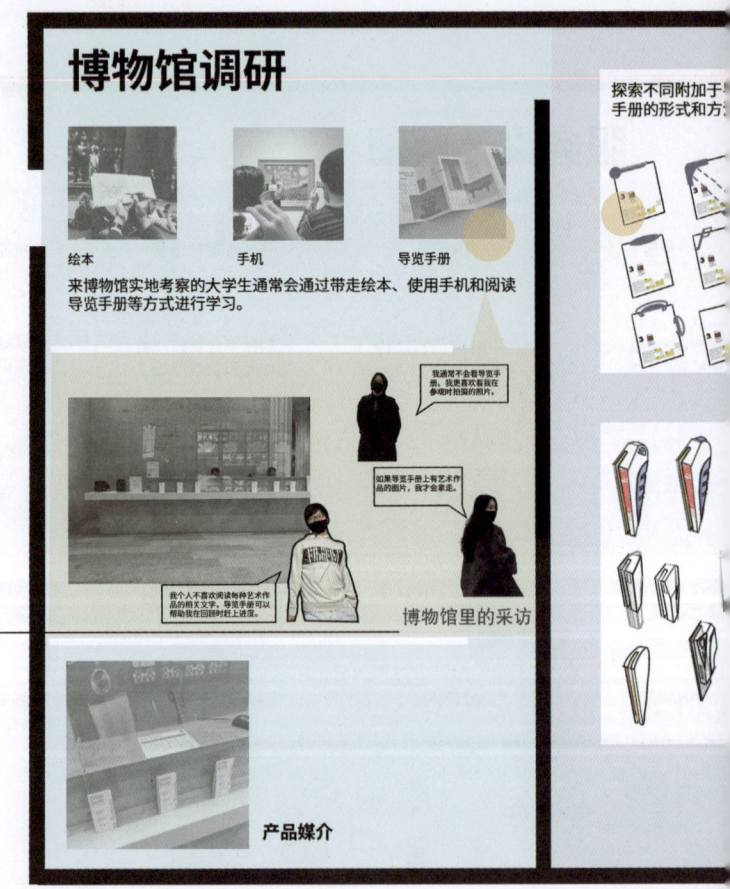

图 4-30　产品设计构思

第 4 章 产品系统与创新设计

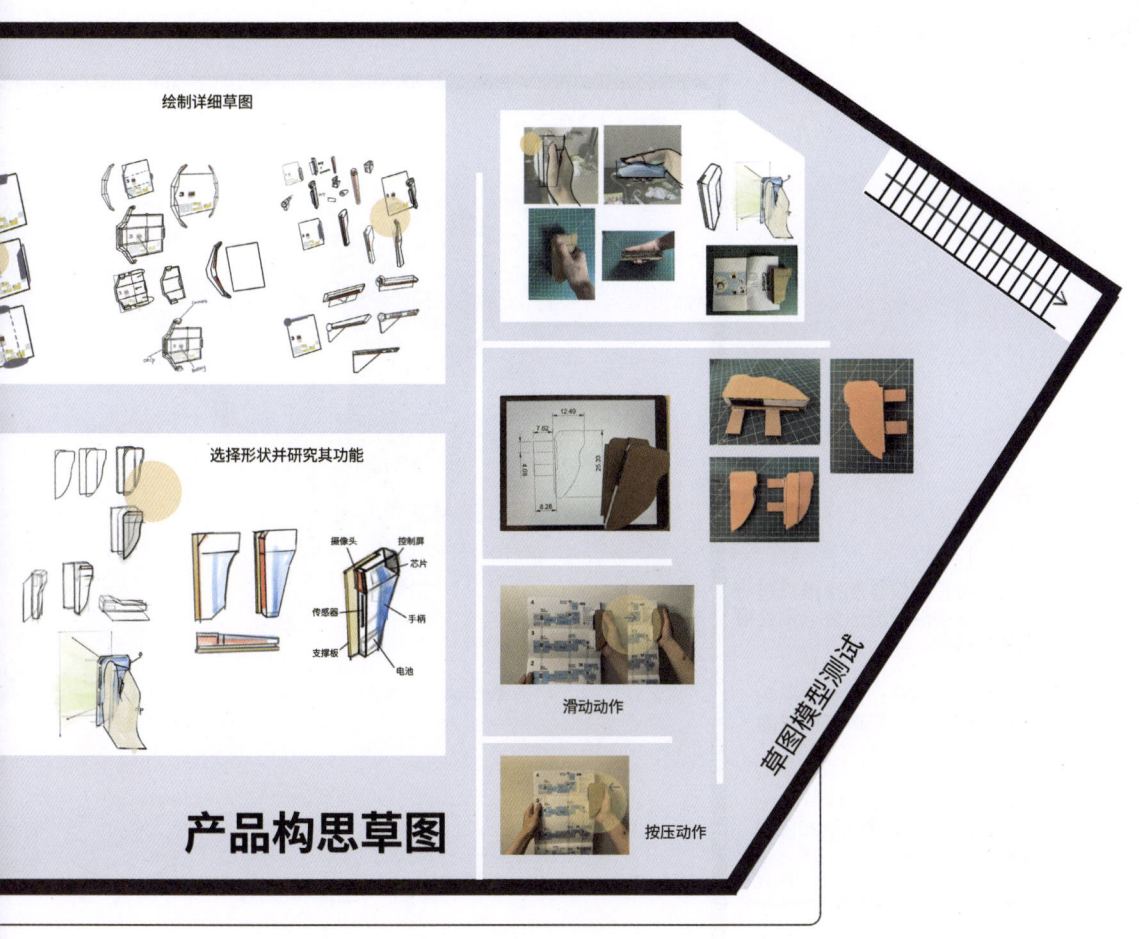

3 产品设计和技术研究

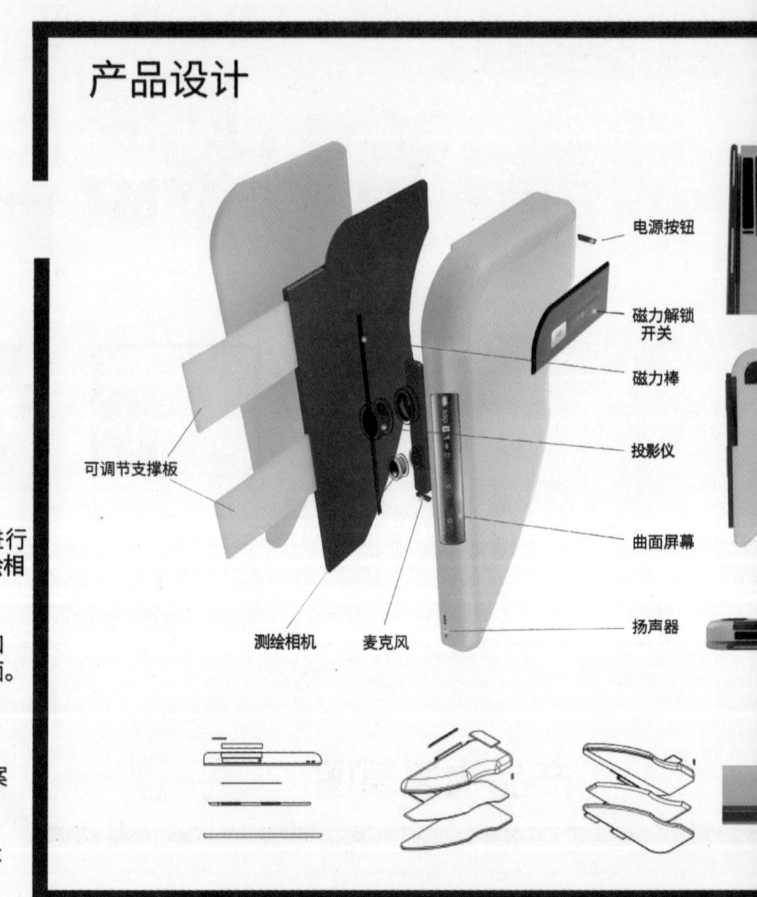

校准：对投影仪与测绘相机进行校准，以确保投影图像与测绘相机位置同步。

深度和边缘估计：使用水平和垂直结构光序列来提取投影面。

设计效果：用设计软件（如AfterEffects）制作动画和图案效果。

投影：将AR内容投射到物体表面。

图 4-31　产品设计和技术研究

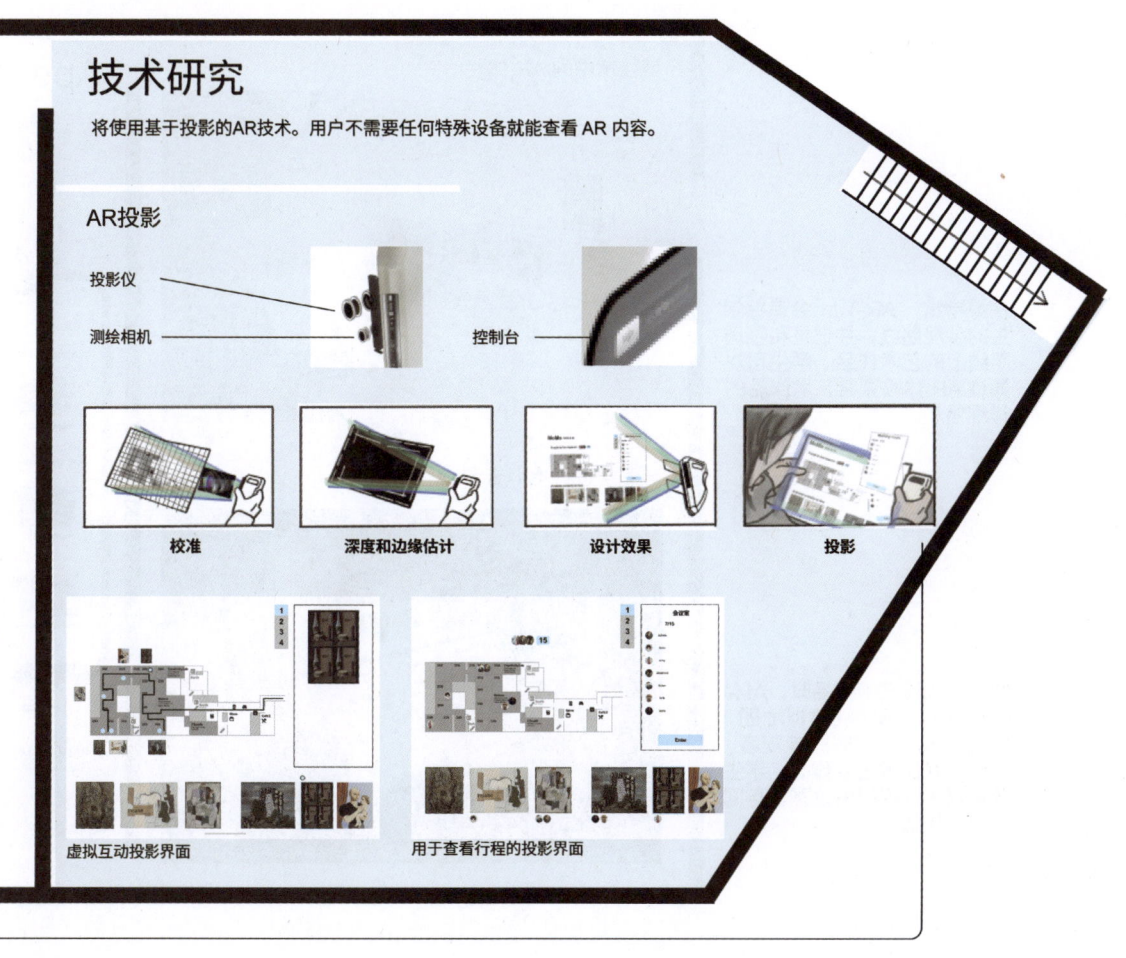

产品系统设计：场景、体验与创新

4
虚拟交互平台

在博物馆，AR-Trip 会追踪学生的参观路线，并记录和整理路线上的艺术作品。学生可以通过 AR 体验查看艺术作品的详细信息。

在家中回顾艺术作品时，AR-Trip 可以呈现一张虚拟地图，地图上显示有实时的参观者，他们也在回顾艺术作品。学生还可以加入虚拟会议室，与同学分享想法。

图 4-32　虚拟交互平台

第 4 章 产品系统与创新设计

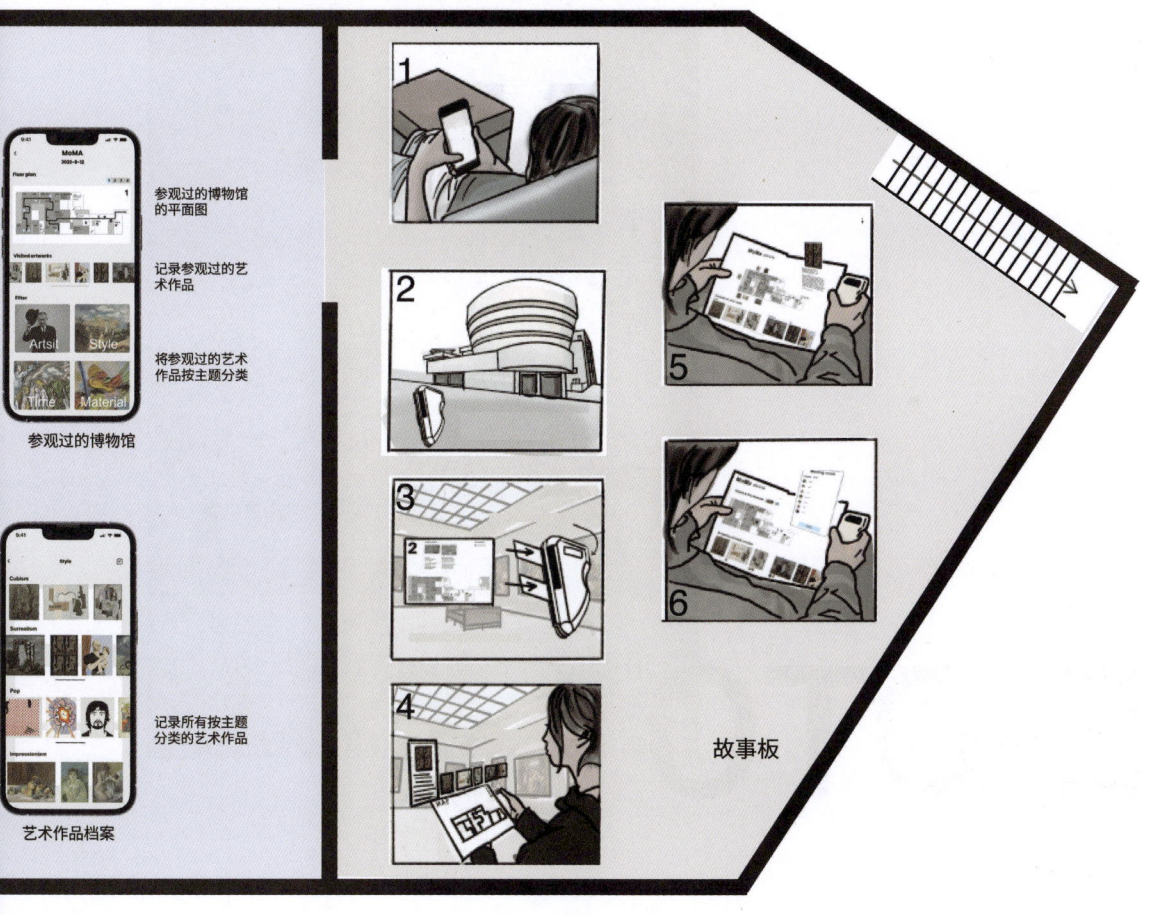

2. E-OTO（可共享的电动自行车电池系统）设计

E-OTO 设计展示如图 4-33 ~图 4-45 所示。

图 4-33　E-OTO 设计效果

第 4 章　产品系统与创新设计

电池

充电站

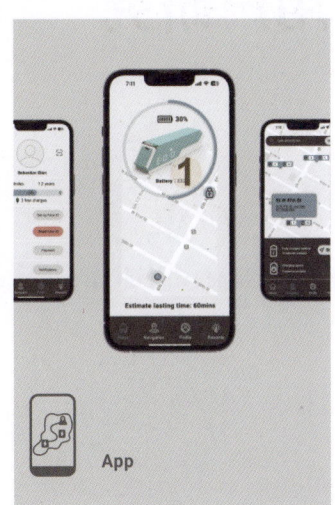
App

E-OTO是一个可共享的电动自行车电池系统，采用统一版本的电池，使其更易获取、使用且充电更快。

用户研究

图 4-34　E-OTO 用户研究

第 4 章 产品系统与创新设计

■ 纽约外卖员采访&用户行动轨迹

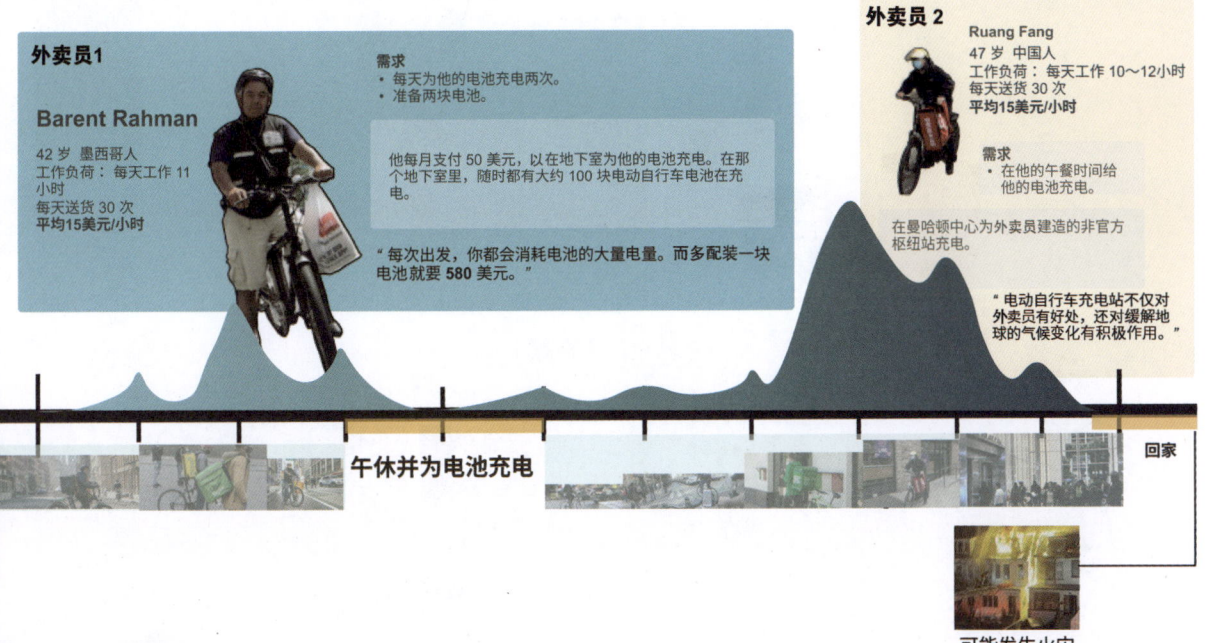

外卖员1

Barent Rahman
42 岁 墨西哥人
工作负荷：每天工作 11 小时
每天送货 30 次
平均15美元/小时

需求
- 每天为他的电池充电两次。
- 准备两块电池。

他每月支付 50 美元，以在地下室为他的电池充电。在那个地下室里，随时都有大约 100 块电动自行车电池在充电。

"每次出发，你都会消耗电池的大量电量。而多配装一块电池就要 580 美元。"

外卖员 2

Ruang Fang
47 岁 中国人
工作负荷：每天工作 10～12小时
每天送货 30 次
平均15美元/小时

需求
- 在他的午餐时间给他的电池充电。

在曼哈顿中心为外卖员建造的非官方枢纽站充电。

"电动自行车充电站不仅对外卖员有好处，还对缓解地球的气候变化有积极作用。"

午休并为电池充电

回家

可能发生火灾

■ 调研总结

- 高成本
- 多项安全隐患
- 电池充电时间成本

草图构思

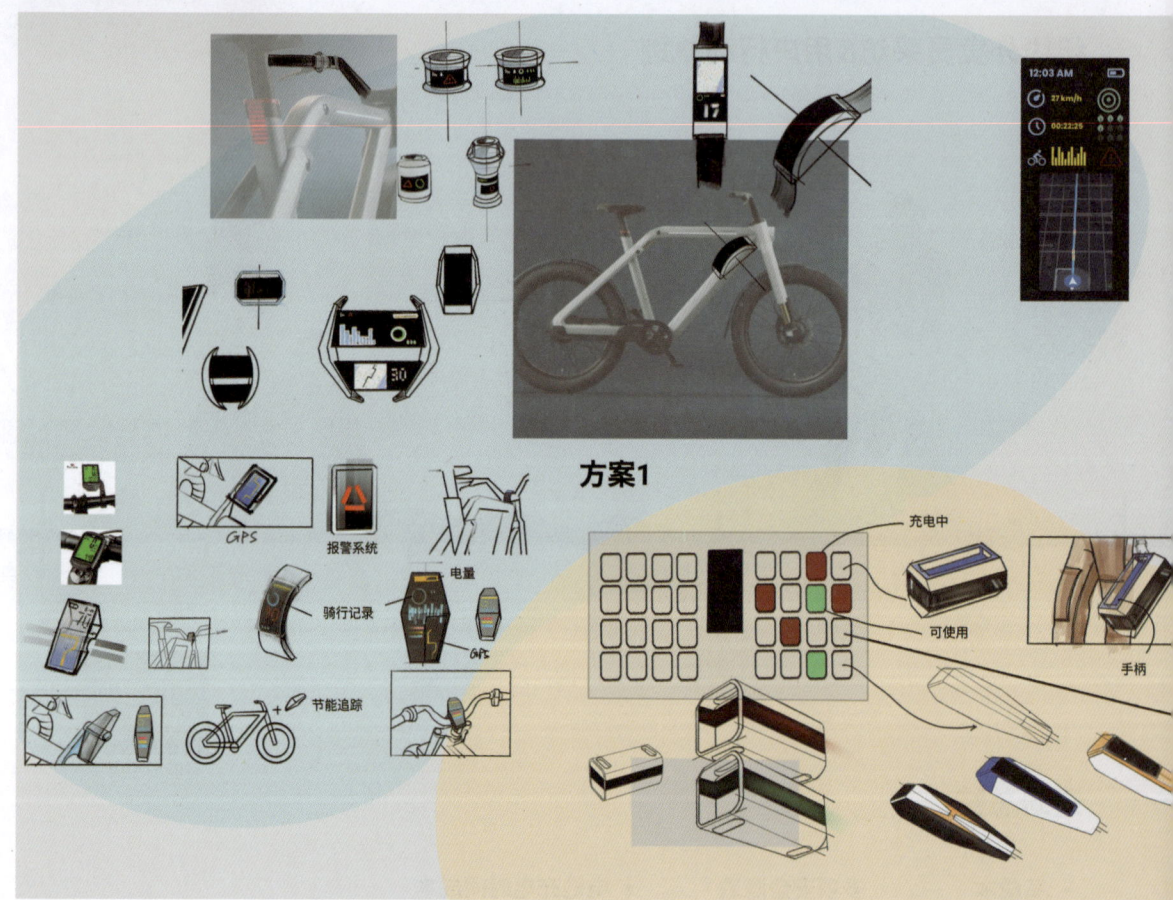

图 4-35　E-OTO 草图构思

第 4 章　产品系统与创新设计

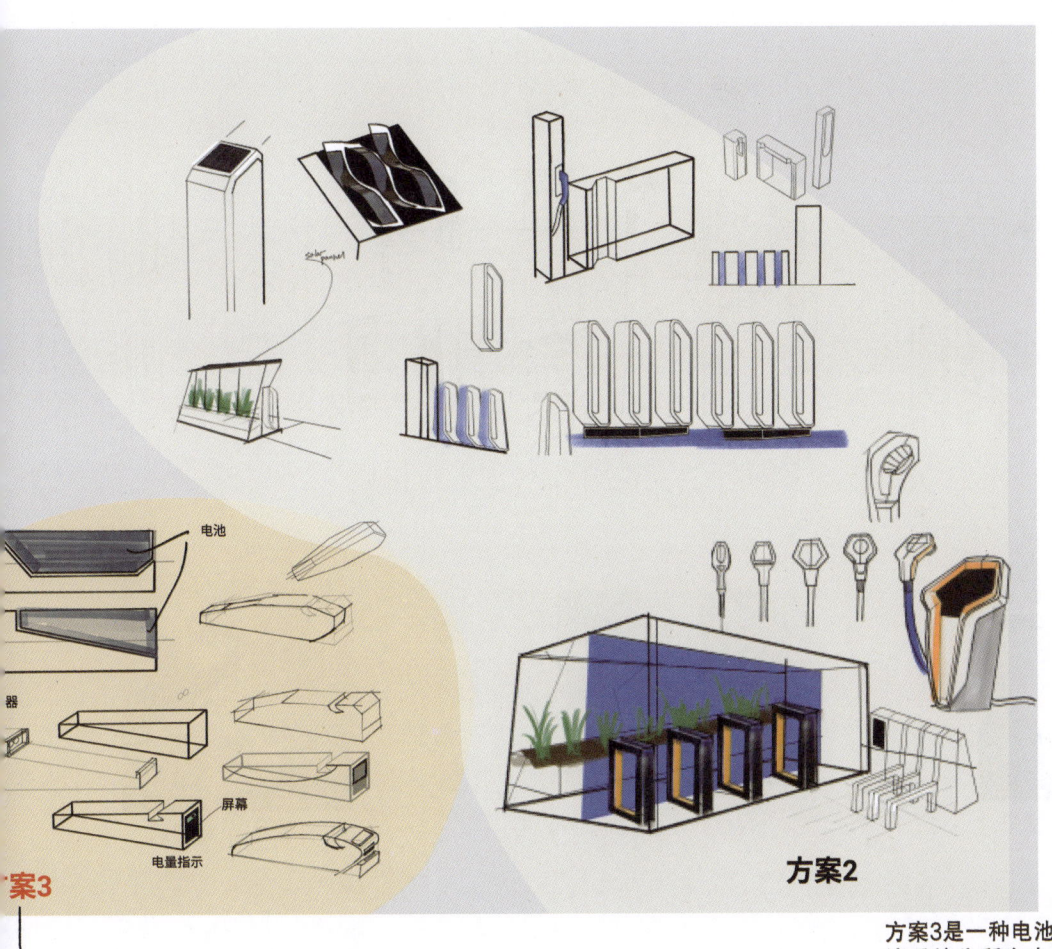

方案3是一种电池共享系统。该系统为所有电动自行车配置统一的电池，并提供公共电池充电站。

产品系统设计：场景、体验与创新

充电站

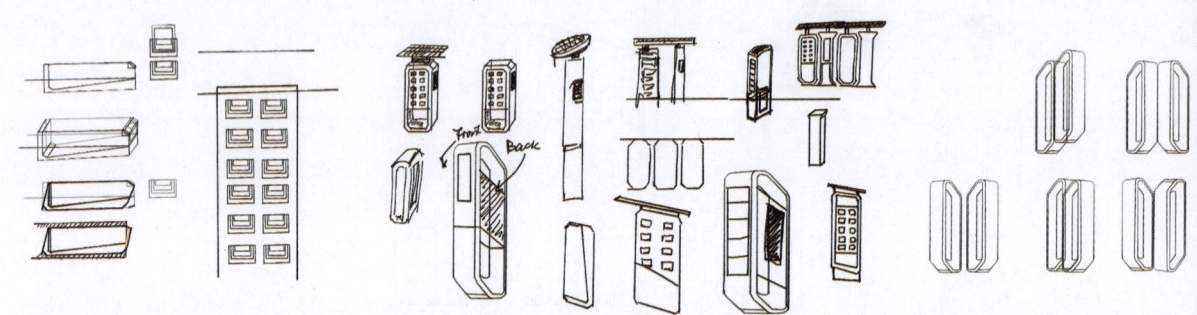

全比例绘图，测试尺寸

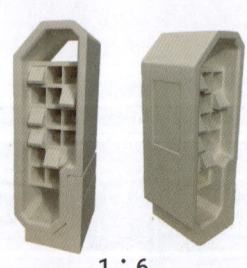
1∶6

3D 打印模型测试

图 4-36　E-OTO 充电站、电池草图设计和模型制作

● 电池

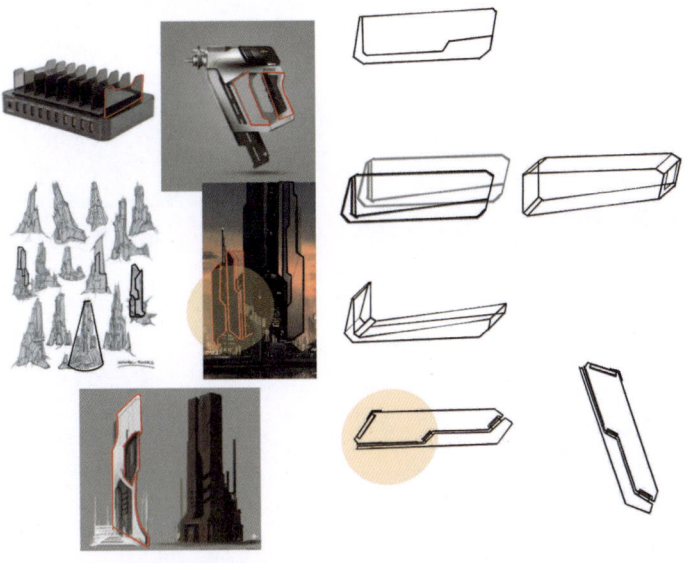

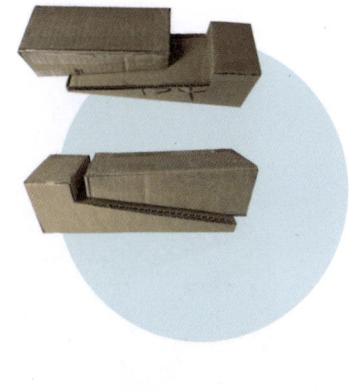

1∶1

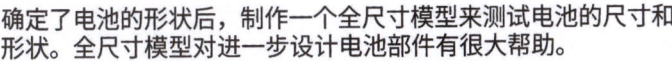

确定了电池的形状后,制作一个全尺寸模型来测试电池的尺寸和形状。全尺寸模型对进一步设计电池部件有很大帮助。

E-OTO电池

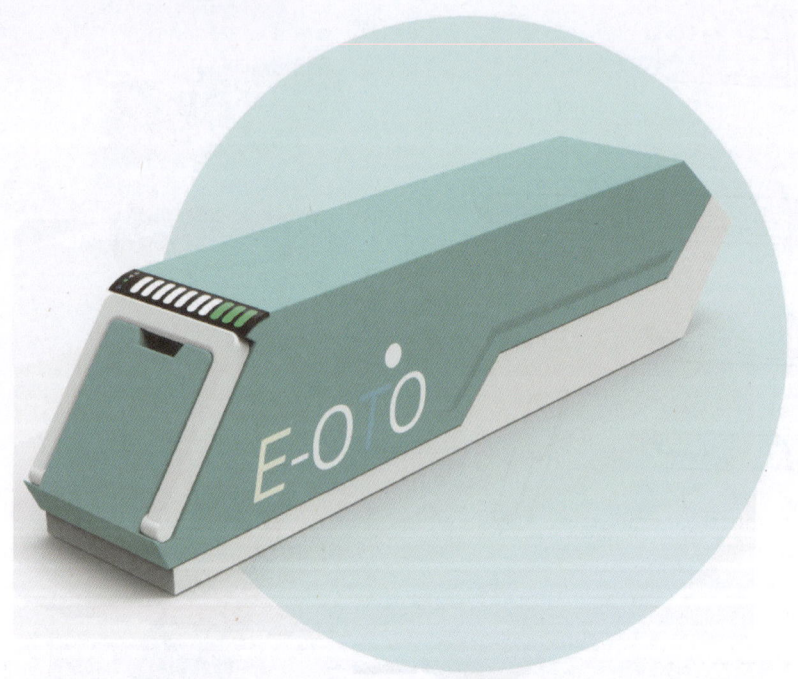

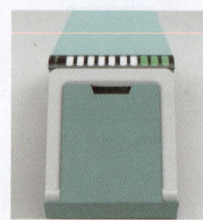

触摸界面

把手

电池支架

从之前由草图到纸板模型的研究来看,这款E-OTO电池的设计经过了深思熟虑。其功能满足了可共享、统一和智能电动自行车电池系统的所有要求。

图 4-37　E-OTO 电池外观和安装方式

电池安装

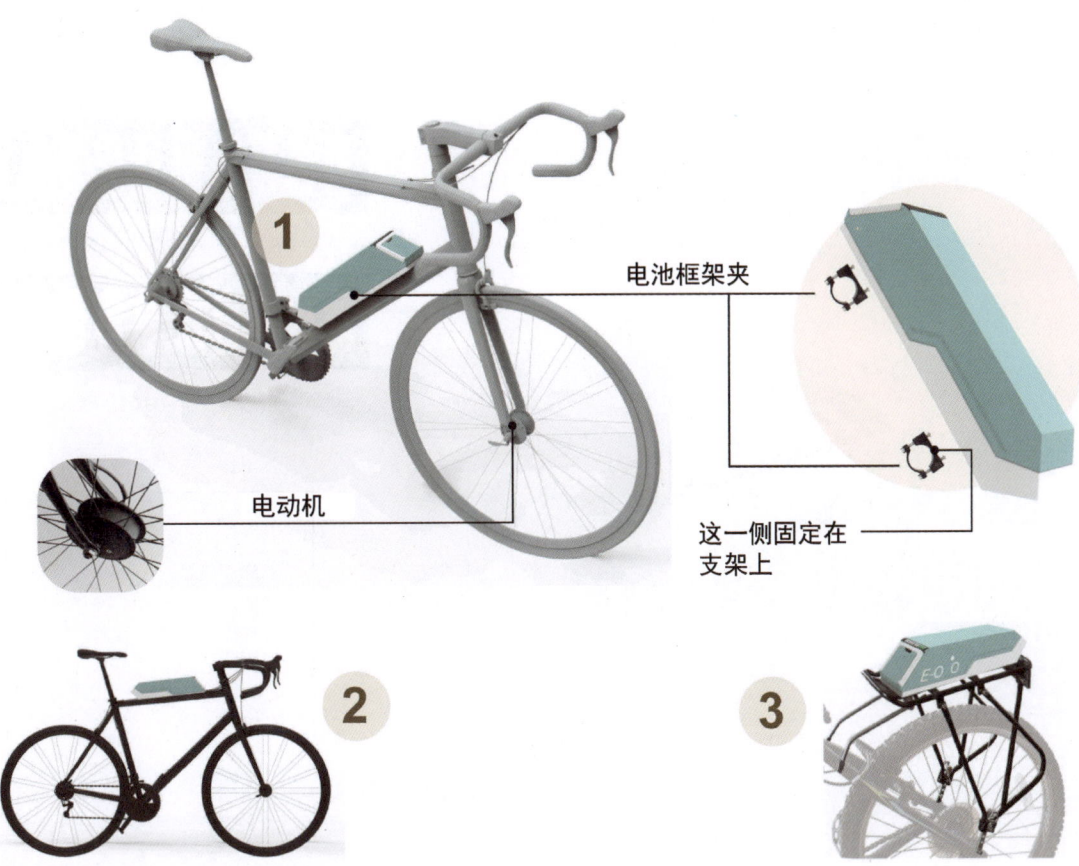

电池框架夹

电动机

这一侧固定在支架上

— 电池状态显示屏

图 4-38　E-OTO 电池设计细节

第 4 章　产品系统与创新设计

● 市场上的DIY电池

市场上的电动自行车电池

● 防盗模式

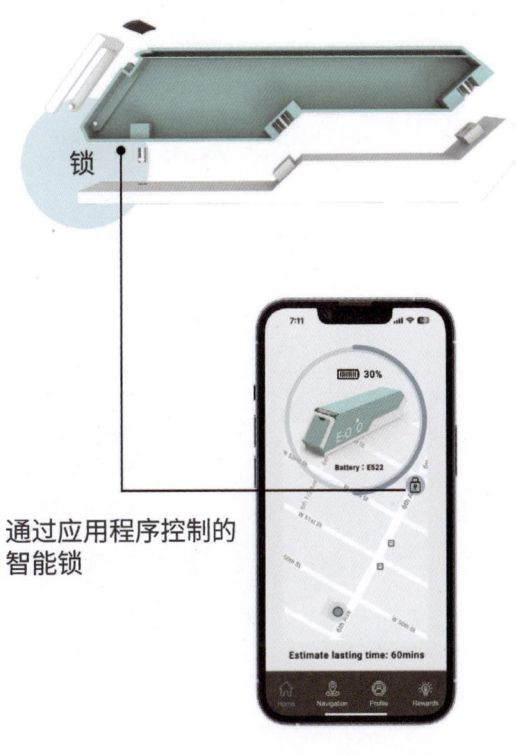

锁

通过应用程序控制的
智能锁

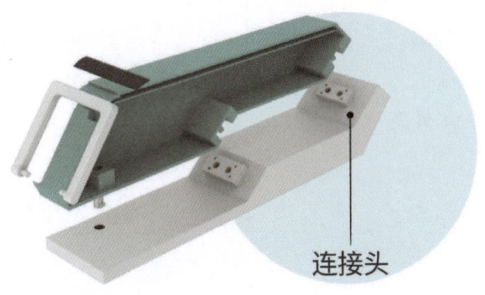

连接头

145

电池元件及电池回收

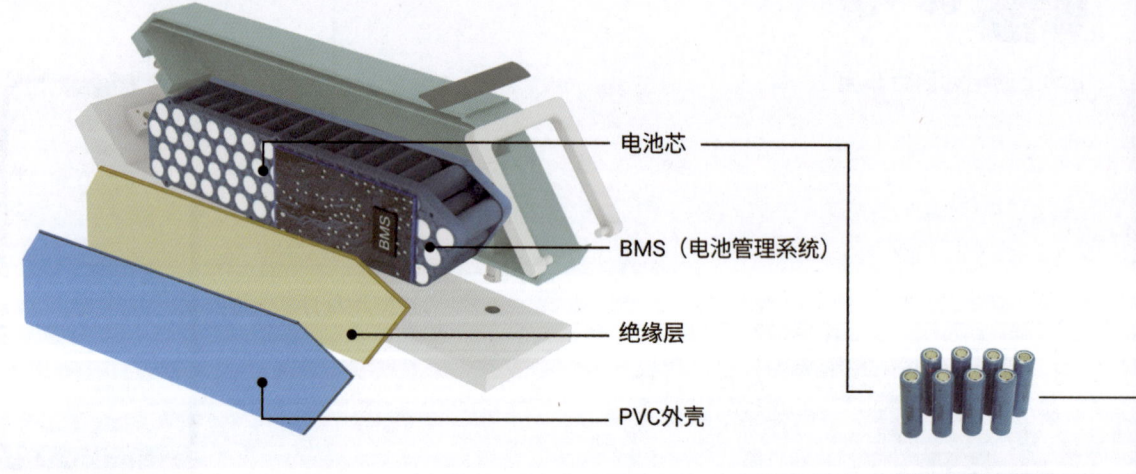

图 4-39　E-OTO 电池元件及电池回收

第4章 产品系统与创新设计

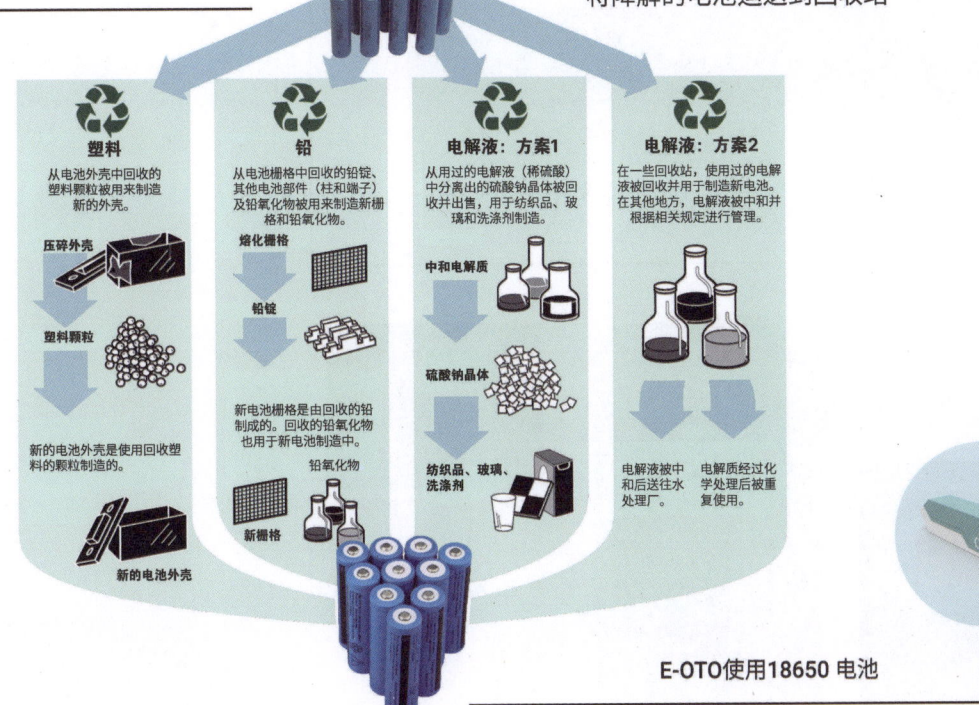

147

充电站设计

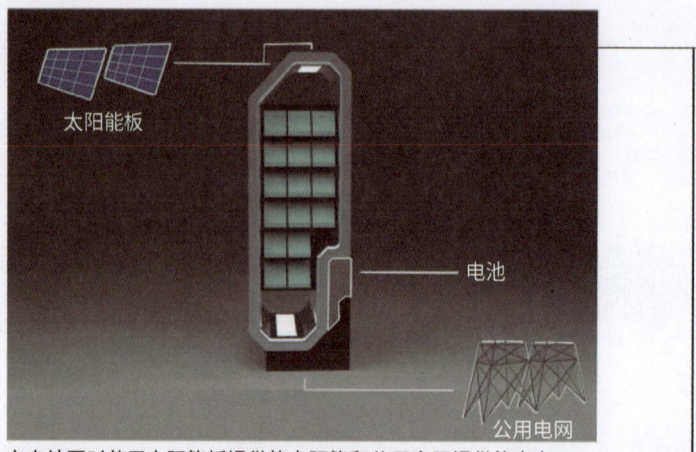

充电站同时使用太阳能板提供的太阳能和公用电网提供的电力。太阳能储存在电池中,供充电站运行使用。

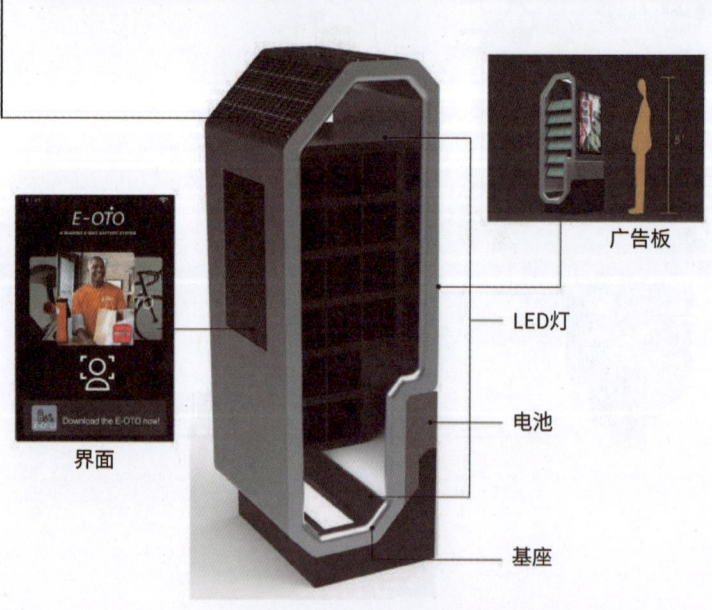

图 4-40　E-OTO 充电站设计

第 4 章　产品系统与创新设计

● 充电站界面设计

横幅广告
最新广告将在此处显示

人脸识别
在 E-OTO 应用程序上设置面容 ID 后,可立即访问充电站。

为旧电池充电

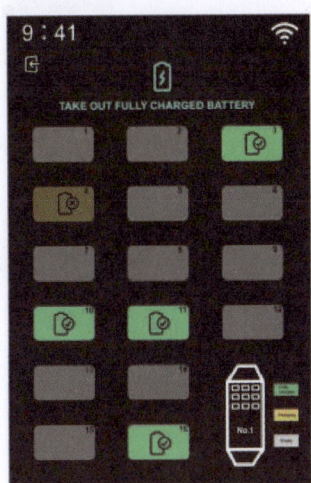

取出新电池

图 4-41　E-OTO 充电站界面设计

充电站地址选择

充电站的典型位置

图 4-42　E-OTO 充电站地址选择

产品蓝图

有形展示	电池状态显示屏	充电站界面	手机
用户行为	检查电池状态	更换新电池，给旧电池充电	记录个人信息；导航至充电站；检查电池信息
前台交互	查看电池状态显示屏上的状态	通过人脸识别访问，并选择要使用的电池仓或电池	记录人脸；在地图上选择充电站；查看电池使用记录
后台交互	显示电池状态并将信息发送至系统	数据库识别记录的人脸，跟踪所有电池信息	记录所有信息，向所有充电站发送信息
支持进程	产品	产品	在线平台

用户流程

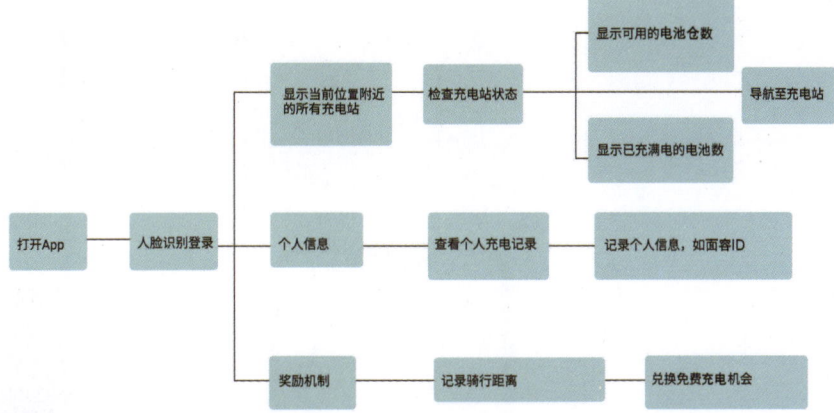

E-OTO App 界面

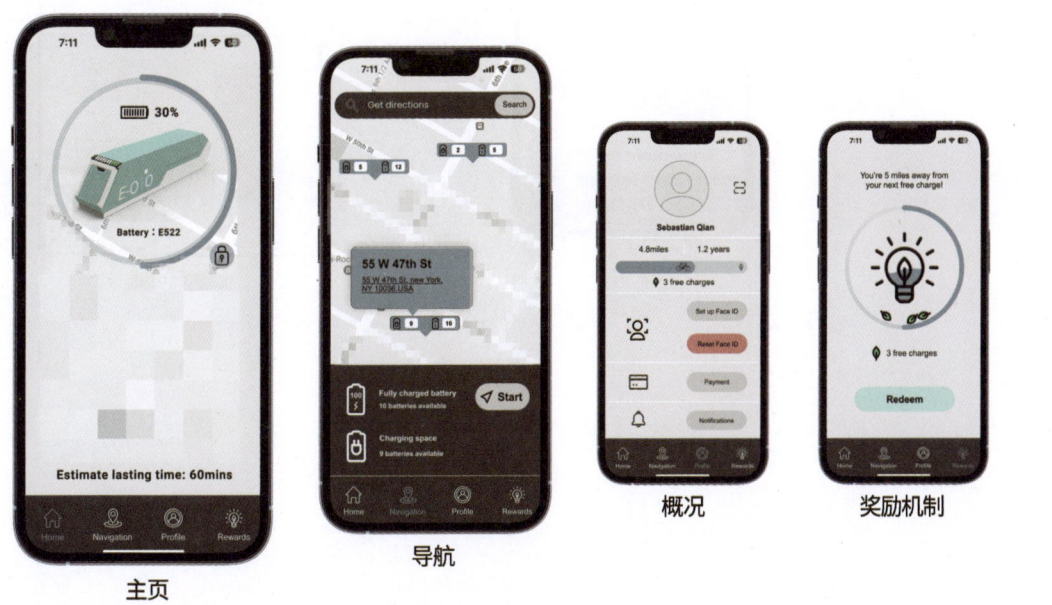

图 4-43　E-OTO 产品蓝图、用户流程及 App 界面展示

故事板

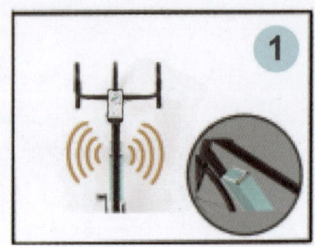

主页

导航至充电站

前往充电站

图 4-44　E-OTO 故事板

第 4 章　产品系统与创新设计

插入没电的电池，然后取出充好电的电池

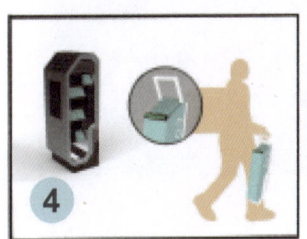

离开充电站

回到工作岗位

1. 在主页，可以看到当前电池状态、当前位置、里程状态，以及锁定和解锁电池。

2. 可以检查或搜索充电站，查看充电站状态。

3. 设置个人资料，包括面容ID。当面容ID失效时，还可以通过扫描功能访问。

4. 使用E-OTO骑行约16千米即可获得一个树叶符号。每兑换一次，就可以免费充电一次。

产品系统设计：场景、体验与创新

图 4-45　模型测试

第 4 章 产品系统与创新设计

■ 思考题

1. 举例说明设计过程中如何落实以人为中心的设计思路。
2. 设计思维如何在产品创新设计流程中应用?

第 5 章

产品系统设计创新工具

1. 教学内容

（1）设计洞察，发现问题。

（2）概念构思，解决问题。

（3）概念筛选，创意落地。

（4）可用性与设计质量评估。

（5）与 AIGC 工具共创。

思政融合点： 理解创新工具在系统性创新中的作用，培养跨学科思维能力和实践探索精神，提升综合创新能力。

2. 授课方式及学时

（1）课堂讲授：2 学时。

（2）分组讨论：4 学时。

（3）翻转课堂：6 学时。

3. 学生学习预期成果

掌握产品设计创新工具，并能根据设计进行阶段选择适当的设计研究工具。

4. 支撑课程目标

能够综合考虑市场和用户需求，把握设计的约束条件和复杂属性，学会将不同的创新思维方法融会贯通于产品设计的不同阶段，培养实现有目的的产品设计计划的能力。

5.1 设计洞察，发现问题

1. 观察

在产品设计的任何阶段，观察都是一种有用的数据收集技术。设计早期，通过观察，设计师可以更好地理解用户情境、目标、任务，而在评估或开发阶段，则有助于设计师研究原型是否有效、高效支撑任务完成。

观察可以分为直接或间接两个维度，实地或可控两种环境。这里以常用的直接观察法为例进行介绍。

（1）人为布景/可控环境中的直接观察。

这是设计师在人为布景/可控环境中执行特定任务的调查方法。这种方法在实验室里或与真实环境相似的地方进行（均由研究者精心布置改造而成）。布景便于控制实验条件（变量条件），能节省大量成本，避免结果受偶然因素的影响。

应将在人为布景/可控环境中进行直接观察的重点放在用户动作细节上，捕捉活动细节，包括观察用户是否独立完成了任务（有效性问题）、是否做了无效操作（效率问题）、是否有不满的情绪（满意度问题）。

应注意，观察时常见的问题之一是研究者不知道用户在想什么。在可控环境中，出声思考法是理解用户想法的有效方法。

出声思考法（Think Aloud Method）：要求用户大声说出正在想和想做的一切，使他们的思想外显。但沉默是出声思考法执行过程中遇到的最大的问题之一，虽然研究者可以出声提醒，但具有打扰性。可以采用建设性交互方式（结对参与），即两个用户协同交流，使原来很多下意识和自省的心理状态外显出来。

（2）自然布景/实地环境中的直接观察。

这是设计师观察用户在自然布景/实地环境中完成日常任务的调查方法。由于使用者使用产品的真实环境容易激发使用者的自然行为，因此通过此法可以观察到用户在真实情境下的行动和使用情况，以及用户与周边因素的交互情况。

这两种观察方法各有优缺点，采用何种方法取决于研究目标。人为布景/可控环境中的直接观察有助于检查交互细节，发现可用性问题；

自然布景/实地环境中的直接观察则有助于揭示技术在现实环境中的使用情况,以及如何影响用户行为。

2. 访谈

访谈是设计师了解用户对产品的满意度的一种简单方法。访谈过程中,设计师可以直接向受访者提问,以便了解他们对产品的看法和态度。受访者可通过回答问题、进行演示等方式表达自己的观点。例如,产品设计师可以询问用户在使用产品过程中的具体感受,如操作的便捷性或复杂性,是否愿意持续使用该产品,以及在使用过程中遭遇的问题或挑战,并探讨他们是如何解决这些问题的。

访谈主要分为非结构式访谈、半结构式访谈和结构式访谈3类。

在非结构式访谈中,设计师会向受访者提出一系列开放性问题,允许受访者自由地表达观点,不受任何形式的约束。当设计师对用户的需求和关注点还不够明确时,就可以通过非结构式访谈这种自由的对话形式来获得深入洞见。

半结构式访谈适用于设计师对自己想要了解的内容有比较清晰的认识的情况,只需在访谈中有目的地搜寻想要获取的信息。相对非结构式访谈,在半结构式访谈中,受访者的答案会受到一定程度的约束,或者在限定范围内作答。

结构式访谈通常有预设的答案选项,要求受访者从这些选项中做出选择。这种访谈形式要求问题严谨和逻辑性强,以确保所收集信息的准确性和可比性。结构式访谈能够帮助设计师从多个角度系统地收集用户信息。设计师需要投入适当的时间来整理和分析这些访谈数据,以便充分利用其优化产品设计。

3. 文献综述

文献综述是一种针对特定课题,从现有文献中快速且高效地提取信息的方法。在产品设计开发初期,设计团队可以通过文献综述来扩展和深化对相关课题背景知识的理解。文献综述通常涵盖文献分析(知网、万方及 Web of Science 等数据库)、专利检索、竞品调查分析、历史趋势分析及人体测量数据分析等多个方面。如图 5-1 和图 5-2 所示为山火救援设备设计团队对现有专利技术进行检索及分析的页面。

产品系统设计：场景、体验与创新

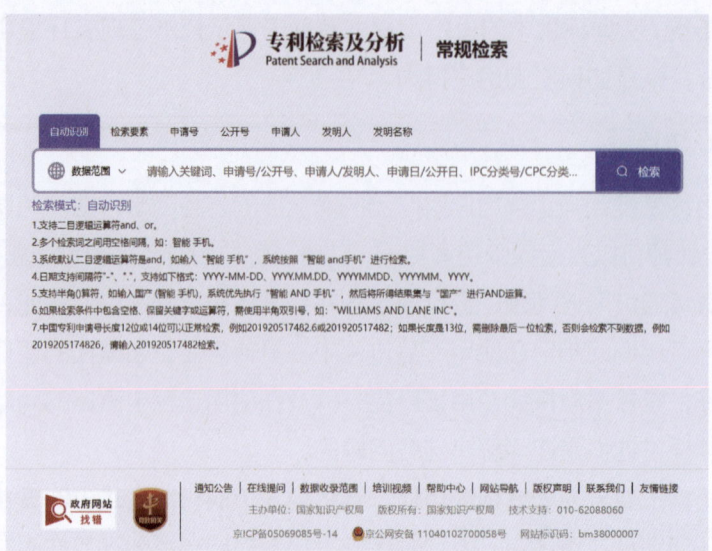

图 5-1　国家知识产权局专利检索及分析页面

现有专利——预测技术

专利	技术	优点	应用
一种新型森林防火终端：CN202220956271.4	低功耗传感器组与气体传感器相结合	能够确保防火终端在平时保持低功耗工作，并能在发生火情时精准监测到火情	预测
一种基于深度学习的森林火灾预警方法：CN202011179435.9	基于深度学习；依次包括数据生成、分类模型训练、树莓派部署和实时监控预警	使用成本低，监控范围大，检测精度高，提高了数据的有效性，极大地提高了现场检测的准确率	预测
一种基于遥感图像的森林火灾检测方法：CN201810512059.7	基于遥感图像	高效快捷，且能够保证较高的准确度	预测

现有专利——灭火（供水）技术

专利	技术	优点	应用
一种森林消防智慧水泵：CN202220148013.3	利用太阳能	延长智慧水泵的持续作业时间	灭火（供水）
一种应用于山区森林消防的集雨储水装置：CN202121327245.7	收集斗和储水罐直接通过支撑管连通；在收集斗内放置一个可拆卸的过滤网	既能提高雨水收集效率，又能降低雨水蒸发速率；能够阻挡落叶掉入储水罐内	灭火（供水）
一种便携式森林消防水泵：CN202220859146.1	机械结构	便携式结构	灭火（供水）

图 5-2　国家知识产权局现有专利预测技术、灭火（供水）技术的检索及分析

图片来源：上海电机学院工业设计专业 2019 级欧婷玉等

4. 问卷调查

问卷调查是设计师有效获取大规模反馈的一种方法。其主要缺点在于受访者填写问卷所需的时间较长，导致反馈速度缓慢；不科学的问卷设计、回答偏差、样本不具代表性等因素都可能使问卷数据不可靠并且丢失大量有价值的信息。值得注意的是，在人际交流中，有近 90% 的信息通过表情、举止和行为等非语言方式传递，问卷调查无法捕捉这些细节。其优势在于能够验证某些不确定信息，并得出定性或定量的结论。问卷调查通常可通过专门的线上平台如问卷星、腾讯问卷等或线下进行。

下面展示通过问卷调查的方法对 60 岁以上的糖尿病患者（在下面的分析中称之为"老年用户"）进行调查，了解他们在使用血糖仪时遇到的问题。

如图 5-3 所示为老年用户血糖仪使用情况调查结果。

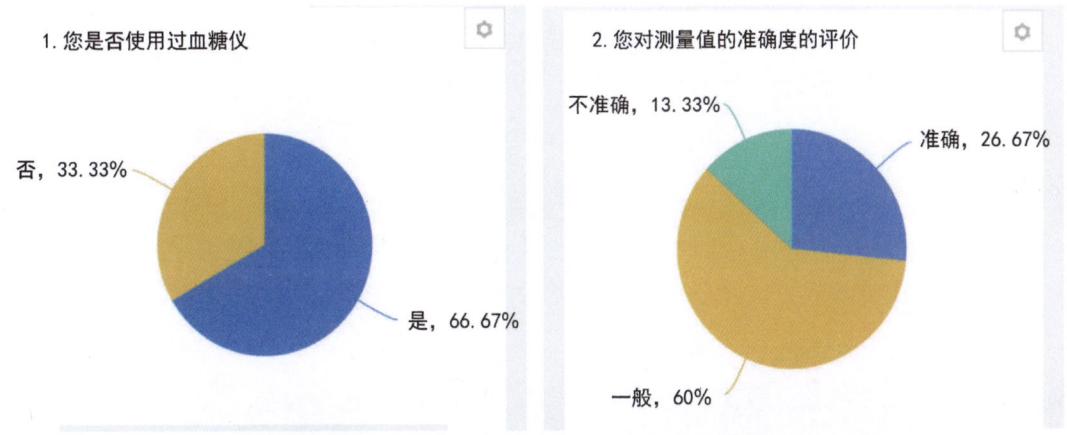

图 5-3　老年用户血糖仪使用情况调查结果

图片来源：上海电机学院工业设计专业 2019 级张凯伦

如图 5-4 所示，有一半以上的老年用户对目前使用的血糖仪的价格表示不满意。有 53.33% 的老年用户认为他们使用的血糖仪的血糖检测过程过于烦琐；有 33.33% 的老年用户认为血糖检测过程一般。由此可知，针对血糖检测过程问题，设计师可以在操作性方面对血糖仪进行改进创新设计。

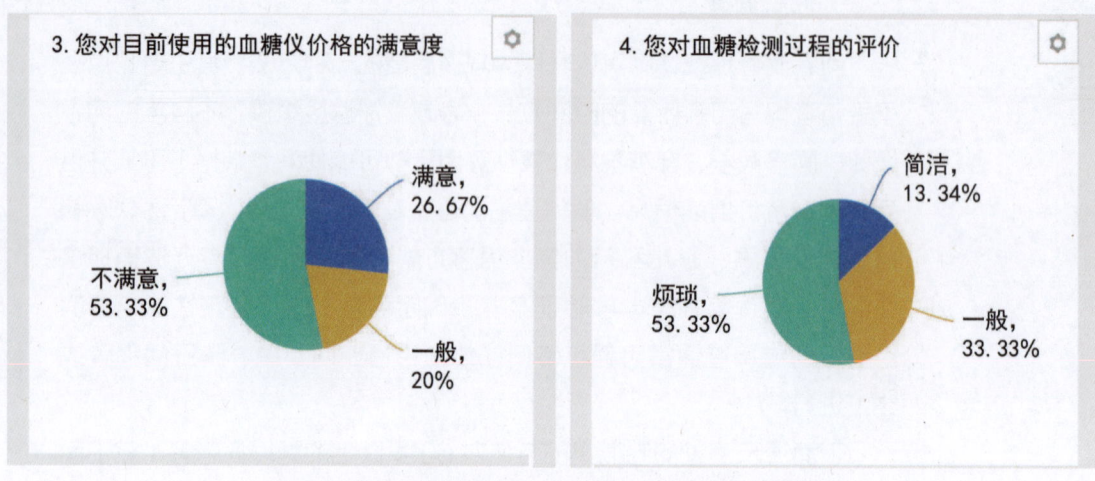

图 5-4 对血糖仪价格和其血糖检测过程的评价调查结果

图片来源：上海电机学院工业设计专业 2019 级张凯伦

如图 5-5 所示，有 40% 的老年用户对目前使用的血糖仪体积大小的评价是轻便，使用起来能接受，只有 26.67% 的老年用户认为笨重，使用起来不方便。对于血糖仪的配件多或少，有 60% 的老年用户希望配件更少，可以减少检测血糖时的烦琐。

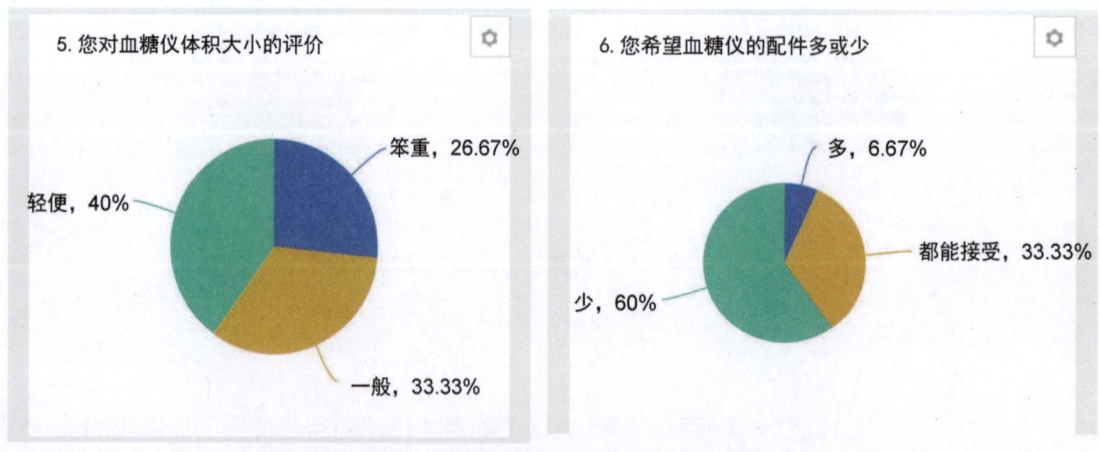

图 5-5 对血糖仪体积大小和希望所需配件多或少的评价调查结果

图片来源：上海电机学院工业设计专业 2019 级张凯伦

5. 用户日志研究

用户日志研究是一种让用户自己记录一段时间内（几天到几个月）的日常生活的方法。在这段时间内，由用户将行为、使用产品的经历和想法以日志形式记录下来，之后由研究员分析这些日志，以发掘用户的喜好、习惯和需求。用户日志与其他研究方法的一大区别是不受访谈时间和地点的限制，能够持续不断地收集用户的数据，较大程度地还原真实情景，了解用户的行为和态度是如何随着时间变化的，如从不熟悉到熟悉产品的学习过程，或者用户对产品认知/忠诚度的变化。

在该方法执行过程中，用户通常需要提供很多文字、图片和视频，因此要选择对他们而言方便的工具（见图5-6），如常用的微信、QQ和在线问卷。微信和QQ适合大多数情况，如与研究员或用户保持沟通，传输各类文件等。

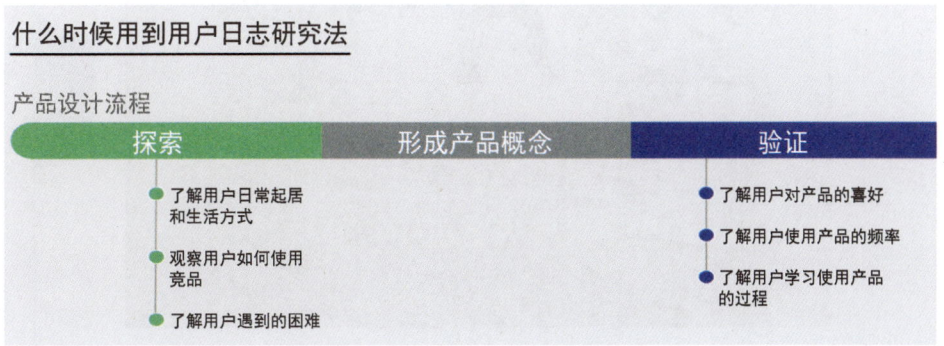

图5-6 用户日志研究法的使用时机

6. 组织焦点小组

焦点小组是以小组访谈的形式，通过参与者之间的谈话来获取信息的方法。

组织焦点小组是一种能够快速且直接获取用户信息的方法，而参与者之间的互动讨论是其关键的一环。通常，每次焦点小组的参与人数为8~12人，由一位主持人负责组织并引导讨论，讨论时长通常不超过两小时。小组成员会根据预设的主题和流程进行较为自由的讨论。运用焦点小组法有助于迅速收集用户对特定问题的看法和认知。需要注意的是，在焦点小组的讨论中达成共识并非必需。

7. 运用同理心

同理心即共情，亦即换位思考，是站在用户的角度思考，体会用户的情绪和想法，理解用户的立场和感受的一种方法。设计师在设计在特殊环境中使用的产品时，拥有同理心尤为重要。设计师可以通过道具来增强同理心。例如，通过佩戴模糊的眼镜来体验视障用户在阅读时的困难，或者戴上手套来模拟老年人使用产品时灵活能力下降的困难。通过将自己置于用户的角度，设计师可以真实地感受到用户的困境、需求和期望，从而更加有效地设计出满足用户需要的产品。如图5-7所示为以"90后"理财为主题的同理心地图，基于原型所说（say）、所做（do）、所感（feel）及所想（think）进行思维发散。

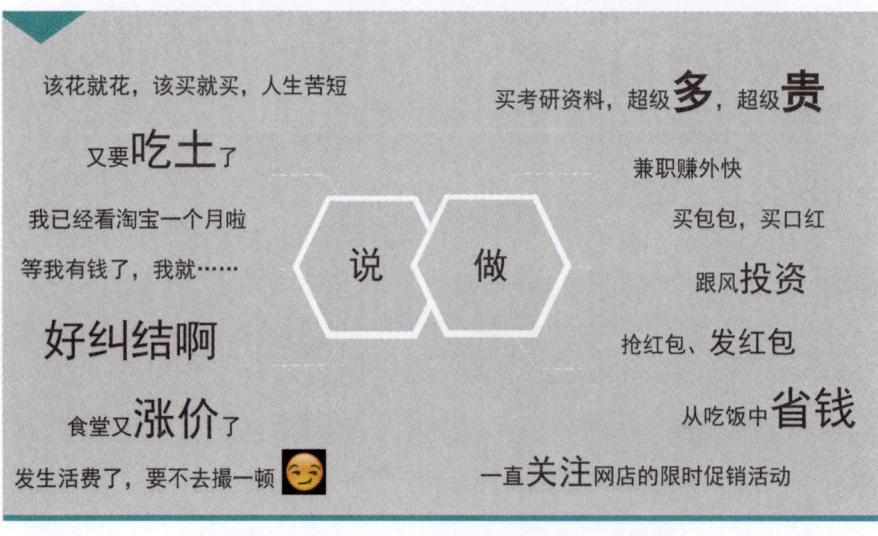

图5-7 以"90后"理财为主题的同理心地图

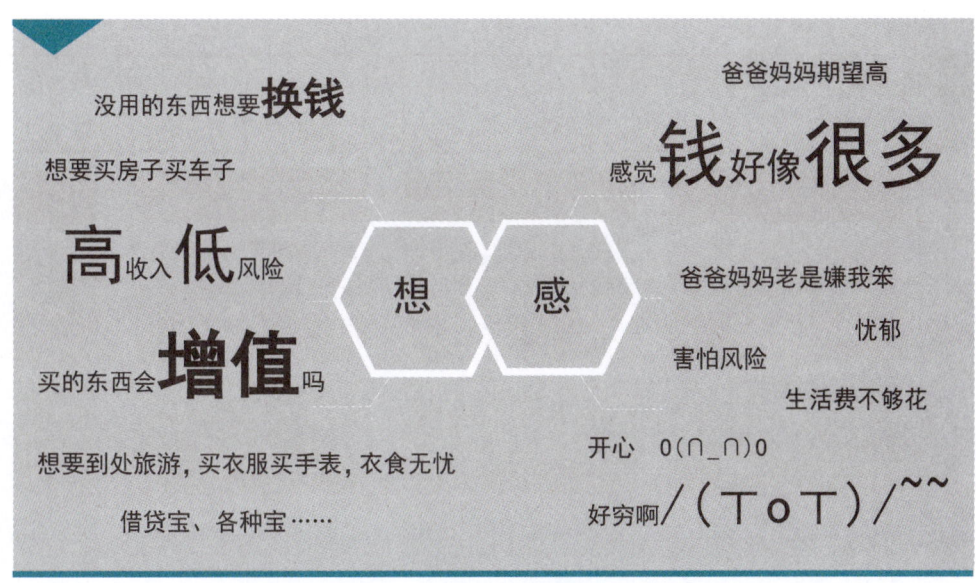

图 5-7 以"90 后"理财为主题的同理心地图(续)

图片来源:上海电机学院工业设计专业 2013 级杨露生等

8. 制作用户体验地图

制作用户体验地图是指以用户的视角,梳理记录用户的产品体验路径,通过用户数据及其在使用过程中的情绪,洞察用户痛点与发现产品机会点,并且输出可视化信息,为产品决策赋能(见图 5-8)。运用用户体验地图法主要包括以下 4 步。

第 1 步,确定用户,梳理流程,明确产品 / 功能目标。

第 2 步,进行用户访谈 / 调查,分析并总结问卷数据,了解用户行为、想法、情绪。

第 3 步,获取用户行为数据。

第 4 步,梳理阶段流程,洞察用户痛点,发现产品机会点。

产品系统设计：场景、体验与创新

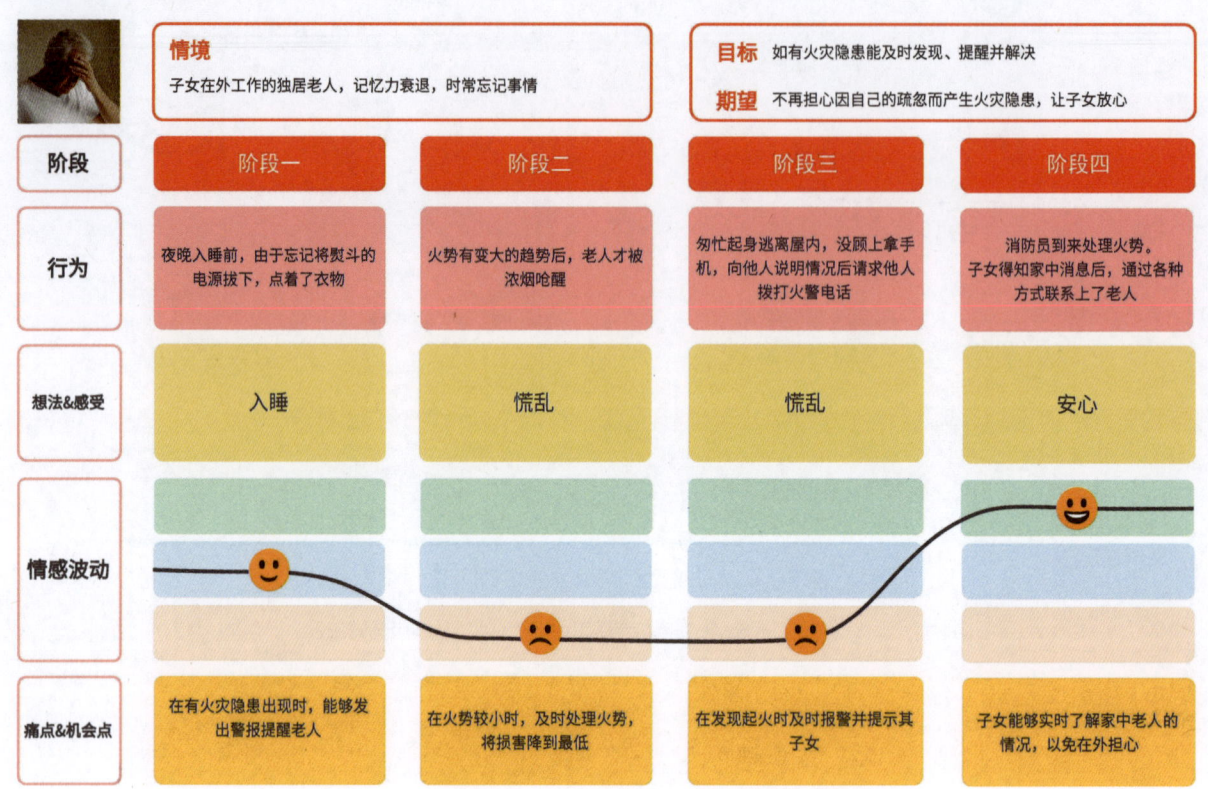

图 5-8 智能居家灭火器用户体验地图

图片来源：上海电机学院工业设计专业 2019 级石娜敏、徐杰

9. 用户画像

用户画像是一种基于广泛的定性和定量研究创建的工具。在大量真实的调研数据基础上，用户画像模拟一个或多个虚构的人物来代表大多数具有典型需求的潜在用户（见图 5-9）。这个工具回答了"我们为谁设计"的问题，是优化用户体验的强大手段，帮助相关人员在产品开发中明确功能。用户画像不仅代表一个特定用户群体，还体现所有潜在用户的典型行为、态度、技能和背景。

用户画像

描述
小林是一名光荣的森林消防员,20岁入队以来跟随部队扑灭了大大小小几百次森林火灾。

个人特征
- 勇敢
- 智慧
- 有力量

兴趣爱好
- 唱歌
- 研究美食

目标
- 防止森林火灾发生
- 在森林火灾初期将火灾扑灭
- 尽快扑灭每次森林火灾
- 扑灭火灾后防止复燃
- 灭火后尽量还原生态环境,减少污染
- 平安归来

问题
- 起火点呈一定规模后才被发现
- 山路不好行进
- 可携带灭火设备少
- 灭火过程中有极大风险
- 灭火后要巡山以防复燃
- 灭火后现场会遗留大量垃圾及燃烧残留物需要清理

需求
- 尽早发现起火点
- 尽快到达起火点
- 能携带更多、更好的灭火设备
- 中大型灭火设备能更好地运送至火场
- 灭火中能保持更好的视野
- 遇到危险时能够更好地自保
- 灭明火能更快地找到暗火
- 灭火后能精准监测可能复燃点
- 灭火后的垃圾及燃烧残留物可以用尽量少的人力尽快地进行清理

"逆火前行,勇者无畏!"

小林
年龄:25
工作:中国森林消防员
职责:前线扑火队员

图 5-9 山火救援设备用户画像

图片来源:上海电机学院工业设计专业 2019 级周旭、欧婷玉、王铭玥

用户画像通常包括以下内容。

(1)个人基本信息,如姓名、年龄和性别等。

(2)兴趣和爱好。

(3)教育背景和职业经历。

(4)人口统计学特征。

(5)性格特征,如是否害羞、胆小或外向。

(6)优势和不足。

(7)特殊的目的、需求和动机。

(8)个人照片。

在产品设计的探索阶段,用户画像对于深入理解目标用户具有重要意义。它使设计师能够从多个维度了解和理解用户的需求和期望,方式直接且成本低廉。

10. 竞品分析

竞品分析又称标杆分析,主要涉及对竞争品牌和产品(对标产品)的分析与评估,通过与不同品牌的产品进行比较,识别自身产品的优势和不足。

(1)进行竞品分析的目的。

① 为企业制定市场定位准确的产品开发目标。

② 为企业提供产品开发全流程中有关性能与结构的对标数据。

③ 在兼顾性价比的情况下，为企业筛选关键部件供应商。

④ 为企业制定成本合理、资源充分、切实可行的开发方案。

（2）竞品分析的类型。

① 行业典型：其他企业的产品。标杆产品一般是这种产品。

② 本企业产品：较容易被忽视，但有参考价值。因为本企业产品的性能测试记录就是成熟的技术文档，设计师可以很容易地对产品进行系列化设计。

（3）竞品分析的关键问题。

在进行竞品分析研究时，可以考虑以下几个关键问题。

① 产品是否真实地体现了品牌的诉求？

② 产品在其相关领域内是否显得重要且可信？

③ 产品是如何吸引目标用户的？

④ 与竞品相比，本产品有何独特之处？

⑤ 如何在产品的购买者和使用者之间实现合理的平衡？

通过深入探讨这些问题，可从竞品逆向推出装配、制造、设计流程及难点。选择一个概念作为已知参考点：常常将现有产品或目前市场上已知的技术当作参考点。借助标杆产品，设计师可以明确市场定位和策略，优化产品设计，从而更有效地满足市场和消费者的需求（见表5-1～表5-3）。

表 5-1 主流血糖仪竞品分析

品牌	罗氏	强生	雅培	三诺	拜耳
产品外观					
配色与造型	黑色与白色 扁椭圆形	白色、蓝色、绿色、红色 扁椭圆形	黑色与白色 方圆形	红色与白色 扁椭圆形	红黑色与白色 水滴形
材质	玻璃、塑料、合金金属等	玻璃、塑料、贵金属等	有机玻璃、塑料、南瓷或金属等	PC（聚碳酸酯）材料等	玻璃、塑料、合成金属、贵金属等

续表

品牌	罗氏	强生	雅培	三诺	拜耳
显示界面评价	缺少血糖指标是否合格的元素，可以删掉日期等元素	可以删掉日期、时间等元素，UI设计过于死板	文字过小，图表实用性低	界面简洁但缺少血糖指标是否合格的元素	可以删掉日期、时间等元素，UI设计简单，代表的含义不明确
优点	设计简单易用，通常具有清晰的显示屏和直观的操作界面，使使用者能够轻松地进行血糖监测	屏幕大，读数方便，微量采血，可通过蓝牙与手机共享数据	部分型号具有连续血糖监测功能，提供实时的血糖趋势和警报信息，方便准确	国产品牌，价格便宜，屏幕大	精确度高，免调码
缺点	某些罗氏血糖仪需要配合特定型号的试纸使用，这可能会带来不便和增加成本	强生的血糖仪相对来说价格较高，可能会给一些消费者带来经济负担	连续血糖监测系统可能需要更高的成本投入，需频繁更换传感器和其他配件	数据不够精确，测量时间长，没有语音功能	拜耳血糖仪配件的购买区域受限。例如，在一些地区或小型药店可能不易找到和购买到

表格来源：上海电机学院工业设计专业2019级张凯伦

表 5-2 主流血糖仪的采血笔、试纸储存方式、收纳方式和按键图标的对比分析

品牌	罗氏	强生	雅培	三诺	拜耳
采血笔	整体为黑色，与血糖仪主体相适应，形状与笔相似。使用者可以调节采血力度，通过按压顶部进行采血	整体为白色与灰色，形状偏短粗。使用者可以调节采血力度，通过按压侧边按钮进行采血	整体为黑色与灰色，形状与笔相似。使用者可以调节采血力度，通过按压侧边白色按钮进行采血	整体为白色，形状为细长圆柱形。使用者可以调节采血力度，先通过拉动顶部弹簧栓，再通过按压侧边按钮进行采血	整体为黑色与白色，形状为中间粗两端细的圆柱。使用者可以通过旋转前端调节采血力度，通过按压侧边白色按钮进行采血
试纸储存方式	用特定的试纸瓶储存，携带不便，频繁取放容易污染	用试纸瓶储存，进行血糖检测时需要频繁打开瓶盖，容易造成污染	单独包装，不易被污染，但成本增加，且使用时需要撕开包装，略显麻烦	用试纸瓶储存，携带不便，频繁取放容易污染，且操作烦琐	与强生采血笔的储存方式相同，进行血糖检测时需要频繁打开瓶盖，容易造成污染
收纳方式					

续表

品牌	罗氏		强生		雅培	三诺	拜耳
按键图标		共有4个图标，分别代表返回、确定、向上和向下，整体颜色为白色		共有3个图标，分别代表确定、向上和向下，整体颜色为黑色	共有3个图标，两侧的图标分别代表向下和向上，中间的形似蝴蝶的图标为产品的品牌标志	共有3个图标，左边的两个图标分别代表向上和向下，右边的图标为电源键，橙色，具有警示作用	共有3个图标，左边的两个图标分别代表向上和向下，右边的图标为确定键，白色

表格来源：上海电机学院工业设计专业2019级张凯伦

表5-3　主流血糖仪App的对比分析

名称	第乐健康	Blood Glucose	诺云糖	先锋鸟
App界面				
配色	配色主要以蓝色、白色与绿色为主，少量的红色与黄色为辅	配色主要以粉色与白色为主，少量的黑色与蓝色为辅	配色主要以蓝色与白色为主，少量的黑色、黄色与红色为辅	配色主要以绿色与白色为主，少量的黑色、黄色与粉色为辅
功能	缺少线上问诊功能及亲友检测功能	功能单一，只能记录血糖值，广告较多，不适合老年人使用	功能较多，使用起来较为复杂，交互指令复杂	功能较多，使用起来较为复杂，可以删掉图片与视频
布局	整体布局简洁，导航栏的图标过小	整体布局简洁，导航栏的图标过小	整体布局复杂，导航栏图标指示不明确且较小	整体布局合理，导航栏的图标较小，血糖数据的图标不明显
文字	底部导航栏文字过小，不适合老年人使用	整体文字偏小	整体文字偏小，很多指令术语过于专业，难以理解	整体文字偏小，文字说明过多，很多指令术语过于专业，难以理解

表格来源：上海电机学院工业设计专业2019级张凯伦

11. 行为分析

行为分析是观察、分析消费者购物行为的一种方法（见图5-10）。行为分析是产品设计研究的一个关键部分，具体观察分析以下内容。①在购物时，消费者是如何选择产品的？他们是耐心地浏览和比较不同产品，还是随意挑选？②产品使用的各种元素对消费者选择不同品牌产品的影响有多大？③市场策略是否考虑了购买者与使用者之间的关系？例如，在儿童用品市场中，虽然使用者是儿童，但购买者通常是他们的家长。

图 5-10　超市家居用品使用行为观察

图片来源：2017 UD 工作坊

通过这些观察、分析，企业可以深入了解消费者的行为和偏好，以及设计因素如何影响消费者的购买决策，从而更有效地调整产品设计策略和市场策略。行为分析法包括以下 3 步。

第 1 步：序列分析。

可以将序列理解为电影脚本，即用户在与产品交互时的完整记录。例如，研究超市购买行为总结出的用户可能的系列行为包括：出现需求→搜集信息→列清单→去超市→寻找物品→选择产品→选择产品的心理活动→想到家人或朋友的需求→称重→决定支付→检查购买清单→购买。

第 2 步：分类总结。

分类总结是指对在序列分析中收集到的行为进行分类处理并总结。这样做有利于获取用户的需求，分析出用户行为背后的产生原因。

例如，影响用户超市购买行为的因素有以下 3 类。

① 影响行为的心理因素。用户在购买前会考虑"这个产品是否有实用性""吃了奶酪我会长胖吗"等问题。

② 影响行为的外部因素。例如一起去购物的人的意见、产品的摆放位置、是否有购物车等外部因素。

③ 产品本身对购买的影响。例如产品是否新鲜、包装是否足够吸引人、价格是否合理。

分类的时候可以按照用户和这些行为的远近、发生的频率、重要程度等划分，需要设计师多实践。

第 3 步：行为分析。

通过上述两步的分析，设计师需进一步分析出用户的需求。例如，根据人们选择产品的行为，可以发现用户喜欢他们更容易接触的产品。

12. 5W1H 分析

5W1H 分析是从 6 个方面提出问题，然后思考分析并进行解答的一种方法。设计师在寻找关键问题或进行创新评议的时候，均可以采用此方法来审视，让沟通对象不仅"知其然"，还"知其所以然"。5W1H 的含义如下。

Who：使用者是谁？这是针对那些特定使用者群体所进行的创新设计。

When：就使用时机或时间而言，创新设计可以满足哪些特殊需求或解决哪些问题？

Where：针对特殊环境与地区的使用需求，做了哪些创新设计？

What：产品的哪些部分在设计上是独特创新的？

Why：从感性的诉求或市场细分等各方面说明产品与众不同的原因。

How：针对上述操作的方便性或使用的安全性，设计了哪些独特的方式或结构？使用者怎样通过这些创新设计获得良好的体验？

设计师在回答上述问题时，要将脑中的创意来源、概念发散及背后的理由都落实为文字说明。如图 5-11 所示，以走路小问题为例，通过 5W1H 分析法来说明如何寻找设计中的关键问题。

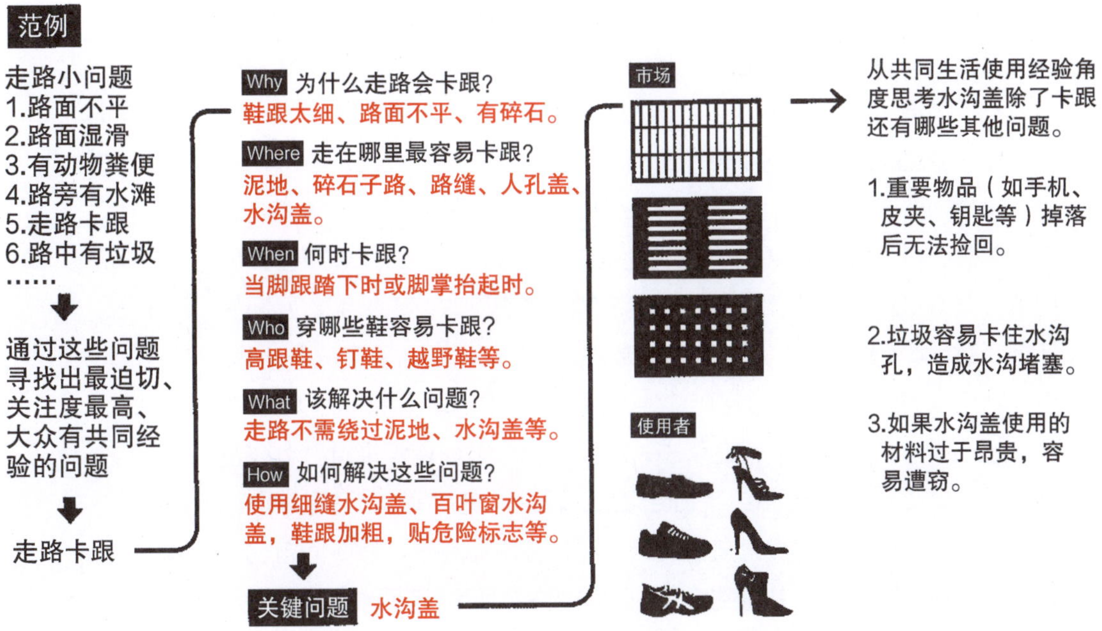

范例

走路小问题
1. 路面不平
2. 路面湿滑
3. 有动物粪便
4. 路旁有水滩
5. 走路卡跟
6. 路中有垃圾
……

↓

通过这些问题寻找出最迫切、关注度最高、大众有共同经验的问题

↓

走路卡跟

Why 为什么走路会卡跟？
鞋跟太细、路面不平、有碎石。

Where 走在哪里最容易卡跟？
泥地、碎石子路、路缝、人孔盖、水沟盖。

When 何时卡跟？
当脚跟踏下时或脚掌抬起时。

Who 穿哪些鞋容易卡跟？
高跟鞋、钉鞋、越野鞋等。

What 该解决什么问题？
走路不需绕过泥地、水沟盖等。

How 如何解决这些问题？
使用细缝水沟盖、百叶窗水沟盖、鞋跟加粗、贴危险标志等。

关键问题 水沟盖

市场

使用者

从共同生活使用经验角度思考水沟盖除了卡跟还有哪些其他问题。

1. 重要物品（如手机、皮夹、钥匙等）掉落后无法捡回。

2. 垃圾容易卡住水沟孔，造成水沟堵塞。

3. 如果水沟盖使用的材料过于昂贵，容易遭窃。

图 5-11 运用 5W1H 分析法寻找设计中的关键问题

5.2 概念构思，解决问题

1. 运用情绪板

情绪板是一种展示产品使用情境、产品用户群或产品设计风格的视觉表现工具。运用情绪板，设计师可以完善视觉化设计标准，并与项目其他利益相关方进行沟通。

情绪板在设计的多个阶段都能发挥作用。在问题分析阶段，它可以用于确定新设计方案的适用场景；在项目早期阶段，可以用于分析当前情境；在创意阶段，可以帮助设计师打破常规思维，探索各种可能的解决方案；在概念化阶段，可以用来探索最终产品的外观，发现潜在的可能性和局限性。以创意阶段为例，情绪板的制作可分为以下 3 个阶段。

（1）确定产品核心关键词。

设计师可以从产品特色、核心目标用户、用户场景等深入地洞悉业务本质，从而得到正确的产品核心关键词。首先，通过市场调研、竞品分析了解产品特色。其次，通过用户研究了解产品的目标用户，了解用户特征和需求。最后，通过实地考察了解用户使用产品的场景。通过对以上问题进行研究和梳理,设计师可以得到与产品相关的关键词,并借此制作产品关键词列表供客户选择,最终选定3~5个双方团队共同认可的关键词。

(2)找到衍生关键词及设计灵感。

设计师要发散思维,基于产品关键词进行关键词联想(联想方式有横向联想、纵向联想、两种事物之间的关联联想),得到视觉调性关键词(见图5-12)。例如,基于"温暖"二字联想到太阳、火焰、妈妈的怀抱、暖色等;基于"文化"二字联想到笔画、宣纸、毛笔字、书刊等。设计师可以通过头脑风暴,尽可能地发散思维,得到更多的衍生关键词。

设计师可以从多种途径如杂志、现实世界、电影探索视觉材料或设计灵感网站(如Behance、Pinterest、花瓣、站酷等),甚至从自己平常收集的素材图片中搜索关键词相关图片,不断反思,反复问自己为什么要选择这张图片,并得到大量的素材图片。通过判断图片是否适用于拼贴,设计师可以逐渐找到设计过程中所需的灵感。在制作情绪板和讨论情绪板是否符合设计情境的过程中,设计师很可能会找到设计灵感。

(a)关键词:折

图5-12 以"折"和"通透"为关键词设计情绪板

(b)关键词：通透

图 5-12　以"折"和"通透"为关键词设计情绪板（续）

图片来源：上海电机学院工业设计专业 2015 级学生

（3）创建情绪板。

设计师通过对图片进行归纳、整理和排版形成情绪板，得到与设计主题相关的内容。注意，可以建立几个风格统一的情绪板，以便更好地捕捉相关感觉，为产品设计提供灵感。

2. 运用故事板

故事板是一种通过视觉方式讲述故事的方法，常用于展示设计在实际应用情境中的使用过程。通过故事板，设计师可以全面理解当前或未来的情景、产品的使用方式及产品与目标用户群之间的交互。故事板由一系列讲述故事的图片组成，每张图片都配有注释，解释故事中的人物出现的原因，交互发生的时间和地点、操作过程，产品的具体使用方法，用户的行为模式、生活方式、动机和目的。故事板使设计师及其团队成员或其他利益相关者可以更直观地进行讨论和沟通。

故事板适用于设计的各个阶段。设计师可以通过故事板体验用户与产品的交互，并从中获得灵感。在设计初期，故事板可能仅是一些基本的草图，包含设计师的初步评论和建议。随着设计的逐步深入，故事板将被添加更多细节，帮助设计师探索新的创意并做出决策。在设计过程的末期，设计师将根据完善的故事板反思产品的形态、内在价值及设计质量。

故事板的一般形式如图 5-13 所示。可以将故事板与其他工具（如旅程图、场景描述等）结合使用，以增强表现力。如图 5-14～图 5-15 所示，在平衡车的设计过程中，学生采用故事板的方式进行用户研究，挖掘设计痛点。注意，起始的"开场镜头"应清晰地展示故事发生的时间和地点，之后再逐步展开，详细描绘其他细节。还可以给每个故事板配上一个清晰的标题，尤其是当需要制作多个故事板时，有助于总结和突出关键信息。

图 5-13　故事板的一般形式：草图 + 标题 + 解说词

1. 一天，小红骑着平衡车上街。

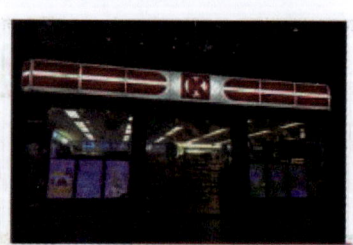

2. 他忽然想去买包巧克力，但便利店很小，带着平衡车不方便。但想着能很快出来，就把平衡车放在店门口。然而等小红买完巧克力出来，发现平衡车被偷走了。

1. 在空间小的地方使用不方便。

2. 在某些情况下，存放成问题。

1. 可折叠，折叠后夹在腋下便可带走。
2. 增加防盗警报功能。
3. 锁车后轮子不会动。
4. 与手机关联，可追踪动向。
5. 自带车锁。

图 5-14　故事板

1.注意力不集中，容易跟别人撞上。
2.无法引起前面的人的注意。
3.行驶中看不见背后有人。
4.后面的人看不出平衡车的动向。

1.一天，小红骑着平衡车上街。
2.发现要撞到前面的人了。小红叫他，他没听见。

1.增加红外线探测仪，必要时发出警报。
2.增加手部可触及的长杆，上面设有喇叭，必要时可按喇叭发出警示。
3.增加手机支架，手机可连GPS查看路况。
4.增加拐弯与停车的警示灯。

3.小红赶忙停下，结果后面也有人。
4.小红被撞倒。

1.露西回到家后想给平衡车充电。
2.客厅和卧室才有电源，露西选择在客厅充电。

平衡车与地板接触会弄脏地板。

将平衡车放到充电台上充电。这样，平衡车底部与充电台接触而不与地板直接接触。

3.露西的家人觉得平衡车的车轮很脏，不应该放到客厅。为此，他们吵了起来。

图 5-14　故事板（续）

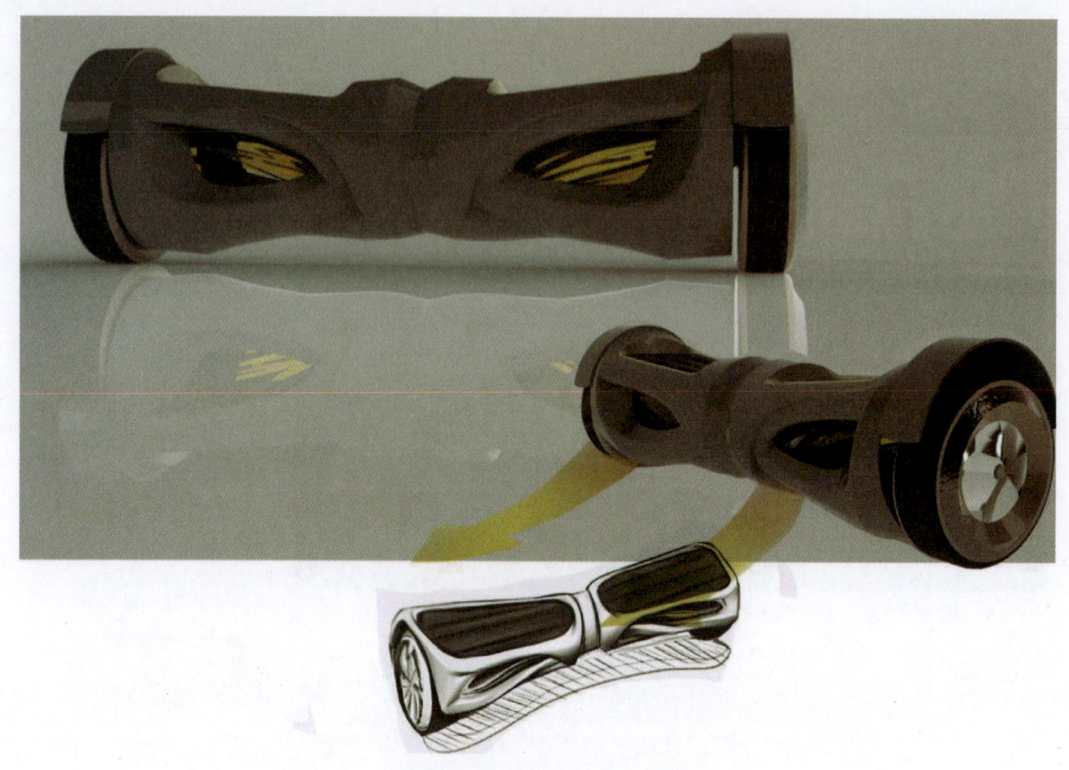

图 5-15　故事板的最终方案

图片来源：上海电机学院产品设计专业 2014 级袁和安

故事板的运用主要包括以下 4 步。

① 确定创意想法、模拟使用场景及一个用户角色。

② 选择一个故事和自己希望传达的核心信息，即设计师希望用故事板表达什么，然后简化故事内容，以简洁明了的方式传达一个清晰的信息。

③ 绘制故事大纲草图。首先设定时间线，然后增加其他细节。如果需要强调某些重点信息，可以通过改变图片尺寸、增加留白、调整构图或添加注释来实现。

④ 绘制完整的故事板。使用简短的注释对图片进行补充说明，避免简单地描述。故事图不应千篇一律，而应表达出层次感。

运用故事板，不仅有助于设计师清晰地展示设计概念，还能激发其更多的创新思维。

3. 场景描述

场景描述法亦称情景故事法或使用情景法，是指通过故事的形式展现目标用户在特定环境中的行为和体验。根据设计的具体目标，可以详细描绘用户与现有产品的交互场景，或探索未来场景中的潜在交互可能性。

用户体验是个综合性概念，各种不同的因素都会唤起人们的体验感，而场景描述非常适合传达综合信息。通过对未来使用场景的故事性描述，设计师可以将设计和目标用户带入一个更为生动具体的环境中。例如，设计师可以就一位母亲与自己设计的运动健身产品（或其他产品）之间的各种交互可能性拟写一篇场景描述，内容包含这位母亲从早上起床到离开家的整个过程。场景描述既可以描绘当下最真实的场景，也可以描绘未知的、想象的场景。

场景描述与故事板类似，在设计流程的早期阶段可以用来设定用户与产品（或服务）的交互标准，并在后续阶段促进新创意的产生。设计师可以利用场景描述反思已知的产品概念；与其他利益相关者共享并讨论创意想法和设计概念；评估概念在特定场景的适用性。设计师还可以通过此方法构思未来的使用场景，从而生动地描绘设想的未来使用环境和交互方式。

例如，可这样描述情景故事：一个会计要在计算机桌面上打开一个文件夹，以便访问关于预算的备忘录。但这时他发现文件夹被预算表格窗口遮挡着（见图5-16）。会计想在编辑预算表格的同时阅读备忘录，如果预算表格窗口处于最大化状态，就会完全遮盖文件夹的窗口。会计迟疑了几秒后，先调整预算表格窗口的大小，将其部分移出屏幕，再在文件夹里打开备忘录，调整备忘录窗口的大小，并继续工作。

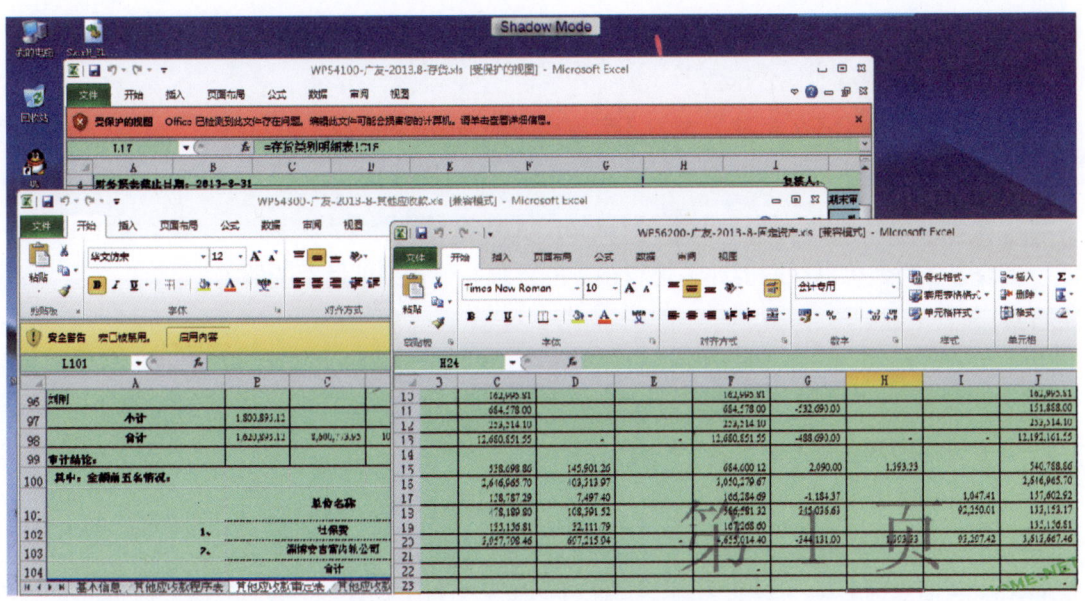

图5-16　打开的文件遮挡文件夹

4. 类比思考

类比思考法是一种将概念从一个语境转移到另一个语境中的思维方法。其涉及将一种已知领域的知识应用到另一个不同的领域。例如，瑞士发明家乔治·德·梅斯特拉尔（Georges de Mestral）发现，在草丛中玩耍的狗身上常常会黏附带刺的植物苍耳。这启发他模仿苍耳的结构发明了尼龙搭扣，即魔术贴（见图5-17）。

图5-17 运用了尼龙搭扣的"阿波罗计划"宇航服

设计师可以通过观察实际物品或阅读书籍中的设计来启发灵感，多角度地思考，并借鉴前人的设计案例。在进行类比思考时，设计师应不断地问自己以下问题。

① 这看起来像其他什么东西？
② 已经有哪些相关的解决方案？还有哪些未被开发的机会？
③ 从哪些来源可以得到新概念？
④ 哪些现有概念可以通过改进来解决当前面临的问题？

这种思考方式可以帮助设计师跨越领域的界限，寻找和创造新的解决方案。

5. 头脑风暴 +HMW

（1）头脑风暴。

头脑风暴适用于设计过程中的每个阶段，尤其适用于确立了设计问题和设计要求之后的概念创意阶段。它是设计团队在概念创意过程中经常使用的一种高效方法，参与人数控制在4~15人为宜（见图5-18）。

一个良好的头脑风暴过程能在短时间内激发大量意想不到的创新概念，而不仅仅是一些常见的想法。虽然个人也可以进行头脑风暴，但团队合作通常更为有效。为了确保头脑风暴达到最佳效果，每位参与者都应遵循以下简单规则。

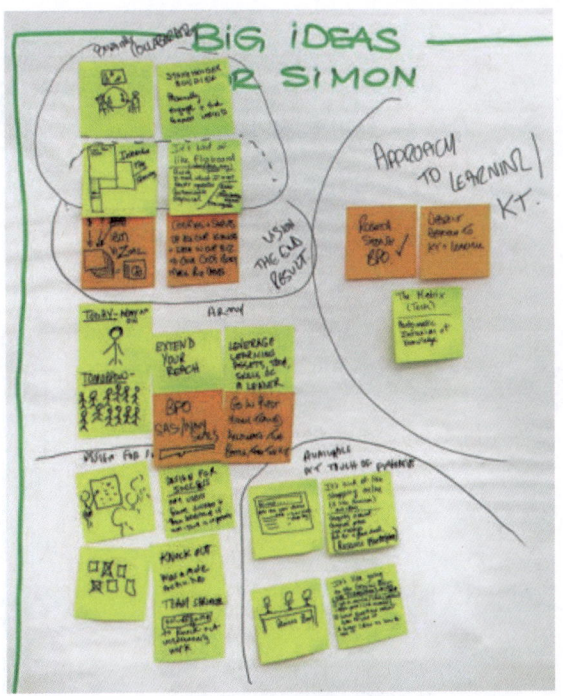

图 5-18　头脑风暴

图片来源：IBM Shanghai Design 工作坊

① 不要过早否定创意。在进行头脑风暴时，所有成员先不用考虑实用性、重要性、可行性之类的因素，尽量不要对想法提出异议或批评。

② 鼓励"随心所欲"。可以提出任何自己的想法——"内容范围越广越好"。要营造一个让参与者感到舒服与安全的氛围。

③ "1+1=3"。鼓励参与者对他人提出的想法进行补充与改进，尽量以其他参与者的想法为基础，以提出更好的想法。

（2）HMW。

HMW（How Might We，我们可以如何做）是进行头脑风暴时常用的设计方法，使用目的是将洞察到的内容或痛点转化为积极的、挑战式的机会视角，为参与者提供一种更为具体的预设情境，帮助其发散思维。

How Might We 模板最初由普洛克特（Procter）和盖博（Gamble）公司在 20 世纪 70 年代提出，并被全球创新设计公司 IDEO 采用。现在，该技术已在设计思维中流行起来，并被全球设计团队使用。

总之，在进行头脑风暴前可以花时间、找团队撰写并选择最合适的 HMW，也可以借助人工智能工具撰写，为创意想法的诞生打下坚实的"地基"（见图 5-19）。

图 5-19 "2030 年老年人出行问题"HMW

图片来源：2017 UD 工作坊

第 5 章　产品系统设计创新工具

6. 属性列举

与头脑风暴一样，属性列举也是概念构思的主要方法。其提供了独特的概念找寻方法（见图 5-20）。在使用属性列举时需要注意以下要点。

① 通过讨论明确产品的关键特征或属性。
② 思考修改和改进产品属性的方式。
③ 将修改和改进的产品属性与之前的相比较。

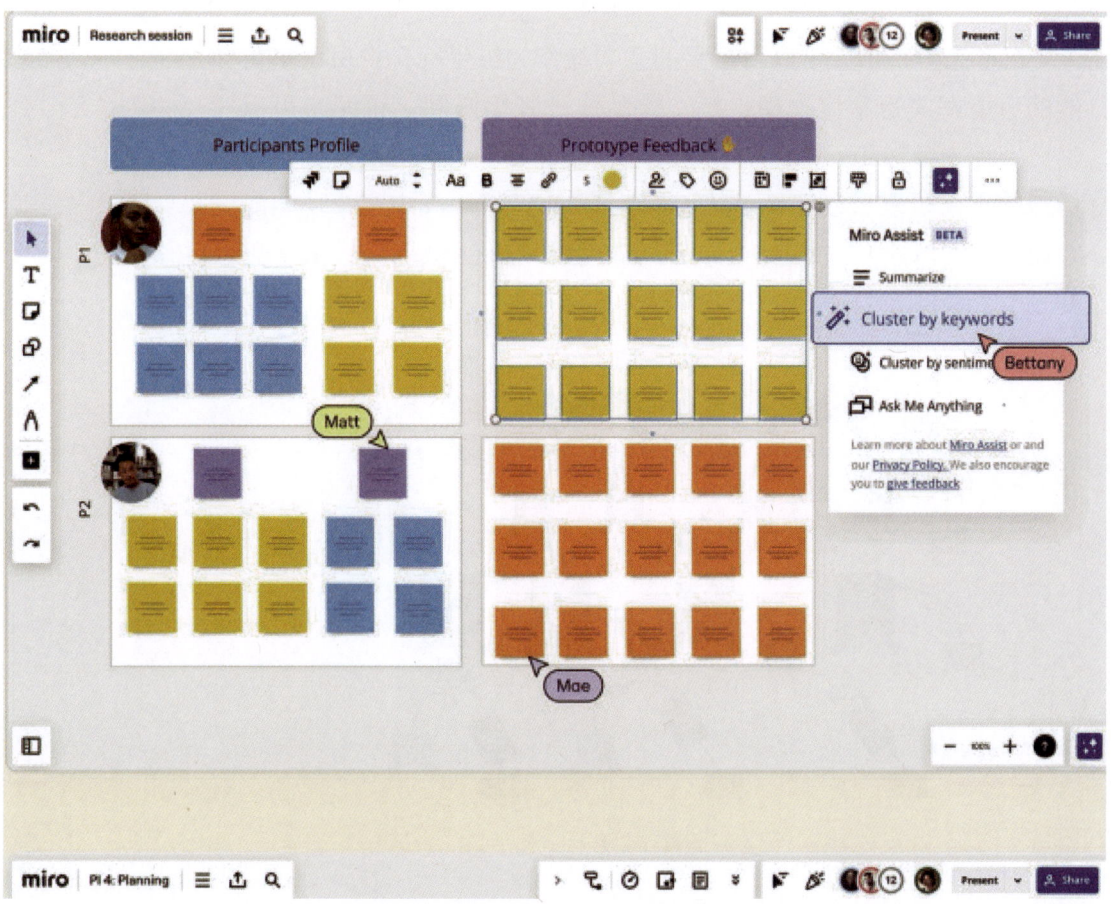

图 5-20　利用 miro 便利贴开展头脑风暴

7. 形态分析

形态分析是一种系统化的分析方法，旨在激发设计师创造出原理性解决方案。其核心是将产品的整体功能拆解为多个子功能（见图 5-21）。

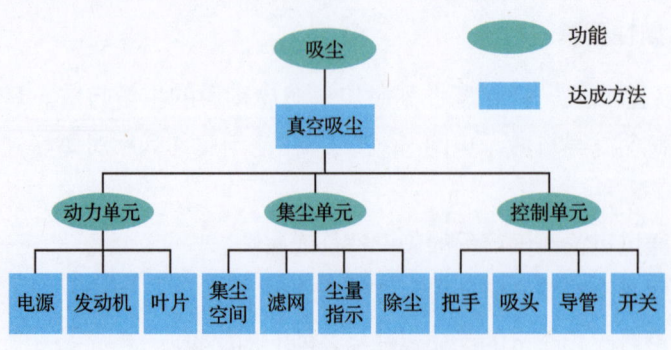

图 5-21　真空吸尘器功能分解

在形态分析中,可以将产品的子功能作为纵坐标,将每个子功能的可能解决方案作为横坐标,绘制成一张矩阵图。这两个坐标轴分别称为参数和元件。功能本身往往是抽象的,而解决方案则是具体的(此阶段无须定义形状和尺寸)。通过将矩阵中每个子功能对应的不同解决方案组合,可以产生大量潜在的原理性解决方案(见图 5-22)。

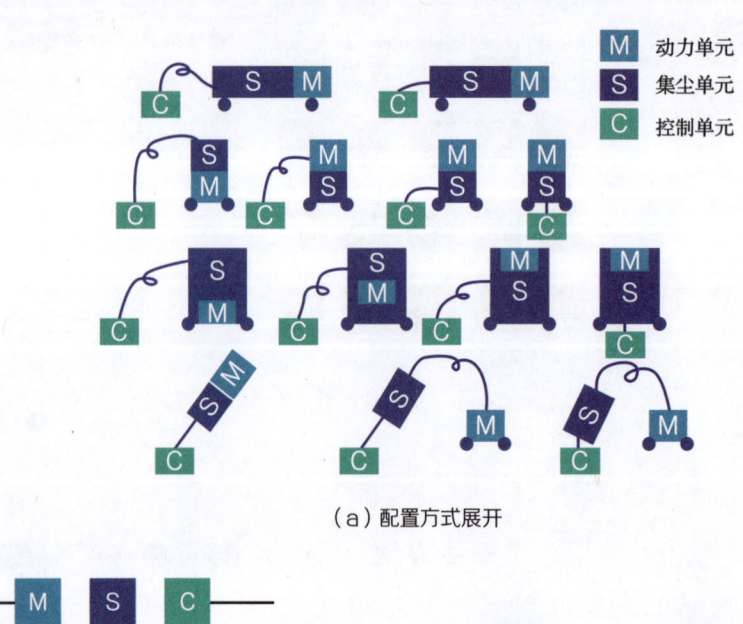

(a)配置方式展开

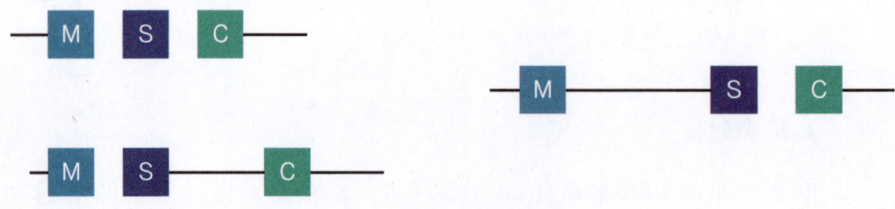

(b)线型排列

图 5-22　功能的不同排列组合

第 5 章　产品系统设计创新工具

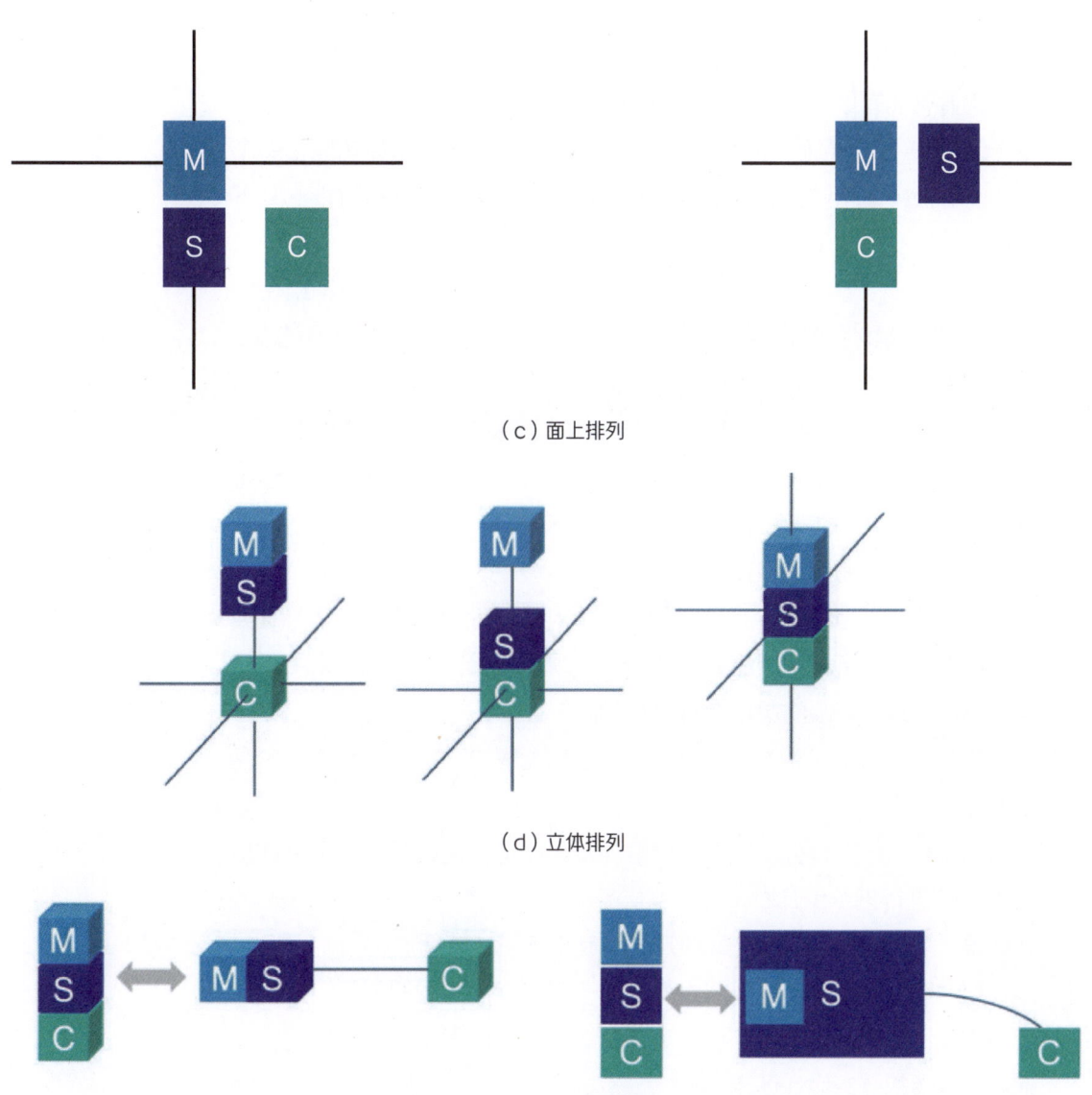

（c）面上排列

（d）立体排列

（e）尺寸大小的变化

图 5-22　功能的不同排列组合（续）

设计师在概念设计阶段可以利用形态分析来绘制概念草图。

在进行形态分析之前，需要准确定义产品的主要功能，并对产品进行一次详细的功能分析。接下来，通过整体功能和子功能来描述产品。所谓子功能，是指那些能够共同实现产品整体功能的各种产品特征。这些子功能通常通过一个行为动词加上一个可量化的名词来表述。例如，一个茶壶可能有以下几个子功能：盛茶（容器）、装水（顶部开口）、倒茶（倒口）、操作茶壶（把手）。在形态分析的表格中，整体功能和每个子功能都被视为相对独立的单元，并且在此阶段不涉及材料特征。分析过程中，可从每个子功能的多个可能解决方案中选择一个，并将它们组合起来形成一个原理性解决方案。这个将不同子功能的解决方案组合的过程，本质上是创造解决方案的过程。具体来讲，这个过程包括以下8步。

第1步：明确定义产品的主要功能。

第2步：列出最终解决方案必须包含的所有功能（含子功能）。

第3步：将所有子功能按顺序排列，并将这些子功能作为坐标轴绘制一张矩阵图。例如，设计一辆踏板卡丁车时，其子功能可能包括提供动力、制动、控制方向和支撑司机身体等。

第4步：为矩阵图中的每个子功能填入多种可能的解决方案。这些方案可以通过分析类似产品或创造新的实现原理得出。接着，运用评估策略筛选出数量有限的原理性解决方案。

第5步：从矩阵图的每行选择一个子功能解决方案，组合成一个完整的原理性解决方案。

第6步：仔细分析所有原理性解决方案以符合设计要求，至少选择其中3个进行进一步开发。

第7步：为每个原理性解决方案绘制若干设计草图。

第8步：从所有设计草图中挑选若干具有发展前景的创意，进一步细化成设计提案。对于服务设计项目，可以利用旅程图和场景描述来详细展示最佳的服务设计创意。

8. 设计推理模型

设计推理模型揭示了设计师在设计过程中运用逻辑推理的一般方法。其主要适用于有形产品的设计，有时也应用于服务设计。通过设计推理模型，设计师可以在不同层面上反思和分析设计决策中的逻辑（见图5-23）。

第 5 章　产品系统设计创新工具

手摇削笔器

各视角图片

在拨动按钮时，其里面的夹具转动板通过弹性钢丝的牵引进行中心旋转，会使弹性钢丝拉伸。弹性钢丝产生弹性形变时伴会随着较大的弹力，使得按钮作用于人手的力较大，因此人们会感到有些吃力。

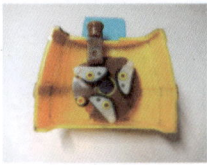

卸下后背的两个大螺钉和两根弹簧，将前面的夹笔装置拆下。　　卸下活动盖板。　　将3个牙板卸下。

在这里能清晰地看到削笔器的夹笔装置。削笔器工作时，拨动按钮使3个牙板分开，将铅笔插入孔中，松开按钮，牙板在弹性钢丝的作用下复原状态，将铅笔卡住。

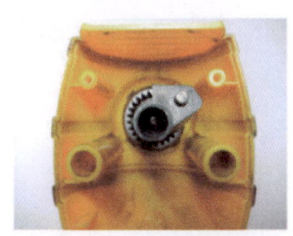
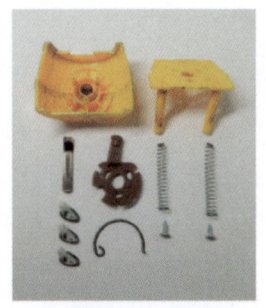

夹笔装置部分的拆解图片

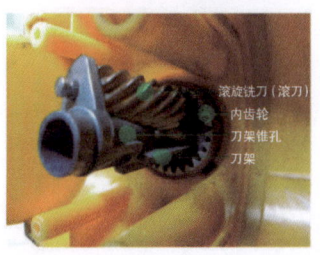

滚旋铣刀（滚刀）
内齿轮
刀架锥孔
刀架

整体拆解图

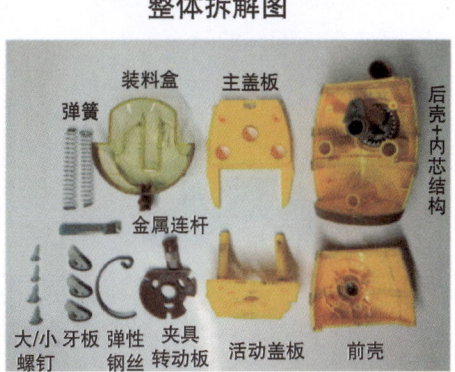

弹簧　装料盒　主盖板　后壳+内芯结构

金属连杆

大/小螺钉　牙板　弹性钢丝　夹具转动板　活动盖板　前壳

其内芯结构是最重要的部分，由刀架、滚旋铣刀（滚刀）、内齿轮和刀架锥孔组成，与把手连接。内齿轮与壳体固接，把手的摇臂与内齿轮连接，刀架与摇臂固接，滚旋铣刀（滚刀）与刀架轴接并与内齿轮啮合。

图 5-23　设计推理模型应用——手摇削笔器

187

无论是设计产品还是服务，目标都是实现特定的使用功能，满足用户需求，并提供价值。设计一个产品涉及确定其用途，并选用合适的几何形态与材料来实现预期功能和满足需求。产品设计的核心是一个推理过程，它从产品的价值出发，综合考虑需求、功能和属性，并将其转化为产品的最终形态。

产品的功能由其形态、使用方式和使用情境决定。这意味着，如果设计师对产品的几何形态与材料的物理、化学特性有深入了解，那么原则上可以预测产品的各种性能。如果设计师还能深入理解产品的使用方式和环境，就能更准确地预测产品的功能能否满足预期，以及能否实现用户的需求。这种推理方法称为分析。

然而，设计师更常采用的推理方法是从产品的功能出发，推导出其形态，这种推理方法称为综合。综合推理以产品对用户的价值和潜在用户的需求为起点，最终落实到具体的形态特征上。这不是一个演绎的过程，而是一种反演绎的过程，即从结果到原因的逆向思考。

设计推理模型可以应用于多种场合，如构建自己的思维体系、与他人进行有效沟通、提出问题、在研究中梳理洞察发现等。

对设计推理模型的描述具体包括以下4个方面。

① 形态。在产品设计中，形态指产品的几何和物质形态。设计中包含的每个部件都需要在产品的生产过程中实现。

② 属性。产品的形态决定了其具体属性，如质量和强度。这些属性描述了产品在使用环境中的预期行为表现。属性分为强度属性（intensive properties）和广延属性（extensive properties）。强度属性完全取决于某个部件所使用的材料，如质量；而广延属性则由强度属性和产品的几何形态共同决定。例如，部件的强度属性结合特定的几何形态可以决定该部件的承重能力。设计师应主要关注广延属性，因为这些属性直接决定了产品的实际功能（用途）。值得注意的是，这些属性通常具有正反两面。例如，钢材坚硬，但较重且易生锈；铝材则轻便、耐腐蚀，但不如钢材坚硬。设计的艺术在于基于强度属性，赋予产品特定的几何形态以满足其所需的广延属性。

③ 功能。属性和功能都与物体的使用密切相关。产品的属性是客观的，功能是主观的。功能是设计师设计该产品的目的和用途，通常由设计师的意图、用户的偏好和目标等因素决定。例如，圆珠笔的设计者可能主要关注其写字功能并在笔上体现品牌名称，而用户可能会考虑使

用它的其他功能，如盘头发。功能的种类繁多，包括技术功能、人机功能、美学功能、语义功能、经济功能、社会功能等。

④ 需求和价值。一旦具备了功能，产品便能满足相关需求并提供一定的价值。例如，圆珠笔不仅具备书写价值，还具备美学、文化和经济价值。

9. 构思备忘录

设计师可以通过以下6种方法构思备忘录以便随时查看。

① 合并：将概念混合在一起会怎么样呢？是合并零部件，还是合并功能？

② 改变：尝试改变目的、外观或产品形式。

③ 夸张：可以加上些什么元素？如何增加额外价值？两个同样的模块或组件会怎样？如果是多个呢？或者放大某些部分会怎样？

④ 简化：哪些零件可以去掉，缩小、减轻质量或进行拆分？

⑤ 反思：是否有新的使用方式？如果修改某些部分，是否具有新的功能？

⑥ 重置：需要调整内部零件吗？需要重置顺序吗？

10. 思维导图

思维导图又称心智图，是一种围绕核心词汇或概念进行关联性思考的图形化表示，通常表现为辐射状结构。其常用于构思概念、帮助解决问题及规划流程（见图5-24）。使用思维导图时，可以先从一个核心概念出发，围绕这一核心概念记录相关衍生概念，并对这些衍生概念进行进一步思考和扩展。接着，将所有相关概念通过线条连接起来，形成一个视觉网络，并在此基础上进行进一步思考。在整个过程中，要尽可能地列举所有相关点子，然后通过思维导图的方式重新组织和梳理这些信息，以清晰地呈现思考过程和结果。

制作一个完整的思维导图应注意以下7个方面。

① 核心词汇的突出显示：将核心词汇作为思维导图的中心主题，并在图中显著位置标注。

② 进行关联性思考：围绕中心主题展开，使用与之相关的衍生词汇进行思考。

③ 连线关联：使用连线将核心词汇与相关的衍生词汇连接起来，形成视觉上的关联。

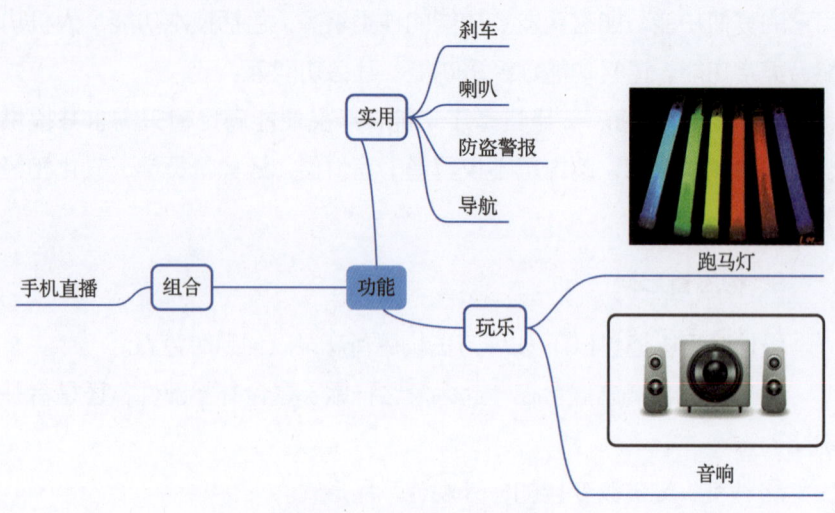

图 5-24　用户研究思维导图

图片来源：上海电机学院产业设计专业 2014 级袁和安

④ 文字清晰化：确保每个词汇都被打印或书写，清晰易读。

⑤ 使用描述性词汇：尽量使用形容词或具有描述性的词汇作为核心词汇，以增强表达的具体性和准确性。

⑥ 使用色彩：通过不同的色彩进行标注，以加深记忆和区分不同的概念或关系。

⑦ 图示优先：多使用图示而非纯文本描述。一个恰当的图示可以传达丰富的信息，有时效果胜过千言万语。

11. 角色扮演

在角色扮演活动中，参与者可以体验并模拟用户的角色，以深刻理解用户的性格、特点和生活背景。这一过程在虚构或真实的环境中展开，旨在通过围绕设计议题的互动活动促使设计团队充分理解用户需求并与之产生共鸣。此外，产品设计与开发的团队成员乃至项目的决策者都被鼓励参与角色扮演，共同探讨和解决设计上的难题。在此过程中，对所有活动的详尽记录将作为后续设计决策评估的重要依据。通过这种互动形式的模拟，设计师得以优化并确定产品设计与潜在用户间的互动模式（见图 5-25）。

用户与产品的交互不仅仅局限于身体和感官层面，还包括认知和情感的互动。角色扮演过程中，设计师将自己置于用户的立场，根据用户的实际体验来评价设计。这种方法能促使设计师跳出固有的观念，从用户的视角去审视设计。角色扮演,类似于舞台剧的演出过程,通过模拟潜在用户完成特定任务的行为,设计师能深入理解交互的复杂性,因而在交互设计方面进行相应的优化。

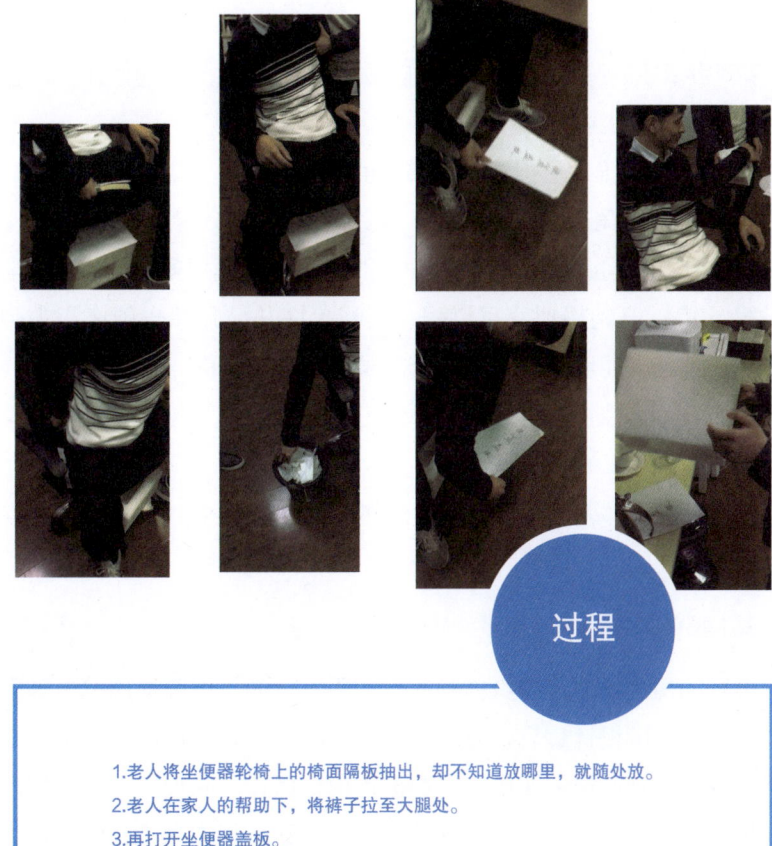

图 5-25　以角色扮演方式探索坐便器轮椅设计需求

图片来源:上海电机学院工业设计专业 2013 级杨露生

设计师通过模拟用户,在不同的场景下扮演用户,直接面对并识别设计的不足之处,进而寻找设计假设和错误。角色扮演带来的深入体验,能够激发设计师萌生新的见解和创意思维,从而解决遇到的问题。

角色扮演的过程通常可以用照片或视频的方式记录下来。该方法以初步设想的交互方式为基础,选出优秀的交互体验方案,并完成该交互过程的视觉和文字描述。这些都可用于交流和评估设计。

角色扮演过程包括以下7步。

第1步:确定参与角色扮演的人员及进行角色扮演的目标,或者要模拟的交互行为类型。

第2步:明确角色扮演旨在展示的具体内容,并规划演练的顺序。

第3步:在角色扮演过程中,确保对所有细节进行详尽记录。

第4步:将团队成员划分为不同的角色,以模拟多样的用户体验。

第5步:开始模拟交互过程,其间允许并鼓励即兴创作和大胆表达自己的想法,如自言自语可以作为表达思考过程的一种方式。

第6步:调整叙述和场景布局,并重复模拟,直到探索完所有不同的交互模式。

第7步:审阅记录材料,转录数据,并从中提取有价值的洞察结果。

12. 肢体风暴

传统的角色扮演是亲身体验的一种用户行为,而肢体风暴更鼓励设计师形成积极的设计理念、概念。在肢体风暴中,设计师致力于探索和设想,并尝试在假设的实用环境中进行模拟操作。除模拟现有典型产品和环境特点的道具外,还可以在肢体风暴活动过程中融入并测试理念及想法。为了达成这个目标,设计团队需构筑逻辑合理的场景,并投身于指定角色,这样虽然可以借助各式道具进行模拟,但是更应专注于对实境反应的本能捕捉,了解真实的情景并获得真实感受,这对于准确理解目标用户的行为习惯和情感反馈至关重要。例如,在进行移动设备控制声音空间的系统设计时,设计师可以采用肢体风暴法演示声音空间。其中一位参与者被音乐"唤醒",而她的"室友"因没有被声音打扰则在继续睡觉。

13. 体验原型

构建体验原型旨在将产品或服务的原型融入更广泛且真实的使用场景中。通过这种方式,设计师能够深入探索用户在更加复杂、不可预知的日常生活环境中与产品或服务的互动方式。在创建体验原型的过程中，应关注的焦点并非原型的工作性能，而是用户与原型互动所引发的体验感受。

为了呈现这种体验，体验原型的构建往往采用虚构的道具或模拟技术。该方法主要分析人们如何受到周遭环境影响而形成对产品（或服务）的体验。例如，飞机飞行中，乘客的睡眠体验不仅受机舱设计的影响，还与乘客登机前的行为及其他乘客或机组人员的行为相关。体验原型能够将设计师所构想的众多体验可能性具象化，要求设计师将原型带入实际环境进行测试。

构建体验原型的目标不在于检验设计的具体细节，而在于将其作为理解设计场景复杂度的优选方法。因此，设计师应随时准备迎接用户可能带来的意外使用方式，避免针对用户如何使用原型设定任何限制。鼓励设计师在这个过程中开放思维，接受多元的用户体验，从而丰富和完善设计的内容和形式。

体验原型的应用跨越设计流程的各个阶段。在设计初期，它助力设计师探索现有及潜在的用户体验；到后期，则用于评估产品是否符合提升用户体验的目标；在整个设计过程中，体验原型都充当了向客户或合作伙伴传达自己的设计意图的工具。

体验原型又可细分为快速原型和快速成型两种。

（1）快速原型。

构建快速原型的主要目的是在产品设计团队内部迅速共享设计概念。设计团队通过快速原型进行评估、分析并提炼概念，之后在此基础上进一步深入发展。该方法强调速度优先，可以使用任何手边可用的材料制作原型，只需足以表达概念意图，而不追求原型的精细度。总体来说，构建快速原型的核心特征是速度比质量更重要。

例如，使用纸板原型，设计师可以快速将设计概念进行视觉化，并对其进行组织和评估。产品设计师利用纸板原型来展示功能和实用性，同时用于测试和评估。这种方法不但效率高，而且成本低，非常适合设计初期的快速迭代和概念验证（见图5-26～图5-28）。

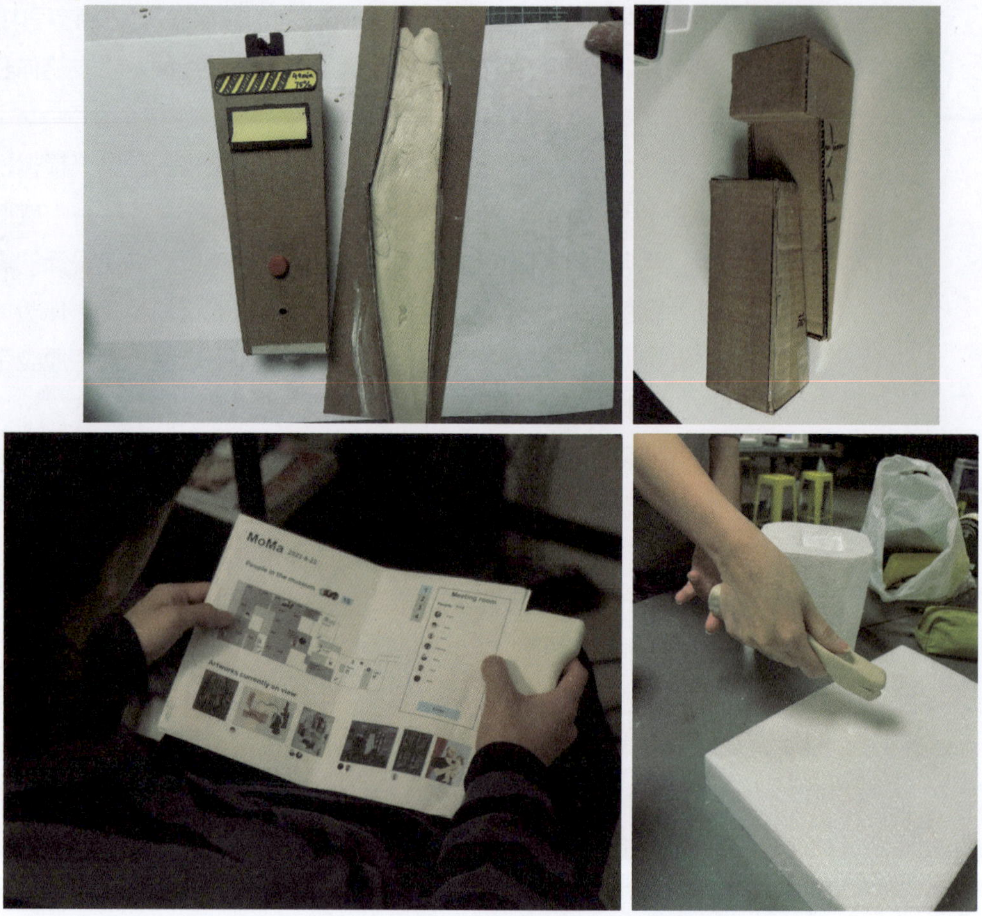

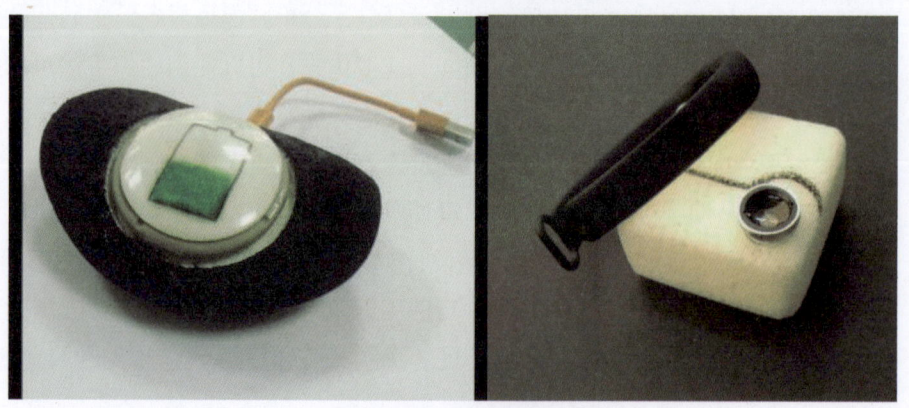

图 5-26　快速制作原型

图片来源：Parsons 设计学院钱启元

图 5-27　产品原型

图片来源：2017 UD 工作坊

第 5 章　产品系统设计创新工具

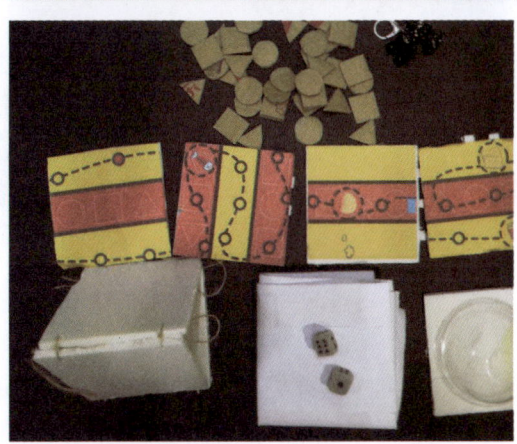

图 5-28　垃圾分类主题——儿童玩具设计原型

图片来源：上海电机学院工业设计专业 2016 级李红阳等

（2）快速成型。

利用计算机数控技术制造呈现细节的实际产品或模型的方法即快速成型。立体光刻是最普遍的快速成型方法之一，主要用来制作塑料模型。有些快速成型方法也可以制作纸质或金属模型。首先，设计师利用计算机软件设计产品，然后将电子数据直接输入成型机制作产品。快速成型主要用于在产品量产之前制作模型，但越来越多的设计师将快速成型作为一种便捷的视觉制造手段，用于制作单件或少量样品（见图 5-29）。快速成型采用增材制造技术，无须使用织物、弹簧和泡沫等物品，不同部件易于组装和拆卸，一旦达到使用寿命，可以分别处理不同的部件并相应地回收利用。

图 5-29　3D 打印椅子

体验原型的实施方式多样，可在现实环境中部署，也可利用增强现实（AR）和虚拟现实（VR）技术模拟场景进行部署。其核心目的在于洞察人们与原型交互的体验及其背后的动因。快速成型可与众多用户研究技巧相结合进行，主要包括以下 3 个步骤。

首先，确定设计的具体场景，探究引入原型的可能性或通过其他手段再现场景。要明确所期望的用户体验目标，运用场景描述、交互愿景或故事板等工具，列举实现这种体验所需的关键元素，包括材料、道具、设备及人员等。

其次，探索实现目标体验的途径。要将原型置于类似于真实环境的环境中进行测试，与设计团队、潜在用户及客户共同参与，通过不断地迭代改进来实现期望的体验效果。在此过程中，优先考虑使用低保真原型，以便设计师更为灵活地探索不同的原型变体。

最后，研究用户对原型的实际体验。应选择与设计场景、挑战及研究目标相匹配的研究方法，当用户接触到设计原型时，要对所有可能的挑战和预设假定持开放态度（见图 5-30）。

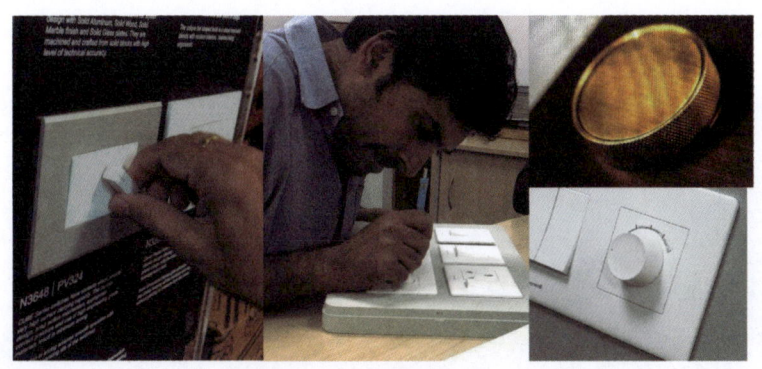

图 5-30　开关原型可用性测试

1976 年，乔布斯和他的团队一共制作了 200 台苹果 1 代计算机的原型机。这些原型机在没有键盘、显示器、外壳的状态下就以 666.66 美元的价格在市场上销售。当时，有位客户在使用了原型机之后，要求添加一个保护性外壳。于是，乔布斯为他定制了一个木箱和一个键盘（见图 5-31）。

图 5-31　苹果 1 代计算机原型机 + 木箱 + 键盘

如图 5-32 所示的环境监测产品，其利用 Adafruit QT Py ESP32-S3 开发板与各组件之间的连接，通过一系列传感器收集环境数据。其黄色外壳为 3D 打印的。BME280 传感器向微控制单元（MCU）发送温度、湿度和压力数据，VEML7700 传感器则提供周围光线的测量值。这些数据通过 I2C 接口传输至微控制单元。微控制单元进一步将这些数据显示在 OLED 显示屏上，并且当光线强度超过 100 勒克斯时，连接至数字 I/O 引脚的蜂鸣器会发出警报。这个紧凑而高效的设计为环境监测提供了一种灵活且实用的解决方案。

图 5-32　环境监测产品

图片来源：Parsons 设计学院钱启元

■ 5.3　概念筛选，创意落地

设计师能够通过产品概念评估来把握目标用户和其他相关方对设计思路的看法，据此判断设计中需优化哪些元素，或做出是否继续发展该设计概念的决定，这一过程被称为概念筛选。

通常，为了有效进行产品概念评估，设计师需要控制评估环境。在评估过程中，引导参与者依据已设定的评估因素列表来审视不同的设计方案变得至关重要。因此，产品概念评估不仅要求事先准备众多待评估的设计概念，还要求阐明评估的依据。概念筛选的执行者往往是具有专业背景的人（如产品经理、工程师、市场人员），而不仅仅是用户群体的代表。概念优化主要针对产品创意和设计概念中的特定部件及元素。这一过程建立在一个假设之上，即可以从各种产品概念中挑选出优秀的元素，并整合为一个最佳的设计概念。经过初步筛选之后，设计师将从 2～3 个候选方案中进一步选择，并决定是否继续（见图 5-33）。在产品概念评估阶段，设计师可以采用以下 4 种形式展示设计概念。

① 文字概念：通过场景描述说明用户如何使用产品，或列举出创意的各个特点。

第 5 章 产品系统设计创新工具

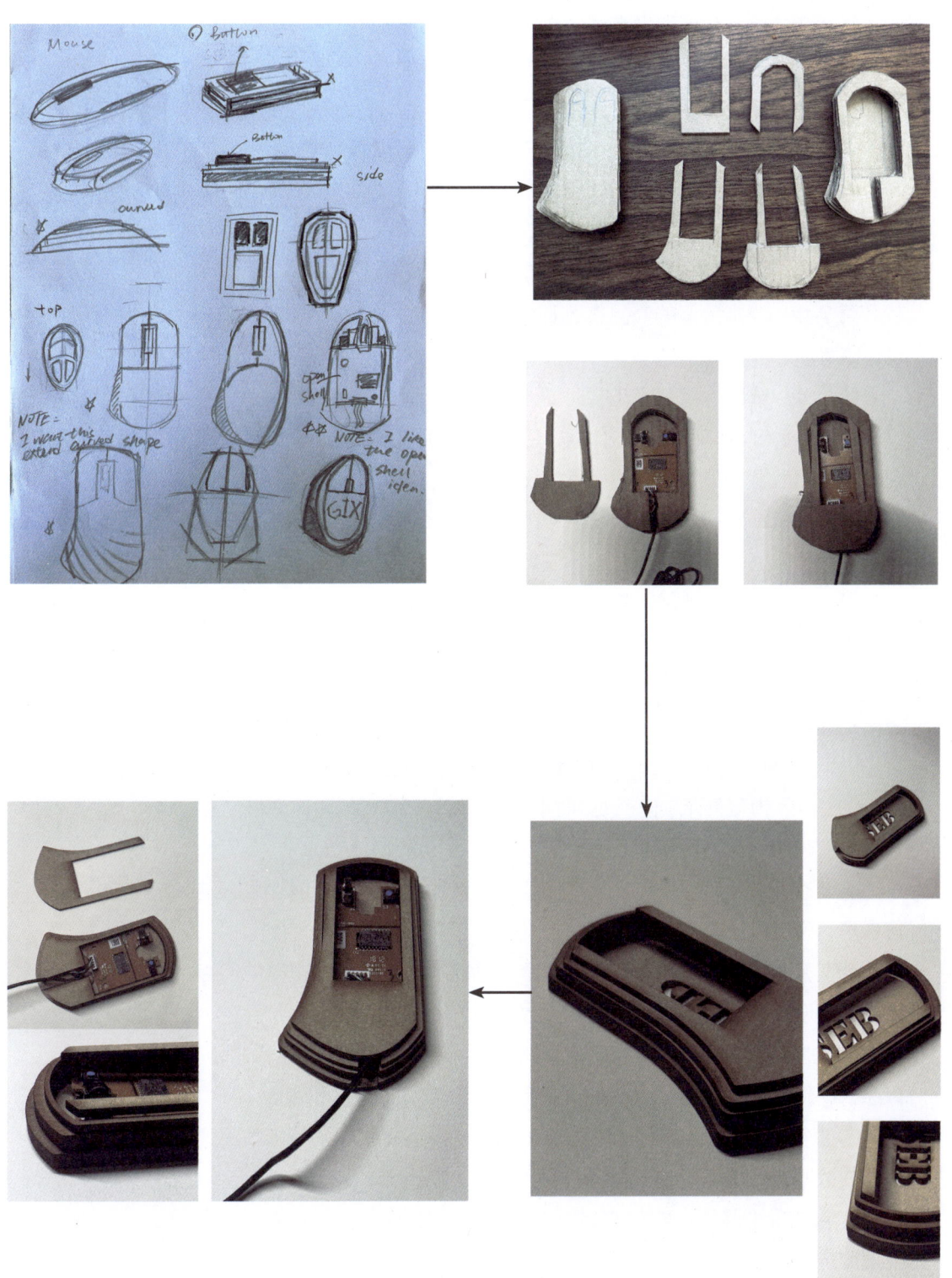

图 5-33 鼠标改良设计

图片来源：Parsons 设计学院钱启元

② 图形概念：利用视觉表达的方式展示产品创意。设计过程中可以根据不同阶段灵活使用不同的表现形式，如设计草图、详细的 3D 效果图、计算机辅助设计（CAD）模型等。

③ 动画：使用动态视觉影像演示产品创意或使用场景。

④ 样板模型（草模）：通过三维实体模型呈现产品创意。

产品概念评估一般包括以下 8 步。

第 1 步：明确进行产品概念评估的目的。

第 2 步：选择合适的产品概念评估方法，如个人访谈、焦点小组、讨论组等。

第 3 步：选用恰当的方式展现设计概念。

第 4 步：制订详尽的评估计划，包括评估的目标和方法、受访者概况、准备的问题、需要评估的产品概念、测试环境说明、记录评估过程的方式及分析结果的方案。

第 5 步：招募并邀请合适的评估参与者参与评估过程。

第 6 步：设置测试环境并准备必要的记录设备。

第 7 步：指导参与者进行详尽的概念评估。

第 8 步：对评估结果进行分析，并以清晰的方式展现，如通过报告或海报等形式。

以下 12 种方法可以帮助设计团队细致地评估和选择设计概念。

① CAD 模型展示：使用 CAD 模型在设计的不同阶段评估概念及其潜力，确保设计满足预期目标。

② 规格清单比对：通过定义产品规格和明确用户需求对设计概念进行考量，确保设计满足关键需求。

③ 外部反馈调整：将设计概念展示给目标用户或客户，根据他们的选择调整设计方向。

④ 需求匹配：优先考虑用户的具体需求，根据这些需求评估和筛选概念，以确定最合适的设计。

⑤ 直觉判断：基于设计师的直觉和经验直接选择概念，不依赖固定标准或数据。

⑥ 实物模型展示：通过制作模型测试用户的互动和使用体验，依据反馈改进设计。

⑦ 团队投票：设计团队成员通过投票方式选出最青睐的设计概念。

⑧ 意见领袖决策：项目中最有经验或影响力的成员做出决策，引导

设计方向。

⑨ 优劣权衡：列出每个设计概念的优点和缺点，通过综合分析做出选择。

⑩ 记录分析：从用户视角出发，通过书面或视觉记录评估设计概念，作为评价的基准。

⑪ 原型测试：为每个概念制作原型并进行实际测试，根据结果和既定标准做出选择。

⑫ 矩阵评估：通过定量分析，为不同概念的各项相关因素打分，根据得分高低进行选择。

设计师首先通过有效的手段展示设计概念，并观察用户在现实中的使用情况。然后观察用户的感知能力（使用中，用户能否接收到或自己发现使用线索）、认知能力（他们如何理解这些线索），以及这些能力如何帮助用户达到使用目的。最终得出一份设计改进清单。

设计改进一般包括以下 8 步。

第 1 步：采用故事板形式，展现预期的真实用户及其使用场景。

第 2 步：明确评估内容（将评估哪个部分）、评估方式及评估的具体环境。

第 3 步：详细阐述所提出的设计假设，如"在特定环境中，用户能够接受、理解并实现产品的哪些功能？"

第 4 步：制定开放性研究问题，如"用户如何使用此产品？"或"他们利用了哪些操作提示？"

第 5 步：展示产品设计（通过故事板或实物模型等），设定研究环境，并为参与者准备研究指南及研究问题。

第 6 步：确定参与者，并让他们了解研究范围（如个人隐私保护等问题），进行研究并记录活动过程。注意观察参与者有意或无意的使用情况。

第 7 步：对研究结果进行定性分析（如问题和机遇分析）及（或）定量分析（如计算事件发生频率）。

第 8 步：交流研究成果，并据此对设计进行改进。在评估过程中，设计师常会挖掘出许多设计灵感。

下面以目标权重法为例，说明设计概念比较和评估的操作步骤。

目标权重法用于对不同设计概念的总体价值进行比较和评估。此方法要求有系统的思考方式，依赖于对假设的设定和计算，旨在促进设计团队在选择的过程中讨论交流。

当设计师需从若干设计概念中做出选择时,通过目标权重法即可筛选出最适合深化发展的方案。目标权重法通过对各个设计标准设定特定权重,并对每项标准的各设计概念进行评分,最终算出一个加权总分来确定最优方案。

然而,评估中的设计标准的重要性也各不相同。例如,对某些设计来说,成本的重要性可能不如外观美感。可以运用目标权重法考虑这些标准的不同重要程度,从而提高评估的可信性。可以根据重要性等级从1到5分配权重系数,也可以将总权重分配至各标准。又如,可以将权重系数总分设定为100分,其中环境影响占20分,生产成本影响占10分。这样的方式确保了各项标准的重要性得到适当的体现(见图5-34),但被评估的设计概念应尽量详细,以便相关人员更精确地进行评分。

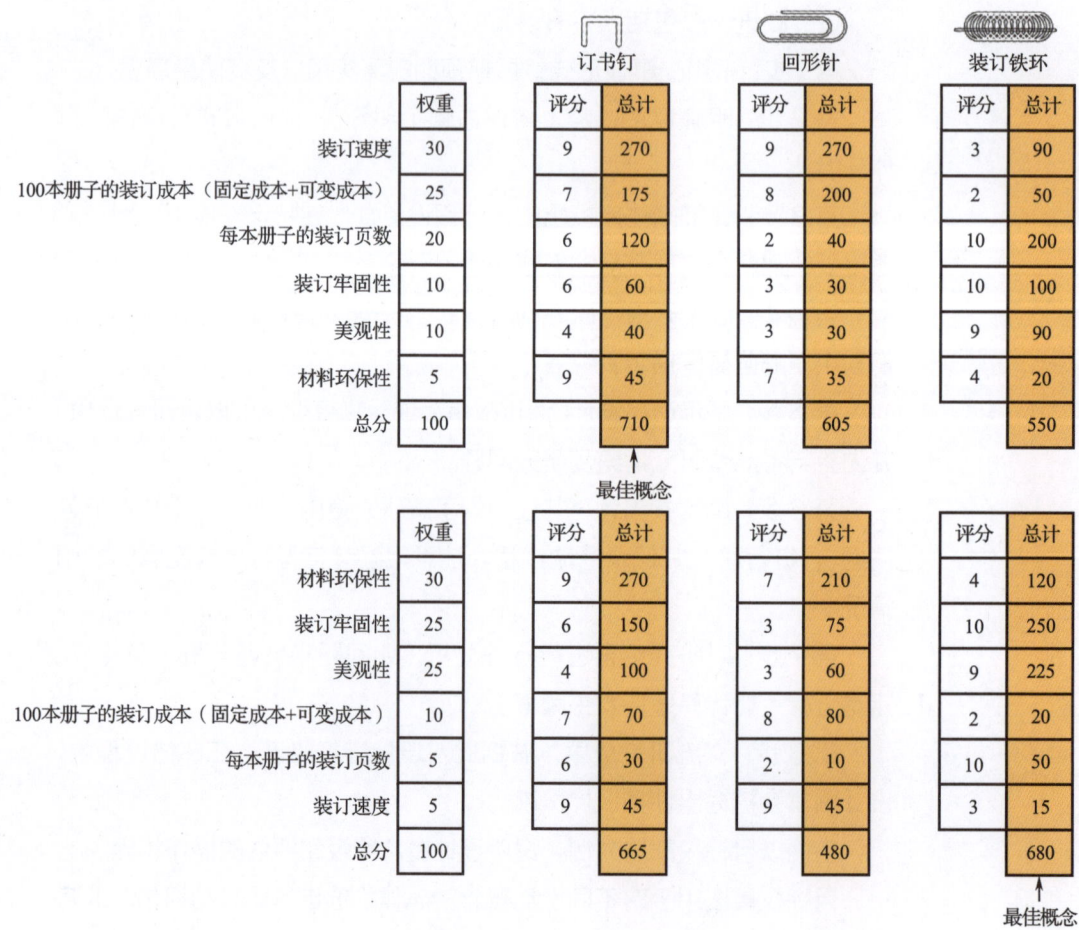

图 5-34　用目标权重法打分

运用目标权重法进行操作一般包括以下 7 步。

第 1 步：确定设计决策所依据的标准。

第 2 步：挑选出 3~5 个待评估的设计概念。

第 3 步：评估并比较各设计标准的重要性，并相应地分配权重系数。

第 4 步：创建一个矩阵图，其中纵轴表示不同的设计标准，横轴表示不同的设计概念。

第 5 步：根据各设计概念满足设计要求的程度进行打分，分数范围为 1~10 分。

第 6 步：计算每个设计概念的加权总分（权重系数 × 设计要求评分）。

第 7 步：建议选择得分最高的设计概念。

■ 5.4 可用性与设计质量评估

1. 基于用户体验的产品设计质量评估

美国工业设计工程师德雷福斯（Dreyfuss）以设计和改进一些具标志性的消费产品的可用性而闻名，作品包括 Hoover 真空吸尘器、桌面电话和皇家打字机公司的那些豪华型号的打字机。

Hoover Model 150 立式真空吸尘器不仅考虑了用户画像，如用户群体、用户特征（身高等）、使用习惯等，还考虑了用户的使用场景，用户使用吸尘器时的痛点（太重），这些对于吸尘器产品的研究经验在今天仍是吸尘器产品设计的重要参考（见图 5-35）。例如，使用镁金属做底盘，使用胶木塑料做顶罩，很好地解决了吸尘器太重的痛点，这样的设计改造立即受到市场的欢迎。

1955 年，德雷福斯编写的著名的《为人的设计》一书，可以认为是用户体验设计的早期著作。在书中，他写道："当产品和用户之间的连接点变成了摩擦点，那么工业设计师的设计就是失败的。相反，如果产品能让人们感觉更安全，更舒适，更乐于购买，更加高效，甚至只是让人们单纯地更加快乐，那么此处的设计师是成功的。"

评估一个已成型产品的设计质量是一项主观性很强的工作。乌利齐（Ulrich）等在《产品设计与开发》一书中提出，通过考察受到工业设计影响的产品的 5 个方面可以定性分析产品设计是否实现了预期的目标。设计团队可以针对这 5 个方面的评价分别提出一些问题，以便分析。

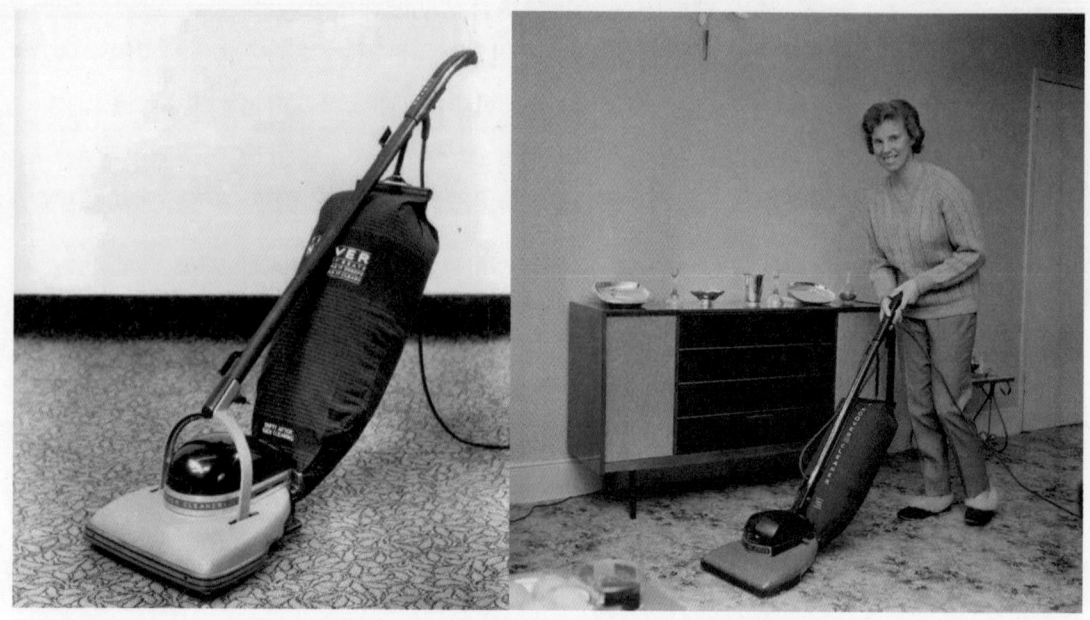

图 5-35　Hoover Model 150 立式真空吸尘器

（1）用户界面的质量。

其主要评价产品使用的便利程度。用户界面的质量与产品的外观、给人的感受及产品的人机交互作用有关。

①产品的特征是否有效地向用户传达了相应的操作方式？

②产品使用起来是否方便？

③产品所有的性能都安全吗？

④产品所有的潜在用户及用途都考虑到了吗？

⑤针对某些特定产品的具体问题举例如下：把手舒适吗？控制旋钮是否顺滑流畅？电源开关操作是否方便？显示屏的内容是否便于读取和理解？

（2）产品的感染力。

其主要评价产品对用户的感染力。有些感染力可以通过产品的外观、给人的感受、声音及气味来实现。

①产品能吸引人吗？它会使人感到兴奋吗？

②产品能显示它自身的质量吗？

③产品看上去给人一种怎样的印象？

④产品能给拥有者带来自豪感吗？

⑤产品能否引起开发人员和销售人员的自豪感？

⑥针对某些特定产品的具体问题举例如下：关闭车门的时候声音怎样？感觉手工工具是否坚固可靠？将电器放在厨房的柜台上好看吗？

（3）产品的维护和维修。

其主要评价产品维护和维修的方便程度。产品的维护和维修应与其他用户交互一起考虑。

①产品的维护方法显而易见吗？操作起来容易吗？

②产品的特征能否有效地向用户反映出拆卸和装配程序？

③针对某些特定产品的具体问题举例如下：打印机卡纸的清除方法易懂吗？清除起来容易吗？拆卸和清洗食品加工机的难度有多大？更换遥控器电池需要的时间长吗？

（4）资源的合理利用。

其主要评价在满足用户需求时使用资源的合理性。资源一般是指用在产品设计及其他功能上的投资，很可能是决定制造成本的关键。一个设计不好的产品、具有不必要特征的产品、由特殊材料制成的产品都会影响到工装、制造流程、装配流程等。这里要提出的问题是这类投资是否合理，如：

①为了满足用户的需求，所耗费的资源合理吗？

②材料的选择是否恰当（依据成本和质量）？

③产品的设计是过度还是不足（产品是否有不必要的特性或疏漏之处）？

④是否考虑了环境/生态的因素？

（5）产品的差异性。

其主要评价产品的独特性及其与企业形象的一致性。产品的差异性主要来自产品的外观，如：

①用户能够根据产品的外观将其与其他产品区分开来吗？

②用户在看到产品的广告之后能记住它吗？

③在街头看到该产品时，用户能辨认出它吗？

④产品是否符合或强化了企业的形象？

这5个方面与德雷福斯提出的产品设计的5个重要目标基本对应。德雷福斯提出的产品设计的5个重要目标如下。

① 安全性（safety）：产品设计应确保用户在使用过程中的安全，

避免造成伤害或带来危险。

② 实用性（utility）：产品需要有实际的用途和功能，能满足用户的需要和解决特定的问题。

③ 易用性（ease of use）：产品应易于理解和操作，即使是首次接触的用户也能快速学会如何使用。

④ 舒适性（comfort）：在设计产品时，应考虑到用户的舒适度，包括物理舒适度和心理舒适度。

⑤ 美观性（aesthetics）：产品不仅要功能强大，还要具有吸引人的外观和设计，以提升用户的使用体验和满意度。

德雷福斯认为，这5个目标是产品设计成功的关键，它们应在设计过程中被综合考虑和平衡。通过实现这些目标，产品设计不仅能满足用户的基本需求，还能提升用户的生活品质和美学价值。

例如，从产品设计的角度来看，摩托罗拉 RAZR（2004）型手机在当时是一个相对完美的产品，外观设计新颖（见图 5-36）、耐用、便于识别、装配方便并且有较强的感染力。由于这些特征对用户来讲都是非常重要的因素，所以产品一经问世就获得了成功，其中产品设计起到了极其关键的作用（见表 5-4）。RAZR（2004）型手机的成功，不仅为摩托罗拉带来了巨大的商业利益，更在用户心中树立了摩托罗拉品牌的创新形象。

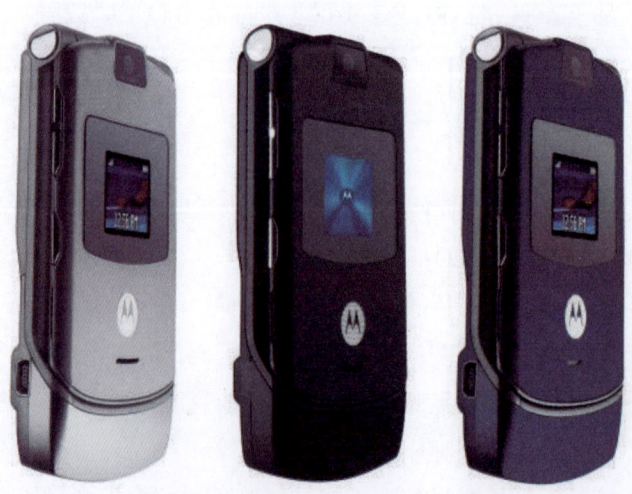

图 5-36　摩托罗拉 RAZR（2004）型手机

表 5-4 对摩托罗拉 RAZR（2004）型手机的产品设计评价

评价角度	重要程度 低等 → 中等 → 高等	相关解释
用户界面的质量	———○———	使用起来既方便又舒适。接听电话时只需打开翻盖，拨号和文本可以通过键盘输入，操作简单且功能键使用便利。其缺点主要是键盘对手指粗或指甲长的用户来说不方便
产品的感染力	————○——	造型美观，有较强的感染力。这种感染力源于它超薄的外形、便于携带及精细的表面材料
产品的维护和维修	———○———	在维护和维修方面做得很到位，如电池充电快，且方便拆除和更换
资源的合理利用	———○———	最终的设计只包含了一些能满足用户需求的特征，选择耐用且便于制造的材料，可以适应极端环境，可以满足环保要求
产品的差异性	—————○—	外形独特，在公共场合或其他竞品面前容易识别

然而，随着智能手机的兴起和市场竞争的加剧，摩托罗拉在手机市场上的地位逐渐下滑。为了重振旗鼓，摩托罗拉在 2019 年推出了 RAZR 折叠屏翻盖手机（见图 5-37）。这款手机采用了上下翻折的折叠屏设计，打开后形成一块 6.2 英寸 21∶9 的 OLED 屏幕，与主流直板手机的体验相似。新 RAZR 不仅延续了摩托罗拉品牌的创新传统，更在折叠屏手机领域进行了有益的尝试和探索。

图 5-37 摩托罗拉 RAZR 折叠屏翻盖手机

2. 等比例模型验证

由于实物模型能提供多个角度的视觉效果和真实的触觉体验，所以并不能完全由计算机中的参数化模型所替代，这对与人体接触面积较大的产品尤为明显。在一次开发过程中，齐思团队召开了为期一天的研讨会，来讨论技术、限制、需求和用户体验。为了更好地设计用户体验流程，齐思团队创建了一个 3 米左右高的全尺寸模型（见图 5-38），可以通过重新配置它来测试不同用户的使用方式。

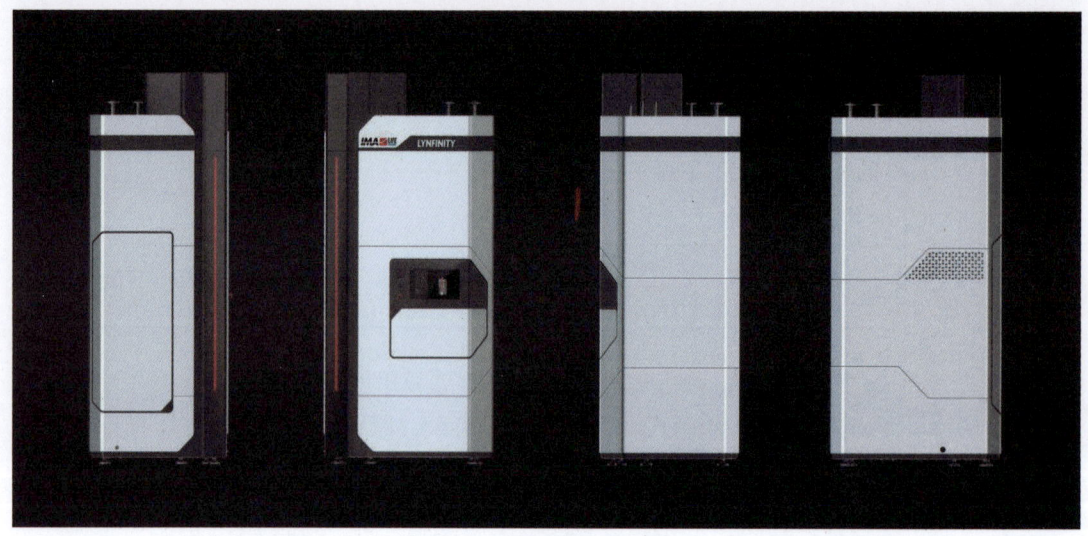

图 5-38　测试用全尺寸模型

例如，汽车设计的造型发展和验证过程存在许多计算机无法完全替代的环节，油泥模型便是一个关键部分。无论是通过计算机辅助制造（CAM）-计算机数控（CNC）设备加工模型，还是由专业模型师傅制作模型，在整体或细部的造型上都要进行反复推敲与调整，特别要通过人最直接的触觉与视觉来感受，从不同的角度及距离去追求线、面的最佳走势与比例关系，以达到整体平衡流畅的最佳造型。在汽车设计领域，经验丰富的油泥模型师傅能够在持续变化的三维空间中，准确地构建出设计师所期望的关键线条和形状，呈现设计师所要求的造型。

面向产品制造的成熟设计公司一般会利用计算机辅助设计（CAD）技术完成从创意发展到最终实现过程中造型的视觉化，同时搭配等比例模型验证的交叉应用方式（见图 5-39）。这对注重造型设计的交通工具设计师来说，是一个至关重要的环节。设计师通过 CAD 技术建立的曲面造型、渲染效果及数字化加工模型，结合专业设计师的直觉和感知进行适时的正向调整；同时，应用激光测量技术精准获得模型数据，以逆向工程方法构建 A 级参数化曲面，并最终转入 CAD/CAM 的工程阶段。这种方式会显著提升造型的整体品质。

图 5-39　等比例模型验证的交叉应用

3. 等比例模型验证教学案例——四驱车设计

流程如下。

（1）结构分析：四驱车整体分为底盘和上壳两部分（见图5-40）。底盘和上壳的配合和连接固定方式比较简单，便于理解产品的组成关系。由于课程目标主要聚焦于外观设计方面，故选用普通玩具四驱车的底盘。这类底盘为通用底盘。

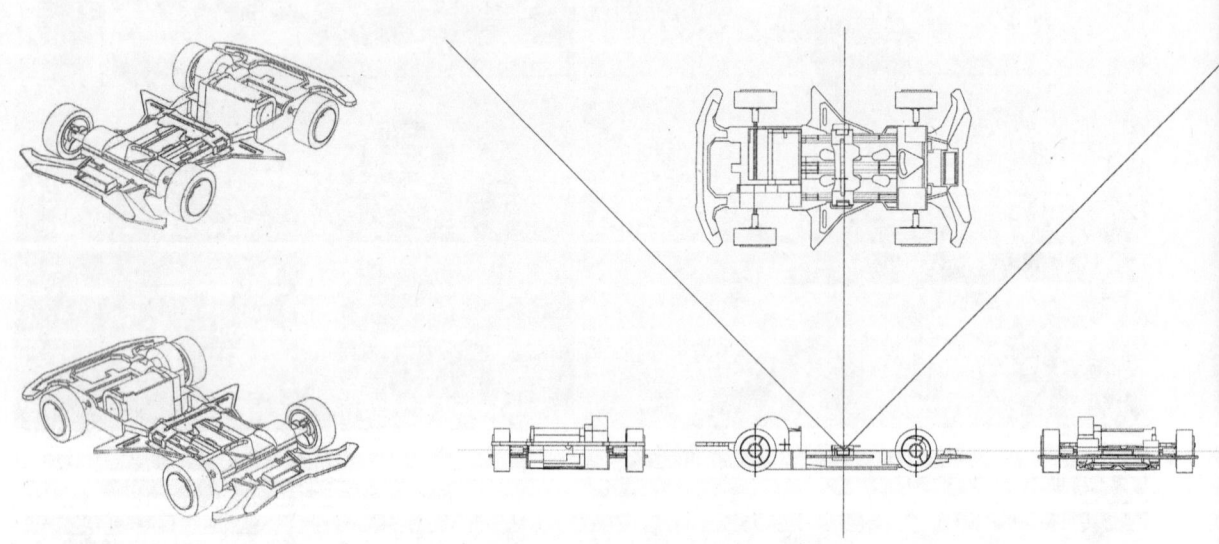

图 5-40　购买玩具赛车，完成底盘数据

（2）概念设计：以关键词的形式进行发散，辅以情绪板完成前期形体概念的捕捉。例如，设计关键词为"力量"或"速度"，可以词汇为中心发散形成意象词汇图，再根据意象词汇中具有设计辅助作用的词汇制作情绪板（见图5-41、图5-42）。

第 5 章 产品系统设计创新工具

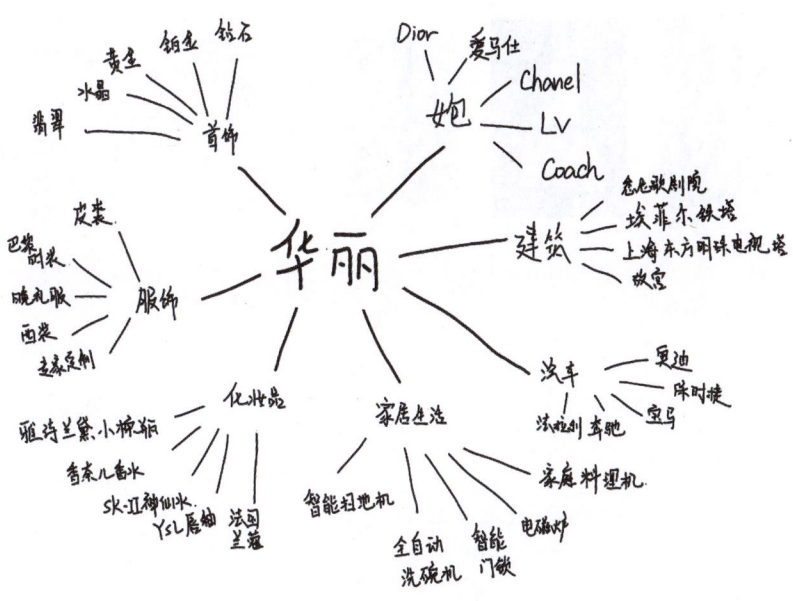

图 5-41 罗列意象词汇

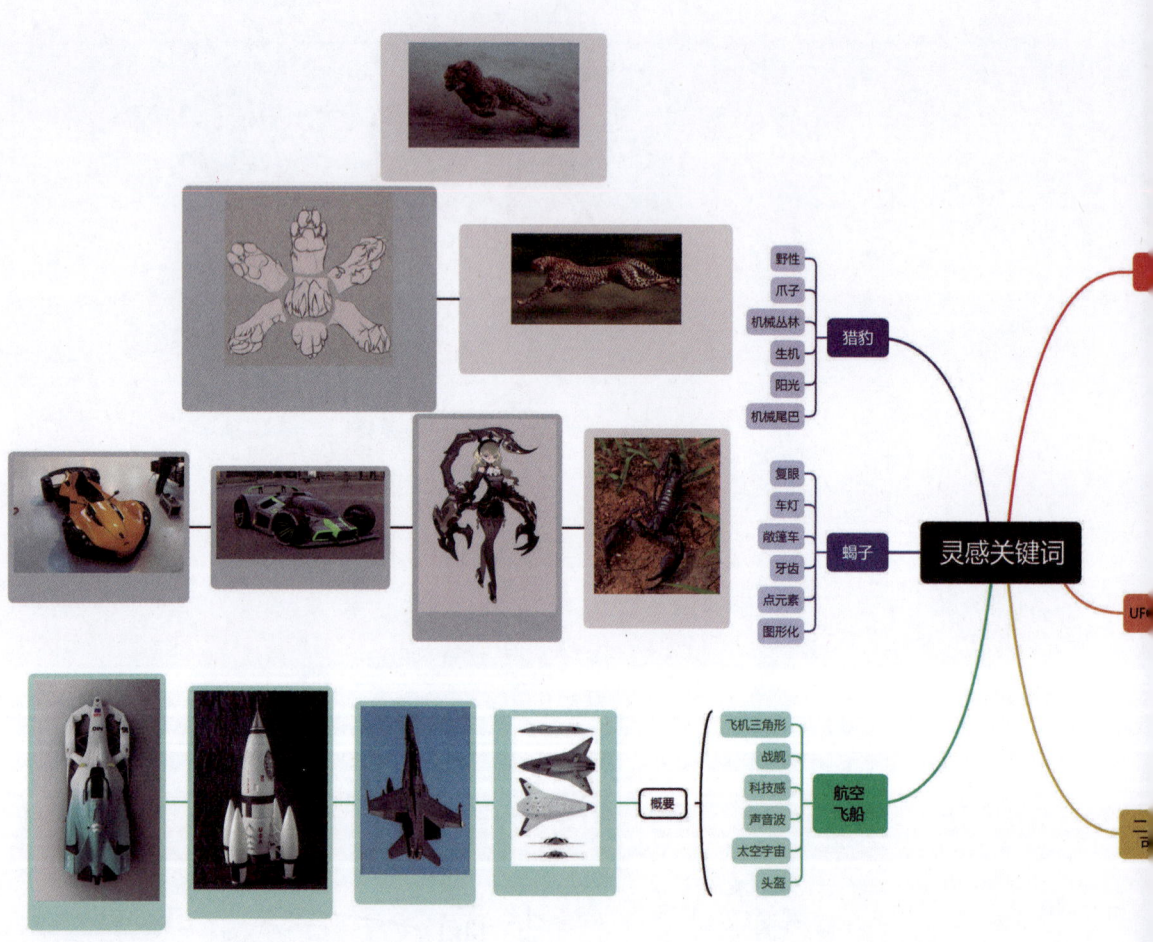

图 5-42 完成对玩具赛车的主题设定

第 5 章 产品系统设计创新工具

213

（3）设计实施：根据意象词汇和情绪板进行概念草图设计、设计深化等工作（见图5-43）。

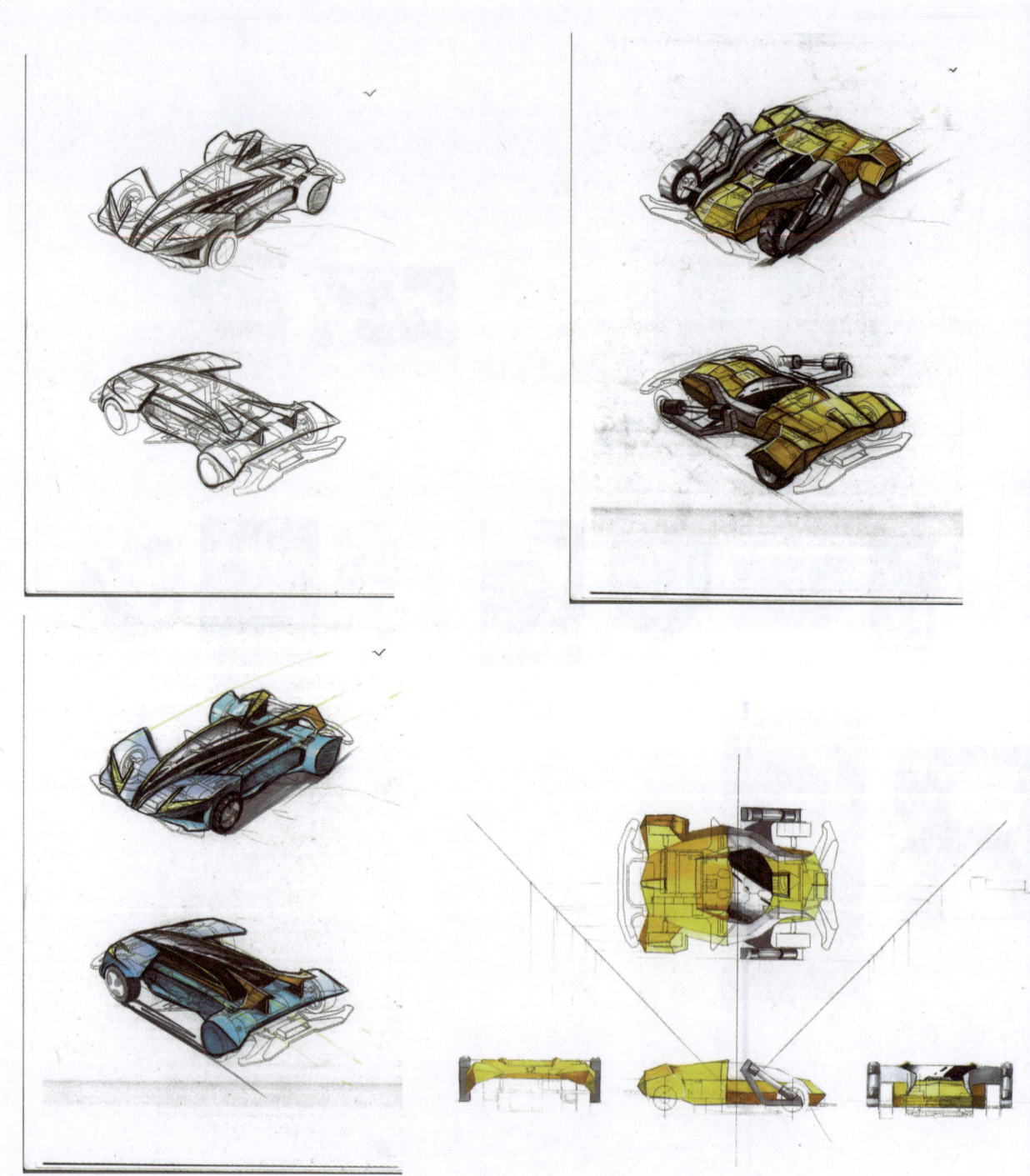

图5-43　概念草图设计及设计深化

（4）模型制作与验证：在这一阶段，根据设计草图进行油泥模型制作（见图 5-44）。这一过程是对原有概念设计的补充和修正，设计师会发现原有形体设计在产品比例、结构安排、细节等方面存在的瑕疵，并予以修正。

图 5-44　油泥模型制作

（5）3D 扫描及 3D 打印：对油泥模型进行 3D 扫描，在 CAD 软件中进行模型细化，验证结构的合理性，然后对产品上壳进行 3D 打印（见图 5-45）。

图 5-45 产品 3D 打印

（6）组装和测试：组装产品部件，验证前端的设计思路和结构的合理性（见图 5-46）。

图 5-46 四驱车设计

图片来源：上海电机学院工业设计专业 2020 级王一楠

4. A/B 对比测试

A/B 对比测试一般在老产品、新产品概念设计和竞品之间展开。下面以概念设计对比测试为例，说明对比测试过程。

在做产品创新时，哪些想法值得投入时间和预算，哪些想法要优先实现，都是困扰设计团队的问题。对概念设计进行对比测试可以让设计团队在做出重要决定前，先评估用户对产品概念的接受度，了解哪个概念更符合用户的期望（见图 5-47）。

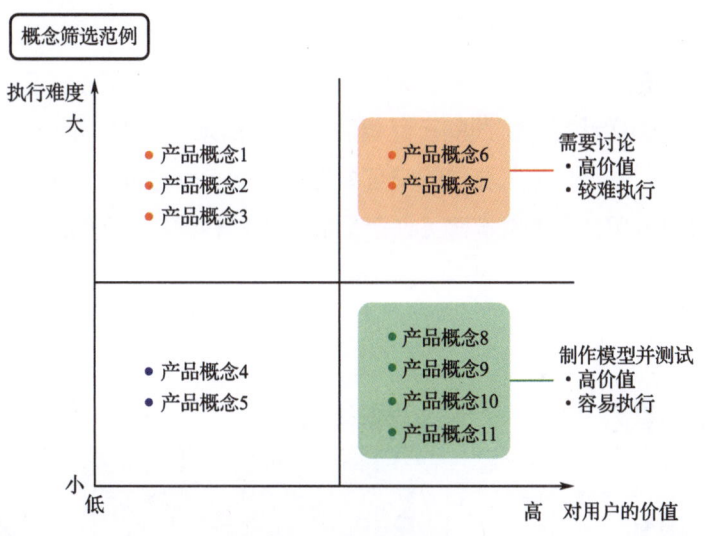

图 5-47　概念筛选维度

在产品创新项目中，可以采用概念测试去验证新的想法，推动产品概念落地。概念测试流程分为以下 3 个阶段。

第 1 阶段：产品概念确定和假设提出。

第 1 步：设计团队和客户一起梳理新的产品概念，主要考虑用户和企业两个主要因素。用户方面，主要考虑概念对用户的价值。企业方面，主要评估概念对企业的价值，是否符合当前的目标，执行的难易程度，以及是否符合品牌的定位和愿景等。综合这些因素，选出需要验证的概念。

第 2 步：提出假设，即概念中的哪些功能/环节/产品特征是满足用户需求的，能够提升用户体验，以及让他们喜欢上被测试的产品概念。这些具体的假设能让团队全面地了解用户更看重哪些因素，并发现背后的原因。此外，这些假设也能给设计团队和客户更多的启发，助力他们去探索其他的产品机会点。例如，在微信小程序的项目中，可以假设：①大部分用户会主动扫码打开小程序；②首页的品牌故事能唤起用户的共鸣，提高他们对品牌的关注度。

第 2 阶段：概念原型制作。

有了产品概念和假设之后，可以根据它们设计测试流程和制作原型。测试流程包含 3 个部分：了解用户日常使用体验和情景，评估概念和发现潜在缺失，挖掘机会点。进行测试的目的是帮助产品团队深化理解和完善概念。

和用户测试一样，概念测试也需要使用原型，但不一定需要一个完成度很好的原型，低保真原型就可以。概念原型可以是概念的文字描述、画在纸上的设计图、纸质的产品模型、模拟视频 / 动画，也可以是使用 Figma、InVision 等工具做的交互模型。如图 5-48 所示，设计团队会根据具体情况选择能够准确传递产品概念并能快速制作的原型形式。

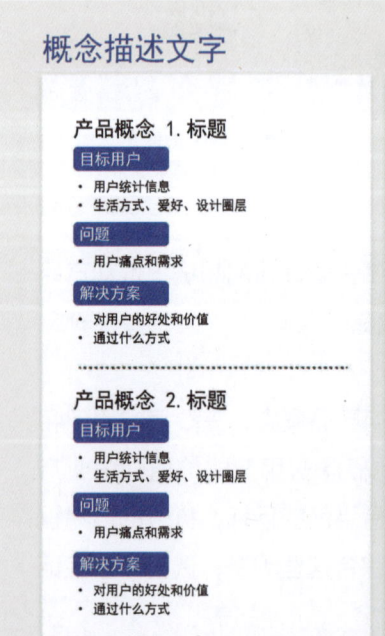  

图 5-48　测试概念模型制作

第 3 阶段：执行测试和分析。

设计团队采用一对一访谈或焦点小组的方式去了解受访者对产品概念的看法，包括：是否理解，吸引力如何，能否产生共鸣，是否满足用户需求，以及从用户角度出发哪些是必须有的和有了更好的。

可以同时用定性和定量的方法去分析。定性方面，让受访者谈论他们对概念的理解、喜欢的地方、不喜欢/犹豫的地方。为了让分析更科学，结果更容易理解，有时也采用定量的方法，如让受访者给概念打分等（见图 5-49）。

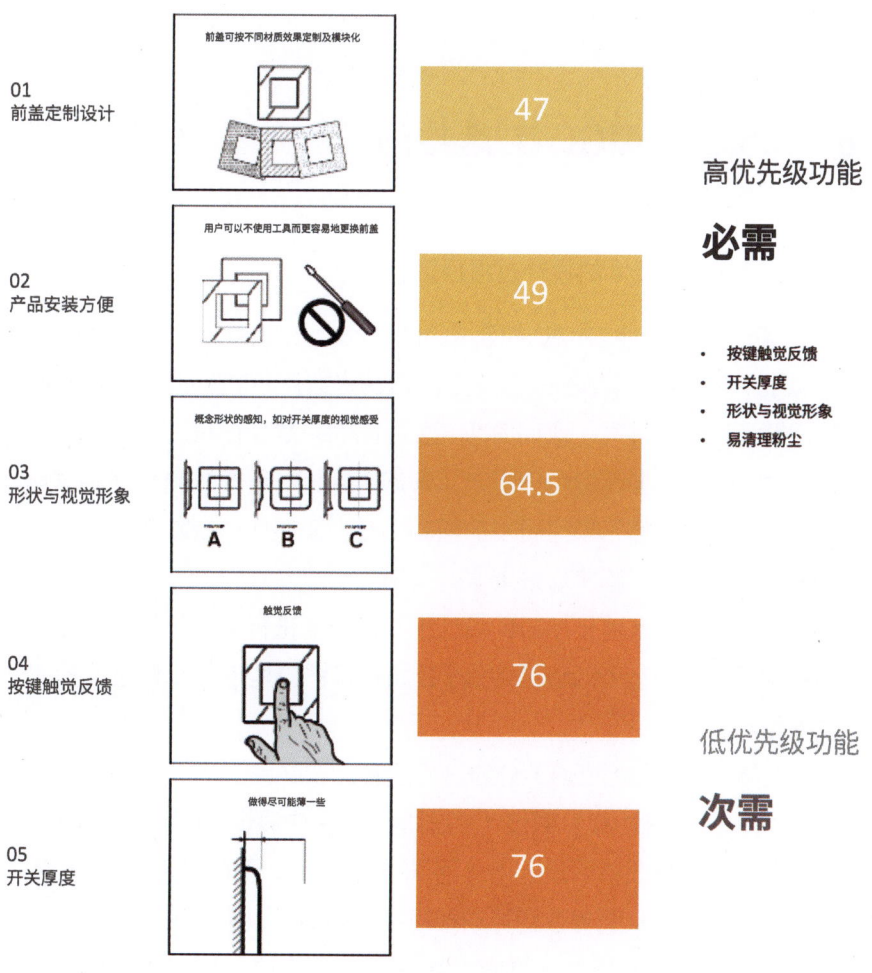

图 5-49　开关设计方案得分

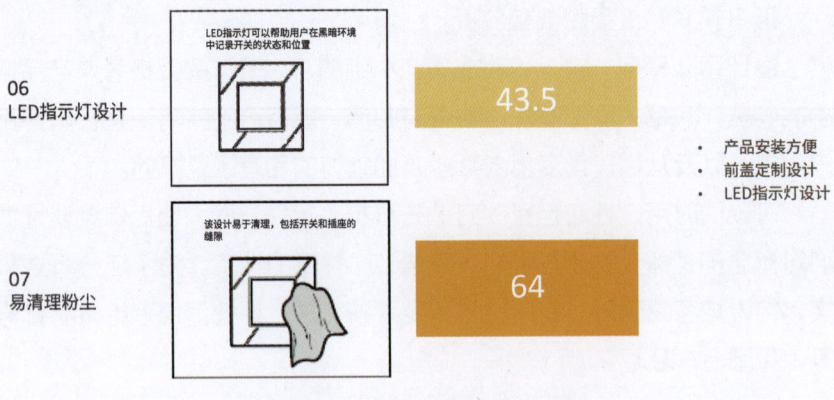

图 5-49　开关设计方案得分（续）

5.5　与 AIGC 工具共创

1. 引入 AIGC 技术的设计过程模型

随着人工智能生成内容（Artificial Intelligence Generated Content，AIGC）技术的兴起，之前需花费数月时间探讨的复杂且模糊的问题及其解决方案，现在借助人工智能的力量，在较短时间内便可并行处理，并高效地整合用户需求，筛选出实际可行的概念方案。这有助于设计师直接聚焦于项目研发的核心部分，使得他们能够将精力集中于深入探索有价值的解决方案上。

为了利用人工智能技术帮助设计团队高效地进行结构化的知识检索和创新管理，Board of Innovation 公司对双钻模型进行了修正，提出虹鱼模型。

虹鱼模型（见图 5-50）分为 3 个阶段。

第 1 阶段，训练阶段。通过"机器训练＋生成假设"明确设计目标，并搜集相关信息。在该阶段，设计团队通过不断设定和调整项目目标来迭代执行此过程，从而有效地推动项目不断启动和重置。

第 2 阶段，开发阶段。通过"大规模概念生成"探讨大规模的问题和相应的解决方案。在此阶段，设计团队结合人类的创意、人工智能工具主导的创意及人工智能工具辅助的创意等，全面识别和深入探索各种解决方案的"类群"，并理解和评估解决方案的"集群"。

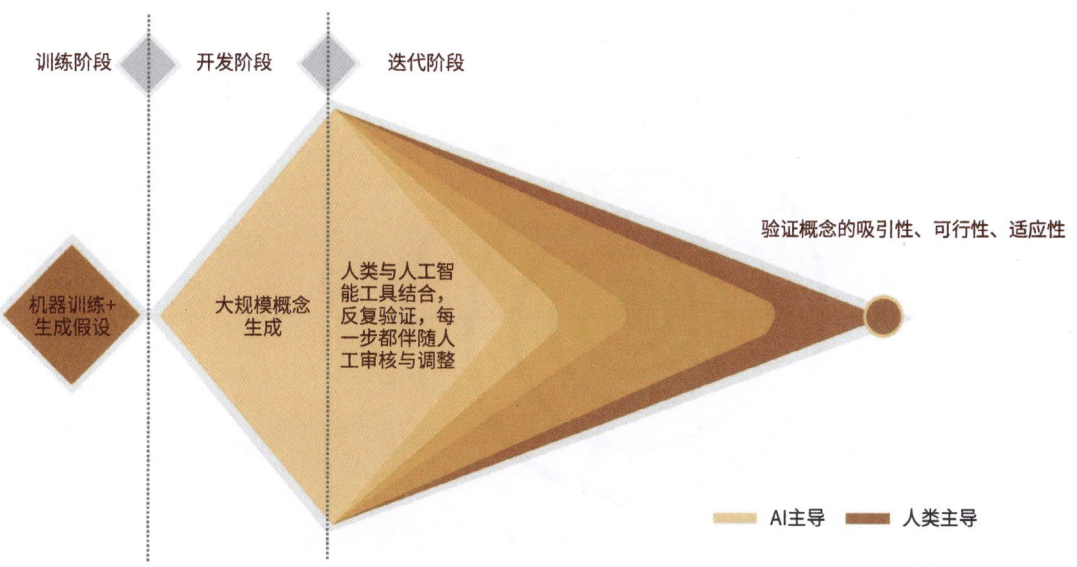

图 5-50　虹鱼模型

第 3 阶段，迭代阶段。设计团队与人工智能工具协同工作，通过迭代不断地验证解决方案。在该阶段，设计团队需要完成方案筛选、原型测试和反馈分析等多个任务。利用人工智能技术如虚拟仿真、数字孪生及跨学科模型等手段，可以模拟产品的制造、组装和使用等多模态场景。这有助于设计团队在产品生命周期的不同阶段捕捉关键知识，应用于设计验证和用户测试，确保新产品能够满足用户需求，符合可持续发展标准，并保障经济可行性。

在人工智能、物联网、大数据等信息技术的影响下，设计问题变得越来越复杂和不确定，设计过程也从线性和分阶段的模型转变为基于活动的动态产品开发范式。面对产品生命周期管理中不断出现的各种问题，设计团队需要快速处理大量数据，并进行反复的迭代及适应性调整。为了响应这种需求，Evans 提出了螺旋设计模型，将设计阶段与设计活动有效地结合起来（见图 5-51），并特别强调了设计过程的迭代性。他认为，设计面临的根本挑战是如何动态地平衡多个相互制约的变量，这是无法通过线性过程实现的。可通过"设计—验证—优化"循环对这些变量进行精细化处理，以实现解决方案与设计问题之间的动态平衡。

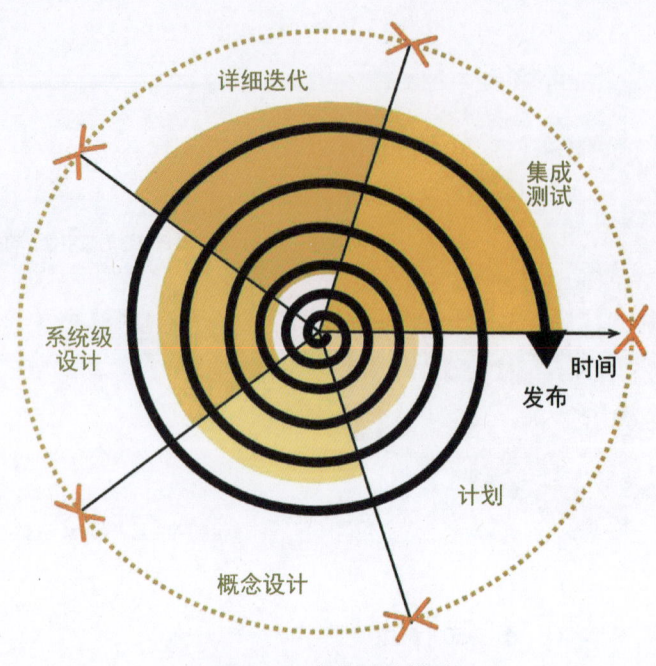

图 5-51　螺旋设计模型

清华大学美术学院副院长赵超通过适老化设计研究，构建了以用户需求为中心的双螺旋设计流程模型，对 Evans 的单一螺旋设计模型进行了优化和修正（见图 5-52），从用户需求和设计问题维度出发，借助技术与文化的耦合驱动，将有层次的阶段流程结构循环分解到产品生命周期管理的不同环节，形成非线性的设计活动序列。其中，分阶段研发结构形成设计过程的"方案探究维度"，不断循环和迭代的设计活动形成开发过程的"问题导向维度"。在人工智能技术背景下，双螺旋设计流程注重概念的生成设计，强调创意的类比设计，支持团队的协同设计，拓展创新的设计认知，展现出非结构化的智能迭代创新特征，并利于发挥大语言模型的灵活适应、迅速感知、自主学习等优势，助力人类与人工智能工具之间的复杂互动和创新管理。

2. 引入 AIGC 技术的设计案例

在设计学领域，AIGC 技术已成为创新设计的重要驱动力。设计师和研究者利用 AIGC 技术实现快速原型制作、个性化设计解决方案和新材料的开发。

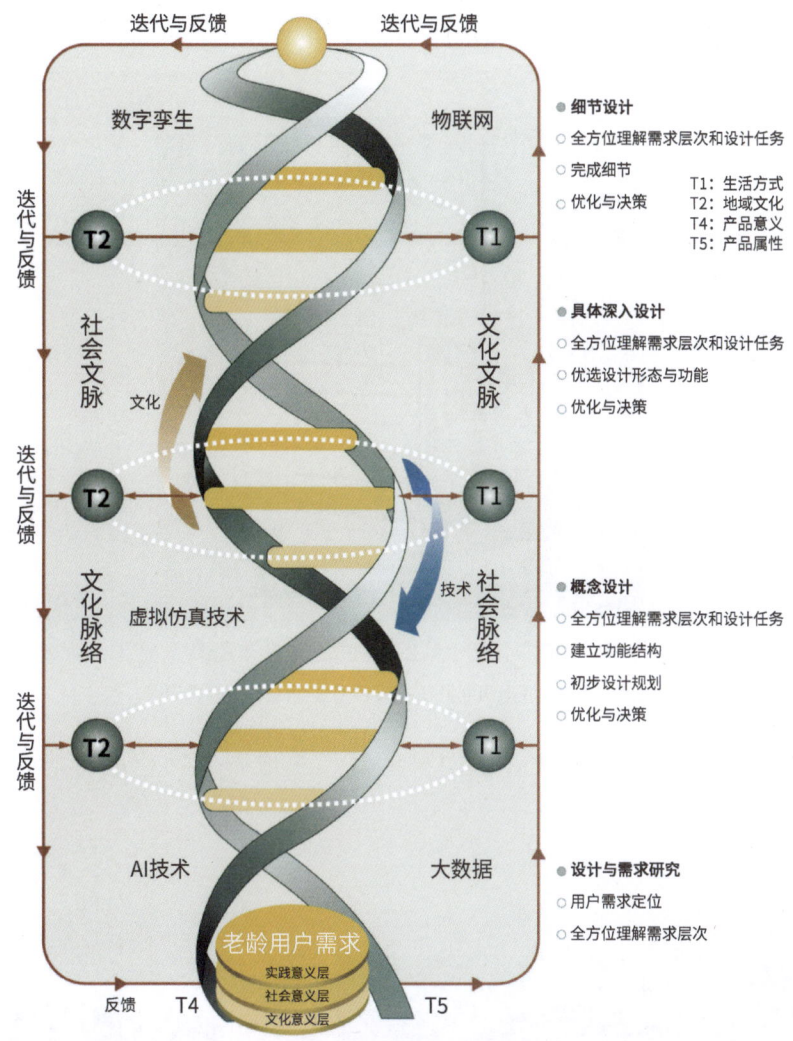

图 5-52 双螺旋设计流程模型

在设计中，通过使用 AIGC 工具（如 ChatGPT、Midjourney、Artbreeder 等），设计师的设计思维转换能力、批判性思维能力、多元创作工具探索能力、个性化视觉创作能力等将得到显著提升。这不仅有助于加速设计过程，提高创作效率，还可拓宽设计创意的边界。将手绘和计算机辅助设计工具与 AIGC 工具结合使用，完成从标志设计到产品包装和广告文案撰写等的一系列品牌广告设计任务，展示了人工智能与人类创意协作下的巨大潜力。

例如，在项目设计中，可以尝试使用人工智能图像生成模型 DALL·E，根据文本提示生成创意图像，然后将这些图像作为设计思考的起点，或者作为最终设计项目的一部分。如图 5-53 所示，以"生成一张医疗台车的图片"为提示词，使用 DALL·E 生成医疗台车图像。

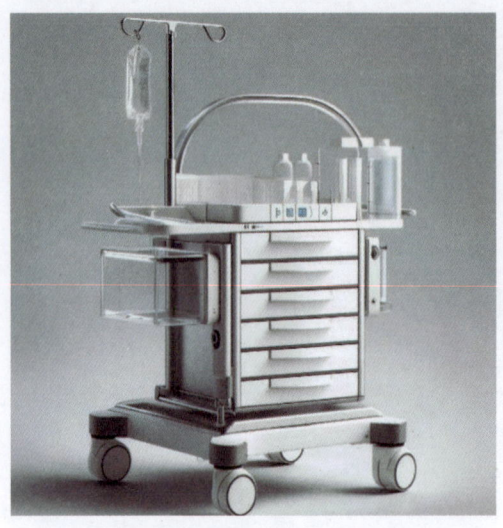

图 5-53　使用 DALL·E 生成医疗台车图像

图片来源：上海电机学院工业设计专业 2023 级屈思源等

又如，使用 DALL·E 为某锅具厂生成不同风格的标志（见图 5-54）。

（a）现代＋时尚

图 5-54　使用 DALL·E 为某锅具厂生成不同风格的标志

图片来源：上海电机学院工业设计专业 2023 级屈思源等

（b）简约

图 5-54　使用 DALL·E 为某锅具厂生成不同风格的标志（续）

再如，使用 DALL·E 生成锅具图（见图 5-55）。

图 5-55　使用 DALL·E 生成锅具图

图片来源：上海电机学院工业设计专业 2023 级屈思源等

国内外的 AIGC 主流工具有多种类型，它们在文本、图像、音乐等不同领域有着广泛的应用。每个工具都有其独特的功能和特点，能够满足不同用户对内容生成的需求；每个工具都有其特定的使用场景和优点，在使用时，需要根据实际的需求和应用领域选择最适合的工具。如表 5-5 所示为国内外 AIGC 主流工具。

表 5-5　国内外 AIGC 主流工具

产品名称	特点	所属公司	上线时间
ChatGPT	人机直面对话，自定义语言模型	OpenAI	2022 年 11 月
NovelAI	二次元风格	NovelAI	2022 年 10 月
Stable Diffusion	算法开源，风格多样	Stability AI	2022 年 8 月
Midjourney	基于社区运行，操作界面简单	Midjourney	2022 年 6 月
DALL·E2	风格写实，支持局部操作	OpenAI	2022 年 4 月
Parti	图形细节逼真	Google	2022 年 6 月
Disco Diffusion	算法开源	Google	2021 年 10 月

然而，AIGC 工具在创作过程中也其局限性。由于其内容基于已有的数据和算法生成，因此可能会导致创作出的内容缺乏原创性和个性。此外，设计的精细度和针对性往往还需要人类设计师的介入和调整。因此，设计师需要具备批判性思维，对 AIGC 工具生成的内容进行筛选和优化，以确保设计成果能够有效传达品牌信息，符合目标受众的审美和需求。

未来，AIGC 工具在设计领域的应用可能会呈现更多的趋势。一是更高的个性化和适应性。AIGC 工具能够根据用户反馈进行自我调整，实现更加个性化的设计解决方案。二是跨学科整合。AIGC 技术与其他学科（如心理学、认知科学）的整合，可能会催生出新的设计方法和理念。三是强化学习与协作。AIGC 工具将进一步发展，不仅能生成设计方案，还能学习并优化设计过程，与人类设计师更紧密地协作。

利用 AIGC 工具，可基于草图快速生成不同细节的场景效果图，如实现如图 5-56 所示的水体富营养化产品设计。

利用 AIGC 工具可实现交互式产品设计（见图 5-57、图 5-58）。

图 5-56 利用 AIGC 工具实现水体富营养化产品设计

图片来源：上海电机学院工业设计专业 2020 级王一楠等，设计指导：卢国英、李薇

产品系统设计：场景、体验与创新

2024
International Design Week

图 5-57　利用 AIGC 工具实现大学校园垃圾回收装置设计

图片来源：上海电机学院产业设计专业 2021 级吕子懿等，设计指导：Ola Handford、张帅

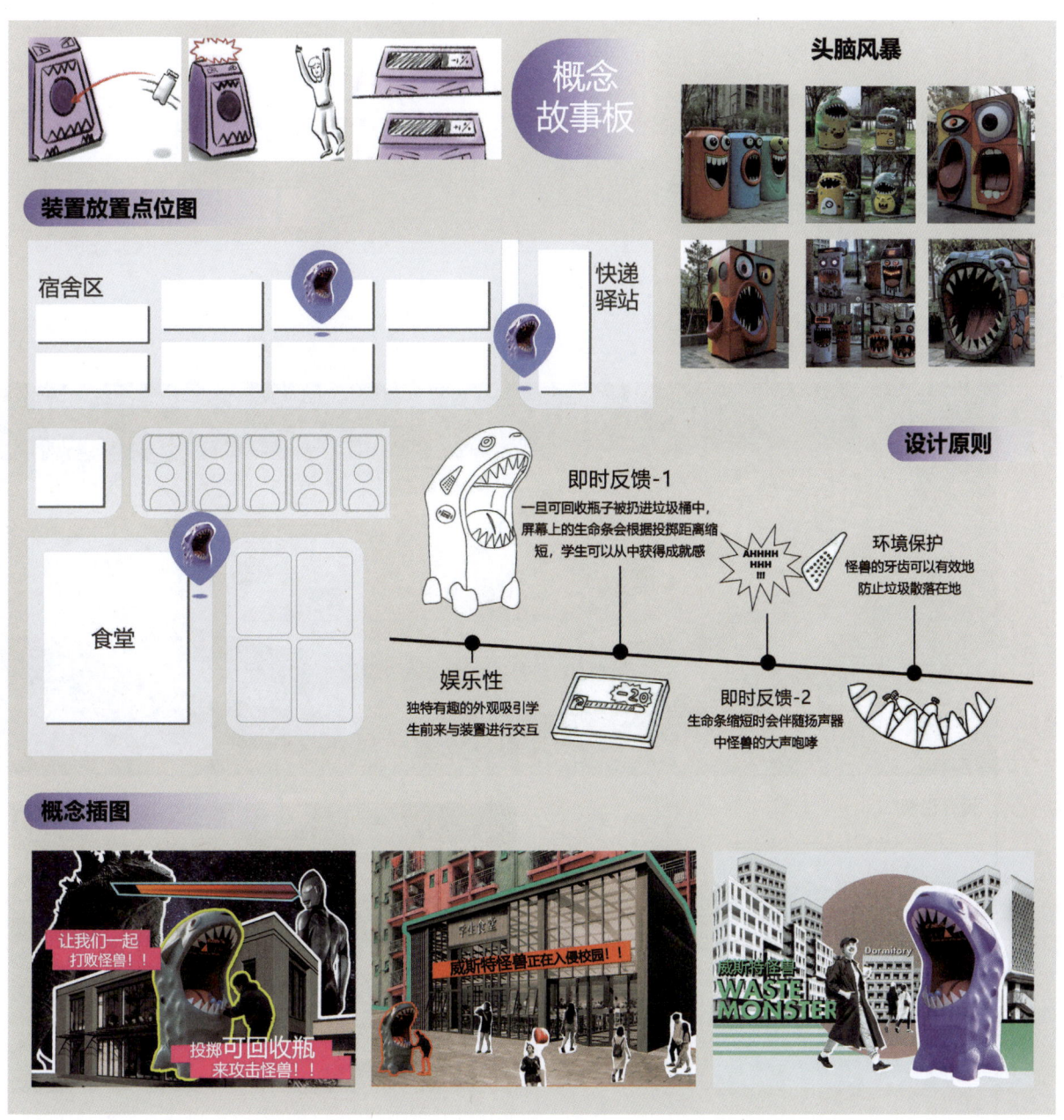

产品系统设计：场景、体验与创新

2024
International Design Week

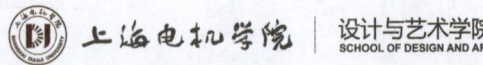

棋盘广场

设计说明

本项目旨在设计一个休闲娱乐的校园装置，利用传统的中国元素——围棋来设计装置的外部，提高校园户外空间的利用率，让学生在户外空间的休息和玩乐中缓解学习压力，放松身心。

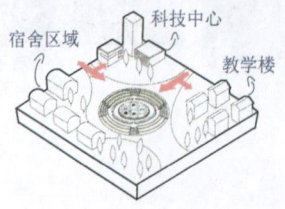

图 5-58　利用 AIGC 工具实现休闲娱乐校园装置设计

图片来源：上海电机学院产业设计专业 2021 级张毓枫等，设计指导：Ola Handford、张帅

第 5 章　产品系统设计创新工具

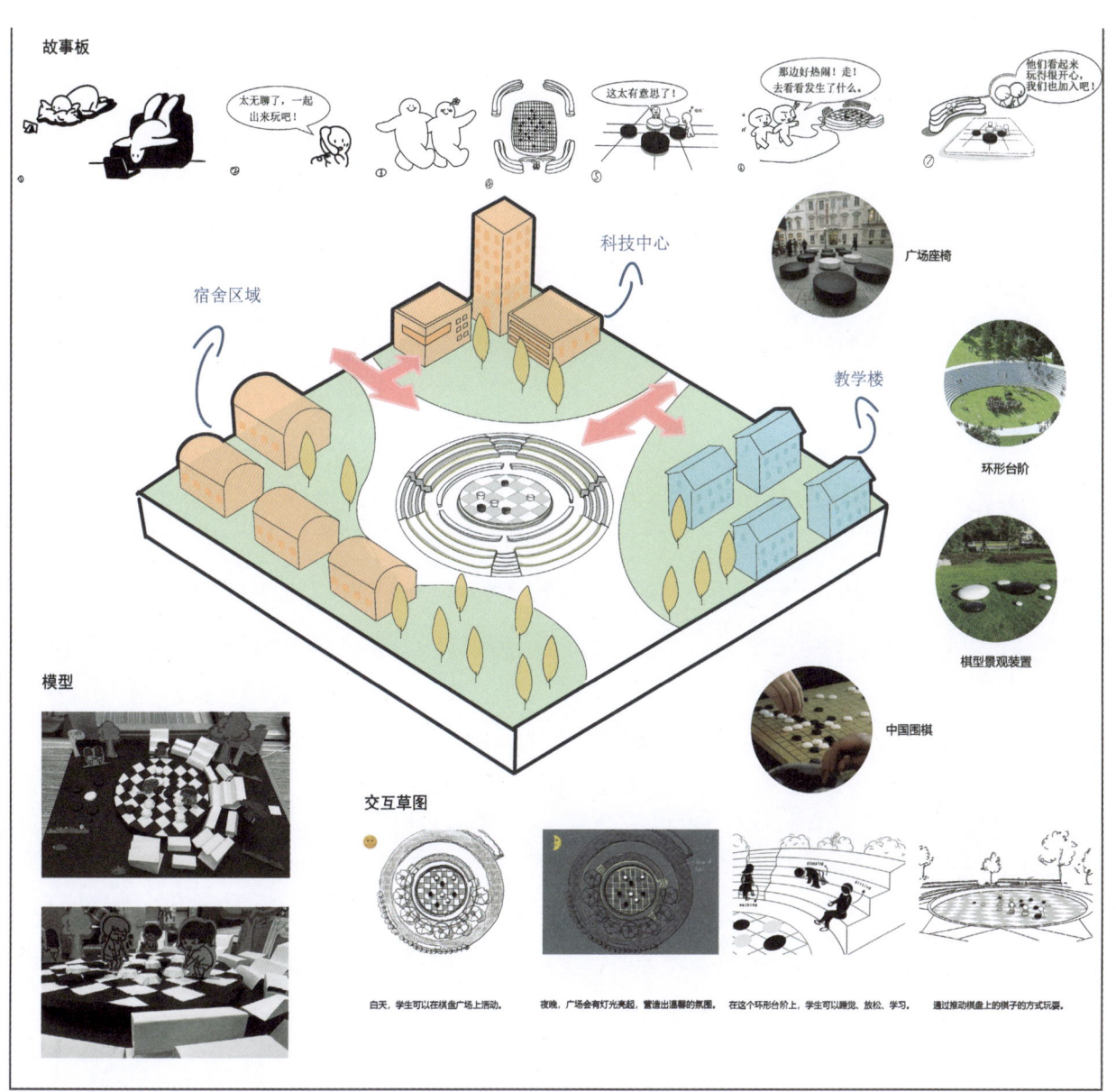

231

■ **思考题**

1. 举例说明如何将等比例模型验证运用于产品设计。
2. 选用2～3种设计研究方法对消费类产品进行调研。

第 6 章

产品系统设计项目实践

1. 教学内容

（1）从设计洞察到创意落地。

（2）从设计洞察到产品设计。

（3）包容性产品设计。

（4）愿景化产品设计。

思政融合点：

（1）在提出方案→评议→迭代的设计优化过程中，践行工匠精神，培养严谨务实的职业素养，强化设计师的职业操守与社会责任意识。

（2）通过分组协作完成项目实践，锻炼团队合作能力，提升沟通协作与项目管理能力，培养跨学科合作意识。

产教融合点：

① 在产品系统设计流程中，基于团队协作，对设计项目进行管理把控。

② 在设计研究阶段，与企业设计师一起，整理调研结果，挖掘痛点，探讨设计规格和可行性，制定设计任务书。

③ 在提出方案与讨论细节的过程中，校企协同，精准把控实际产品设计落地的关键环节，提出设计迭代的建议。

2. 授课方式及学时

（1）课堂讲授：8 学时。

（2）工作坊：12学时。

（3）案例教学：8学时。

（4）分组讨论：8学时。

（5）翻转课堂：12学时。

（6）方案辅导：20学时。

（7）设计评价：8学时。

（8）成果发表：4学时。

3. 学生学习预期成果

能够基于设计任务制订设计计划，并综合运用设计工具和创新思维，基于提出方案→评议→迭代的模式开展设计实践、评价和展示。

4. 支撑课程目标

目标1：能够综合考虑市场和用户需求，把握设计的约束条件和复杂属性，学会将不同的创新思维方法融会贯通于产品设计的不同阶段，培养实现有目的的产品设计计划的能力。

目标2：能够运用系统思维在实际产品的设计实践中论证设计方案的可行性，分析和评价设计方案对社会、健康等多方面的影响。

设计师的工作方法因企业的情况和开发项目的特点而有所差异。他们会有很多构想,并与工程师一起通过一系列评估对比做出选择。其程序通常并不是直线型的,而是包括各种反思、修改、完善和验证的过程。上海电机学院教师与霍尼韦尔(中国)有限公司企业导师合作,共同探索面向产教融合的产品系统设计程序与方法(见图6-1)。

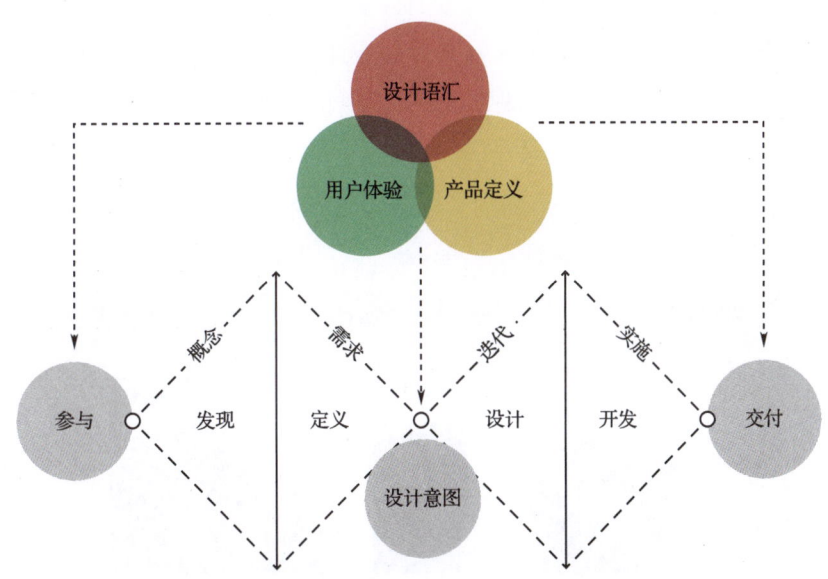

图6-1 面向产教融合的产品系统设计程序与方法

企业对设计方法的产出注重追求用户洞察给产品价值提升带来的可能,以及设计合理落地后的投入产出比,也就是通常所说的成本和创新间的平衡;但是课程任务中更加注重的是学生对各种设计方法的掌握和运用,通常在设计的不同阶段为了实现有针对性的目标,需要选用合适的设计方法和工具来执行设计。

6.1 从设计洞察到创意落地:企业产品设计案例分享与访谈

王呈皓:霍尼韦尔(中国)有限公司高级用户体验设计师,获IF设计奖等多个奖项,上海电机学院"产品系统设计"课程企业导师。

1. 产品设计系统的关键方面

对于系统设计,应抓住两个关键方面:一是造型设计规则要统一、合理,并贯穿于系统设计过程;二是设计流程要科学并执行于整个产品设计周期,确保整个设计过程严肃、科学,经得起用户检验。

如图 6-2、图 6-3 所示为霍尼韦尔比较完善的设计语言系统,是设计师日常工作中会用到的一个设计工具。例如,产品设计初期的第 1 步是确定一个基本造型方向,定下产品设计的基调。设计语言体系中规范了如何选择和使用平稳对称的形态,将其作为造型基础,以及在平面构成元素方面该如何使用文字内容及商标的排布方式。

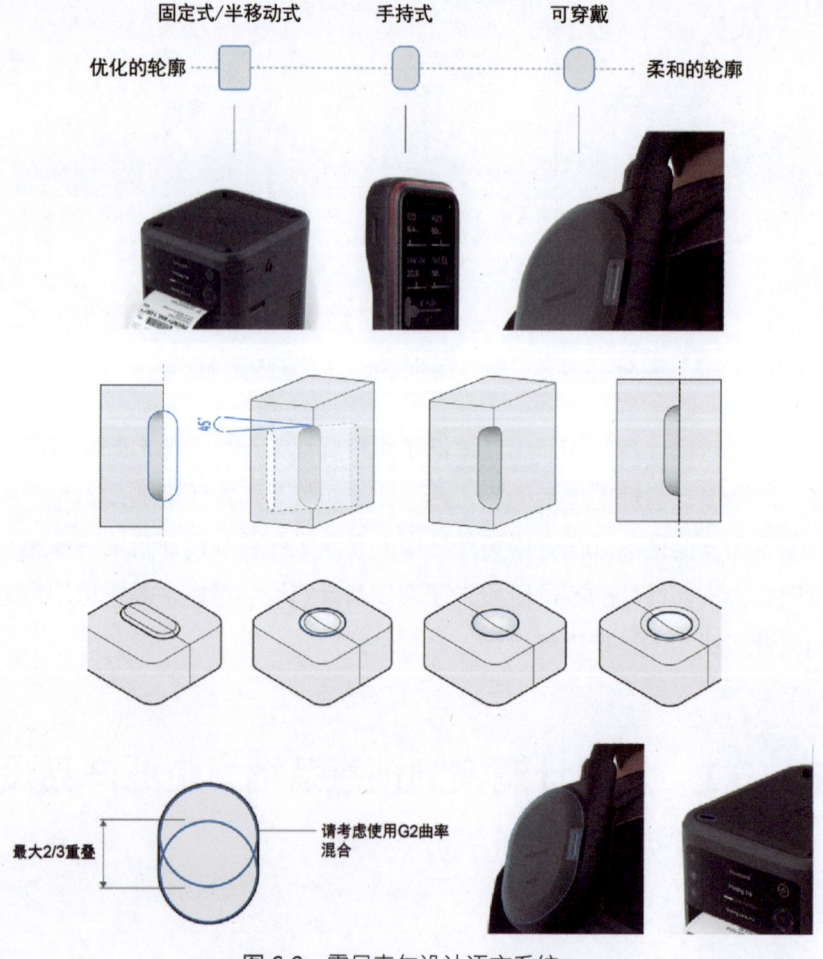

图 6-2 霍尼韦尔设计语言系统一

第 6 章 产品系统设计项目实践

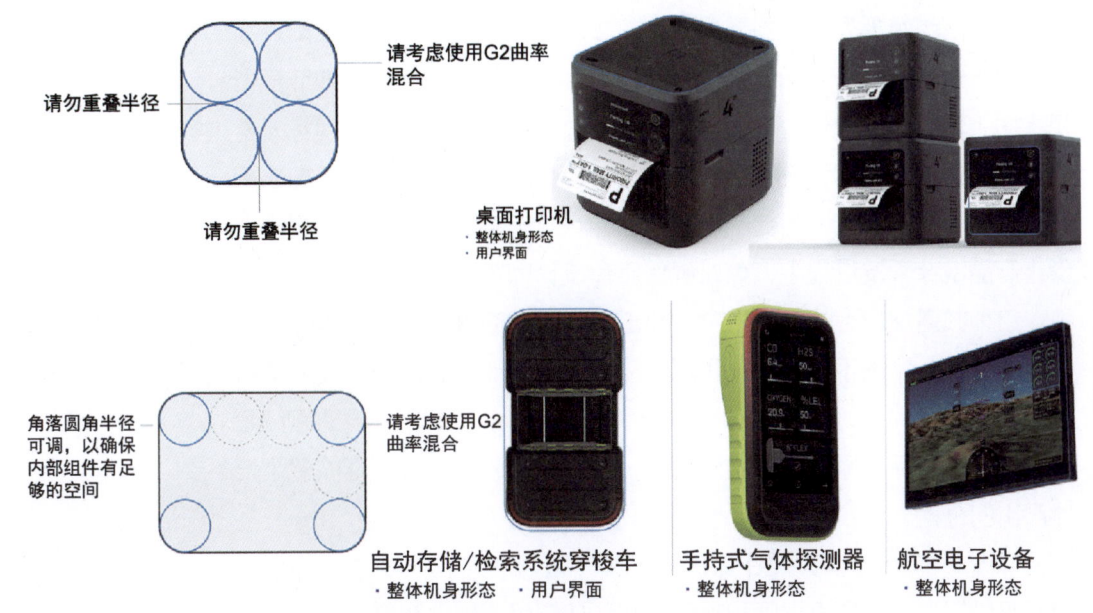

图 6-2 霍尼韦尔设计语言系统一（续）

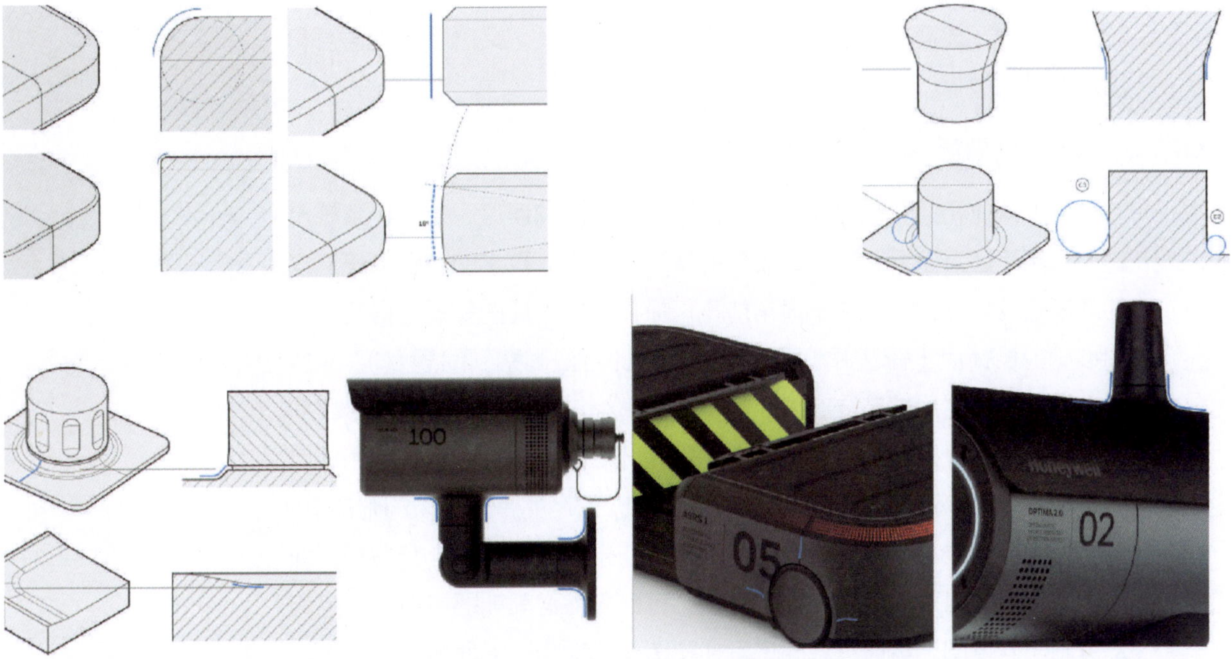

图 6-3 霍尼韦尔设计语言系统二

在确定基本形态和平面元素后,将注意力放在细节造型的发散、物理交互界面的构思、表面处理方式的选择上,如对一个按钮的细节造型和表面肌理语言的处理,或者一个触控界面的信息层级关系和视觉元素的处理。整个产品设计过程会在一个相对系统的设计规范下,如抽丝剥茧般逐渐呈现出设计师想要的样子。这种方式的优点是在一个大规模批量化产品设计开发过程中,可以确保所有设计师在同时工作时具有共通性,这种共通性也会体现在一个企业出品的产品的系统化设计基因上。

现分享一个家用空气净化和水净化系列产品的设计流程,其包括从产品定位和竞品分析到草图和场景故事板的设计,从数模效果图到3D打印草模和高保真原型机的用户测试,从初期构思到实物验证的整个设计产出的过程。

如图6-4所示,其设计全过程大体可以归纳为5个步骤,每个步骤都可以视为一个让设计师和项目团队及被调研用户一起做选择题的节点。设计师就像出题人,项目团队会按照对场景和需求的理解,给用户提供充足的选项让其选择。然后在每个节点根据用户选择的结果做收敛工作,再进行下一个节点的发散。以此类推,在5次从发散到收敛的递进过程中,逐渐将设计打磨成既体现设计师审美,又融合工程语言和用户痕迹的产物。

2. 设计感悟

个人从业初期往往会掉入一个造型主导设计的误区,对设计系统流程和科学验证方法没有理性、正确的认知。其实,科学的设计系统流程的顺序恰恰与之相反。由于通常能真正抓住用户心理的都是经得起验证和推敲的设计点(往往源于设计师通过设计方法洞察到的痛点),故造型方案应在其之后被有针对性地提出来,再经过层层验证演化成最终的样子。整个设计系统流程合理,有助于提升工作效率,让设计师和项目团队事半功倍,在短时间内直击用户的痛点,为产品带来最大的附加值。

回到产教融合高阶工作室课程上来,如果不像企业设计师那样有现成的一套造型语言系统作为工具,那么可以先依据前期调研时对产品的理解画一些草图,再通过草图进行抽象造型的提炼,从而得到系统设计中的造型元素或语言。如图6-5所示空气净化器的案例,霍尼韦尔的造型语言工具与设计师的空间相对是比较大的,对具体产品系列的造型语言的定义,还是要通过草图的提炼来实现。有了一个比较具体的造型规则后,就可以遵从这个规则做后续的发散和收敛。

第 6 章　产品系统设计项目实践

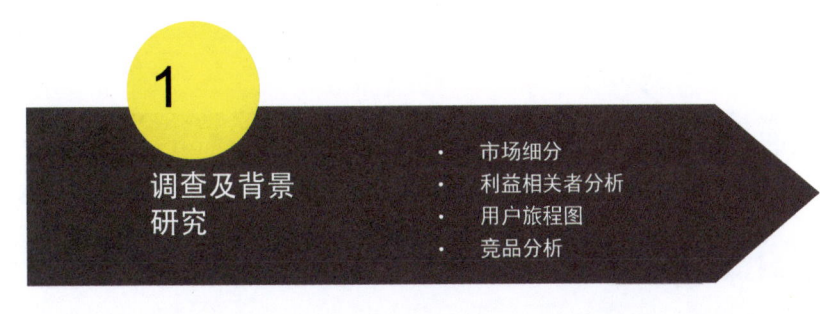

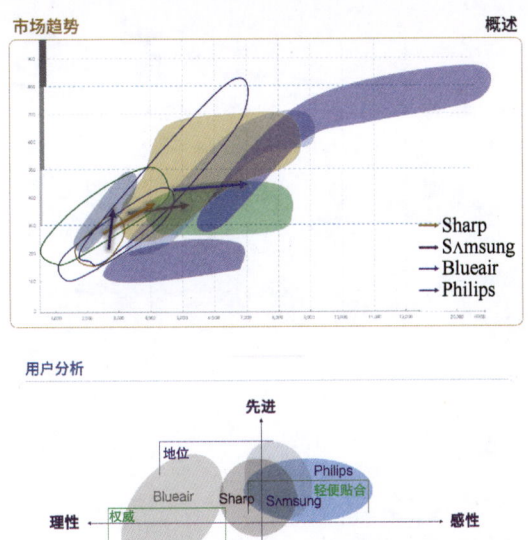

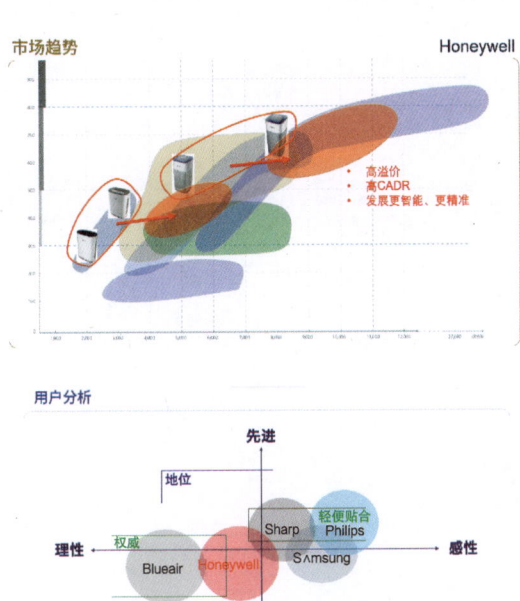

图 6-4　家用空气净化和水净化系列产品的设计流程和相应产出

2 构思与概念化

- 头脑风暴
- 终端用户的意见
- 概念草图
- 故事板

图6-4 家用空气净化和水净化系列产品的设计流程和相应产出（续）

图 6-4　家用空气净化和水净化系列产品的设计流程和相应产出（续）

产品系统设计：场景、体验与创新

图 6-4　家用空气净化和水净化系列产品的设计流程和相应产出（续）

第 6 章 产品系统设计项目实践

5 可用性测试
- 模拟试用
- 角色扮演
- 可用性测试

CNC功能样机

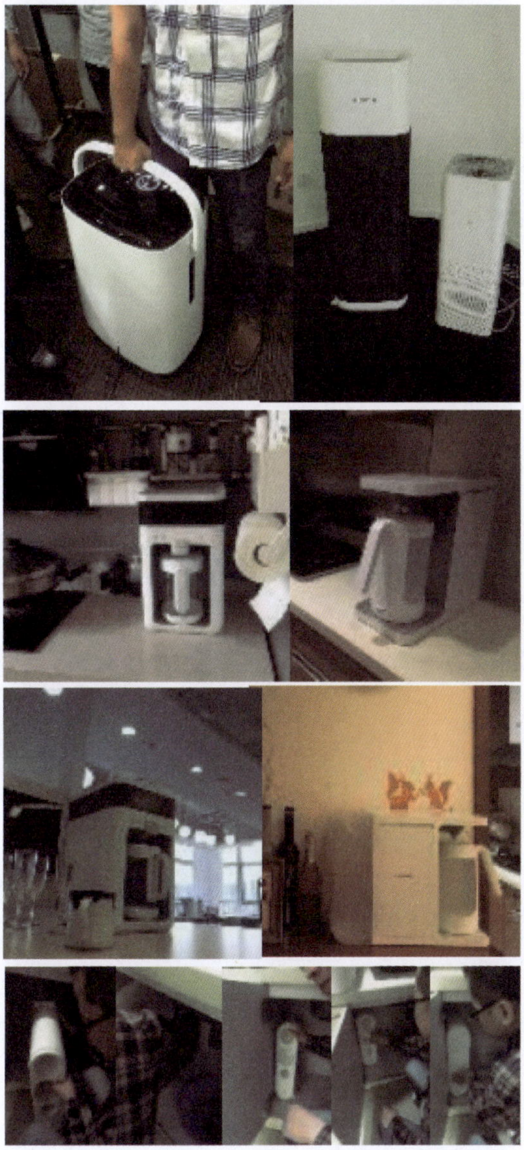

图 6-4 家用空气净化和水净化系列产品的设计流程和相应产出（续）

设计语言系统的执行方案

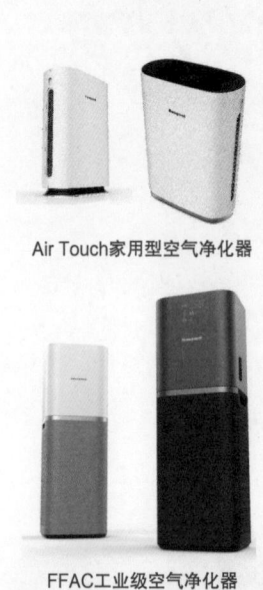

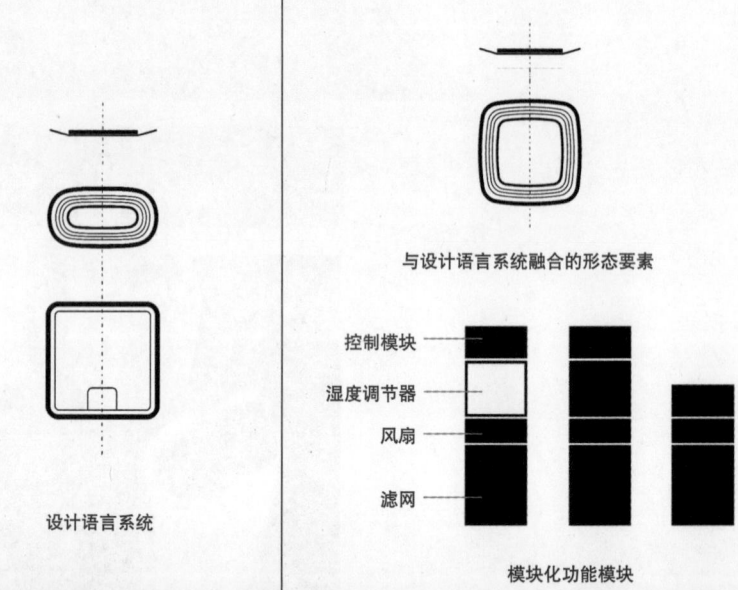

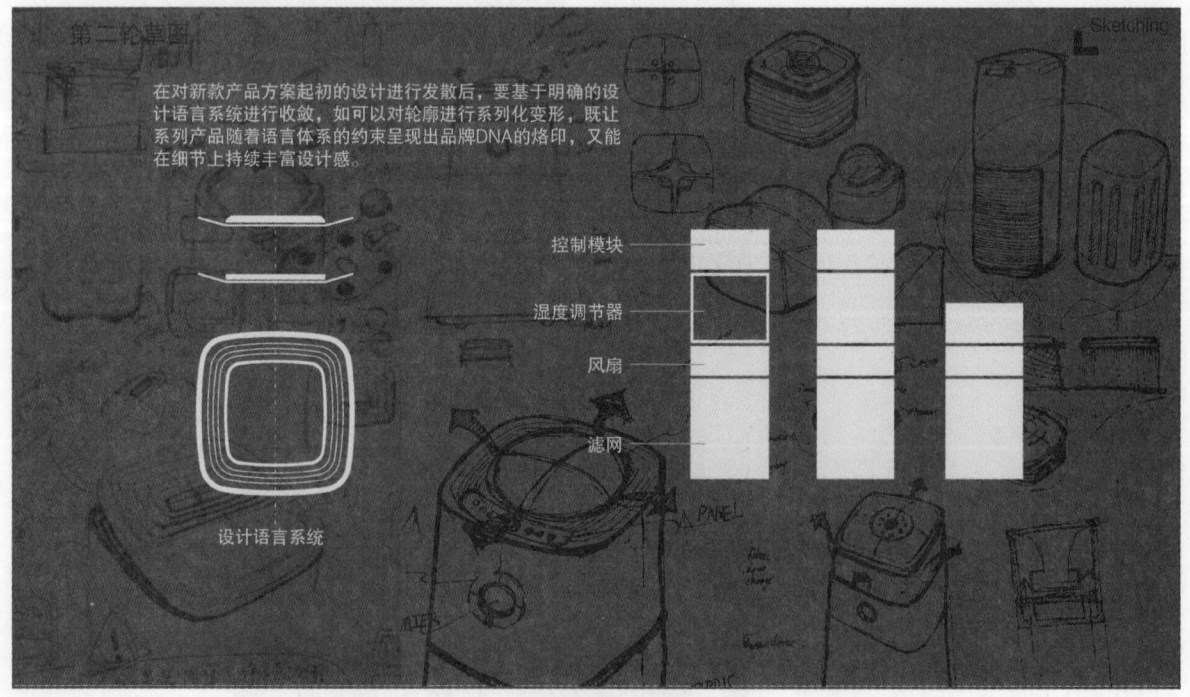

图 6-5　空气净化器造型语言

总之，如果能运用好设计语言工具和设计流程方法，那么无论是在设计课程中还是早期从事设计工作时，都会洞察到用户的需求，掌握用户的核心诉求。设计语言工具和设计流程方法可以帮助设计师快速提高设计水平，应对设计学习和工作中的挑战。

■ 6.2 从设计洞察到产品设计：便于收纳的电风扇设计

该课题由上海电机学院工业设计专业 2013 级学生周美琪完成，张帅老师指导。

课题任务是通过对家用落地扇使用需求的研究，设计一款能满足人们日常需求且便于收纳的家用落地扇，以提供更好的当季使用体验和季后收纳体验，在此精简展示。

1. 设计调研——发现问题

现有电风扇收纳方式烦琐，不用时存放不便且占地面积大，长时间存放容易积灰（见图 6-6、图 6-7）。

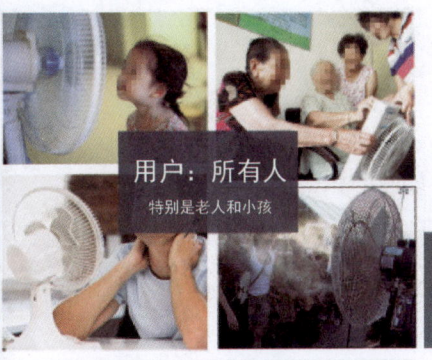

图 6-6　对电风扇进行设计调研

现有电风扇收纳方式

拆机收纳

整体存放于储物柜

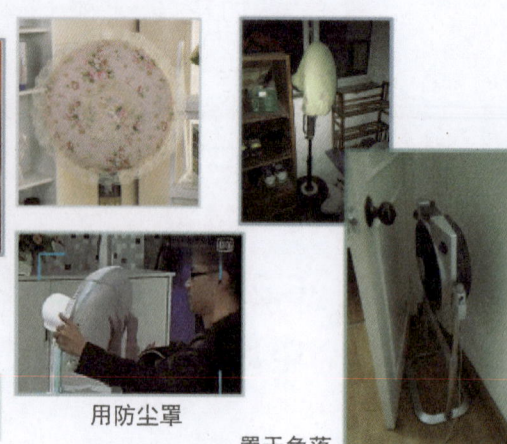
用防尘罩　　　　置于角落

现有电风扇收纳方式过于烦琐，占地面积大，因此便于收纳的家用落地扇有广泛的市场需求。

图 6-7　发现问题：收纳方式烦琐，占地面积大

2. 拆机分析

对电风扇的组成元素进行拆分，并理解各元素之间的联动关系。其中包括尺寸关系、组装关系、信号传递等（见图 6-8）。

图 6-8　拆机分析

3. 概念设计——设计推演

基于调研结论与设计目标（合理的收纳方式），配合各元素的设计特性，进行头脑风暴及设计推演。其目的在于：在众多的设计元素组合形态下，找出基于设计目标的最优解（见图 6-9、图 6-10）。

图 6-9　概念构思，解决问题：草图推演

产品系统设计：场景、体验与创新

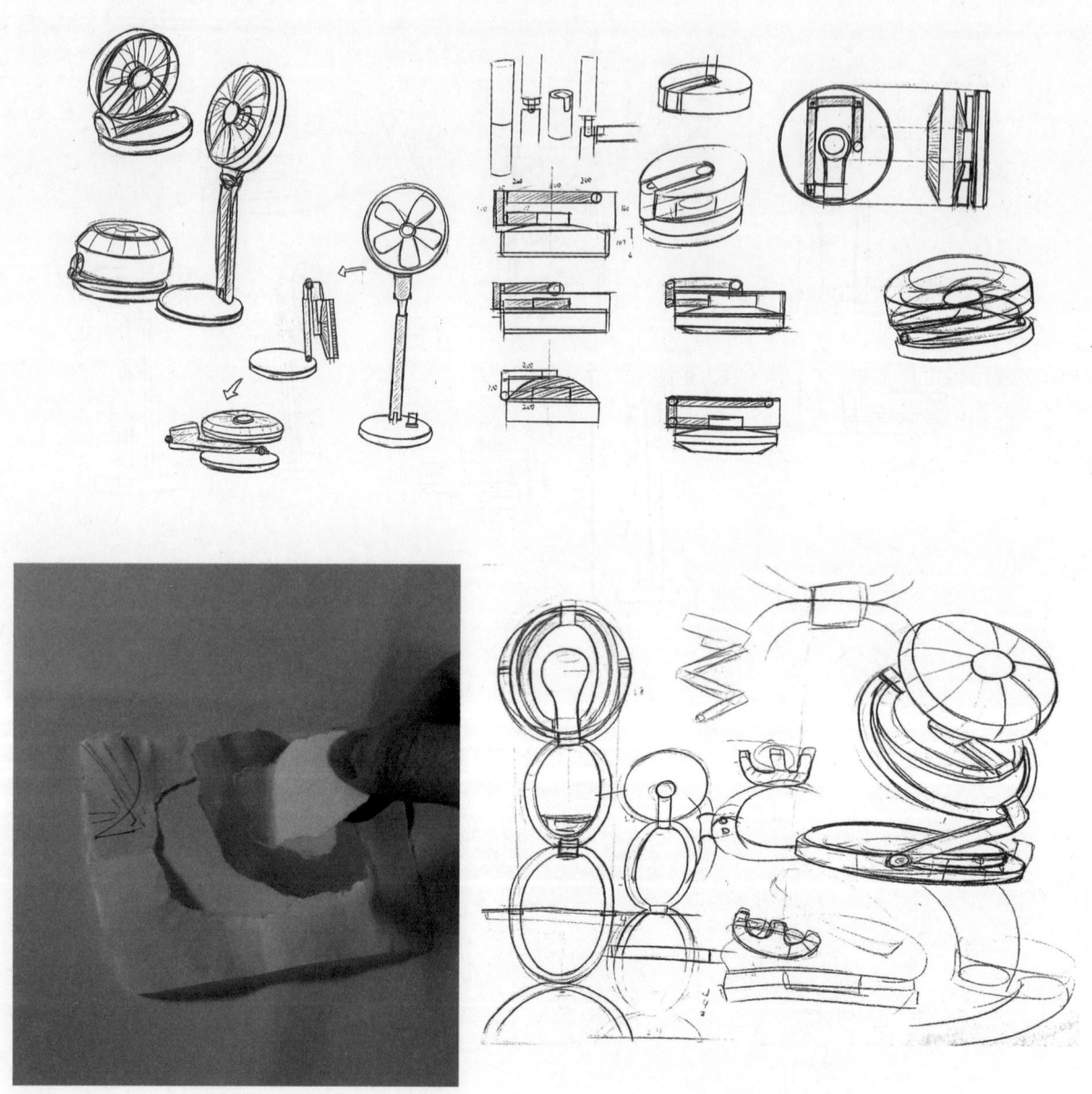

图 6-10　概念构思，解决问题：收纳折叠方式推敲

4. 深化设计

此处的深化设计指折叠方式的推敲及细节设计，包括新结构的合理性、产品整体展开强度、元器件的布局、尺寸细节等（见图 6-11）。

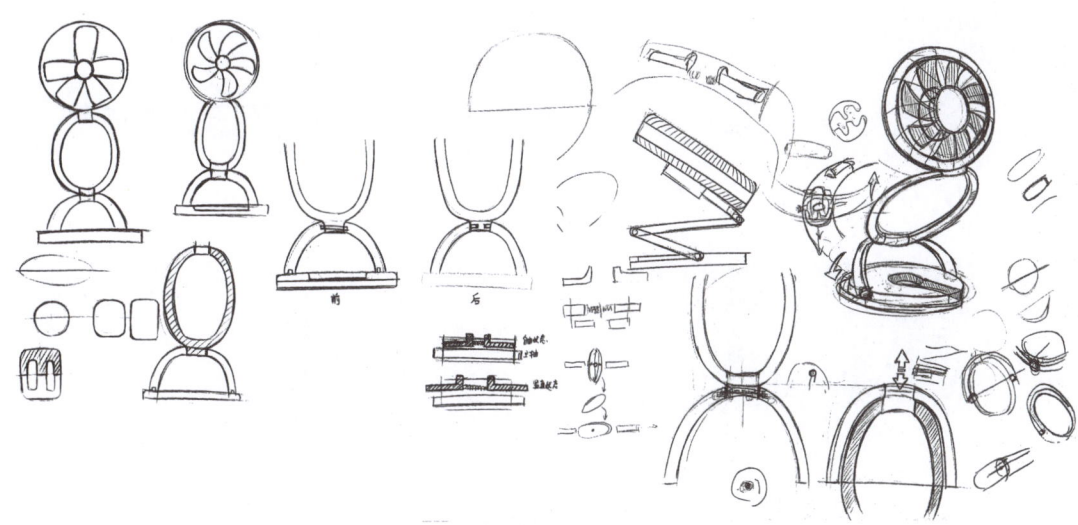

图 6-11　概念构思，解决问题：收纳折叠方式深化设计

5. 设计方案初步呈现及设计评估

现已基本实现了前期的设想，各元素之间的配合比较合理（见图 6-12），但存在以下问题：产品收纳后整体性不强，需要双手抬起；侧面风口在长期储存期间容易沉积灰尘。

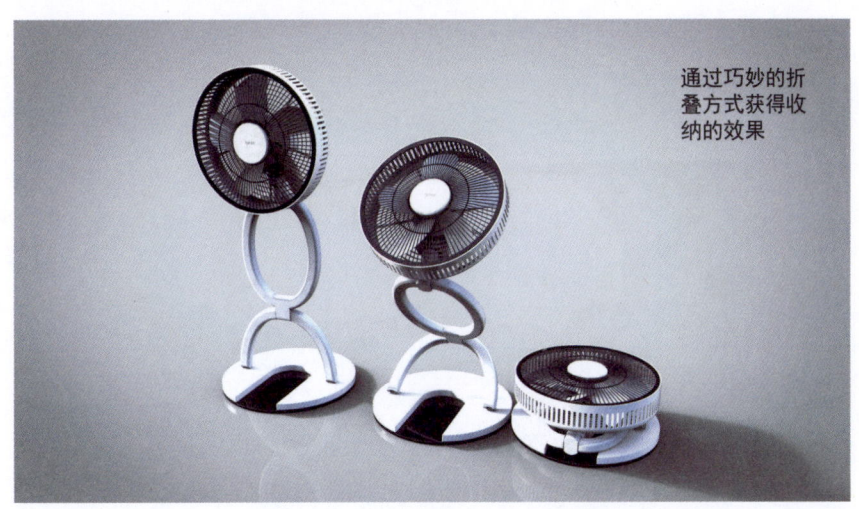

图 6-12　创意落地：评估与优化

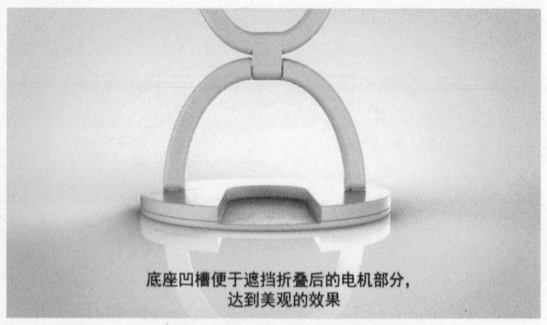

底座凹槽便于遮挡折叠后的电机部分，达到美观的效果

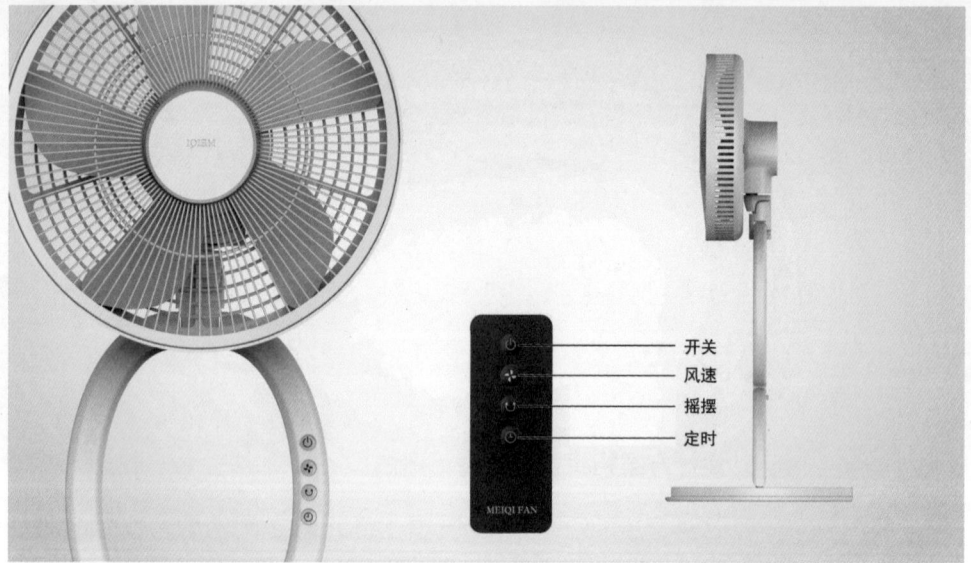

开关
风速
摇摆
定时

图 6-12　创意落地：评估与优化（续）

第 6 章 产品系统设计项目实践

6. 方案再优化

基于前期的归纳总结，实现在收纳后侧面封闭，添加便于提起的把手（见图 6-13），得到最终方案（见图 6-14），形体整体性增强。

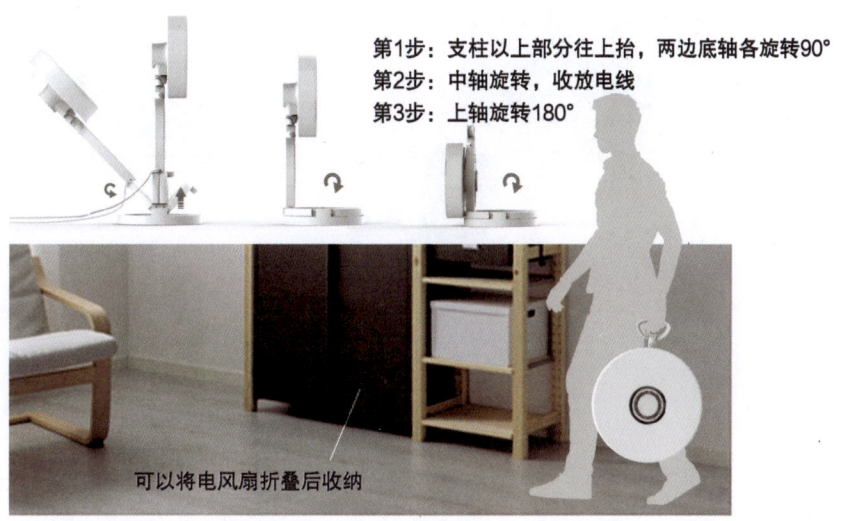

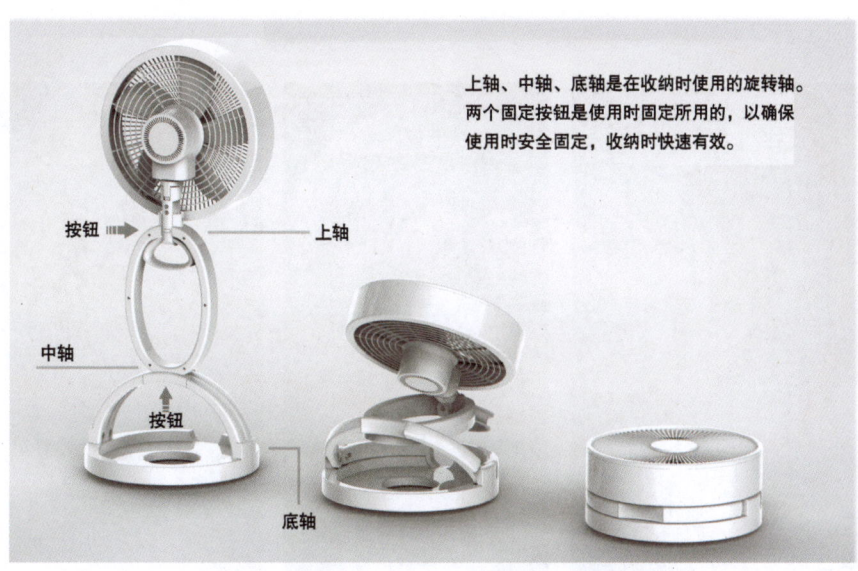

图 6-13 深化方案：进一步优化折叠细节

拥有触控式按键,包含开关、风速、摇摆、定时。遥控板便于远程操作。当叠成圆盘后便于携带及放置。

将电线放置于底座内

尺寸单位:mm

图 6-13 深化方案:进一步优化折叠细节(续)

图 6-14 最终方案模型

6.3 从设计洞察到产品设计：智能皮肤护理产品设计

该课题是由上海电机学院工业设计专业 2018 级吴蕊芳、陆俊杰、杨钇、李晓原完成的"产品系统设计"课程作业。学生团队以"智能家居产品设计"为研究对象，从设计调研入手，对家居问题进行了调研，运用设计研究工具发现了美容护理等方面的痛点，采用品牌化家族设计语言进行了系列化产品的设计。这是一组比较完整的学生课堂作业，在此精简展示（见图 6-15）。

图 6-15 智能皮肤护理产品设计

/目标用户

- 性别：女性
- 年龄：20～30岁
- 人群：大学生和初入职场人士
- 使用场景：公寓
- 消费能力：流动资金较为充裕，希望消耗较少的时间和资金体验定制服务

/线下访谈

我们分别对大学生和职场人士（女性）进行了访谈，一共有5位被访者，年龄在20～30岁，了解到她们平时都有护肤需求，比较注重皮肤管理，但都觉得去一次美容院比较耗时且昂贵；平时只是大概知道自己的皮肤状态，不太会根据自己的皮肤情况挑选护肤品。另外，被访者化妆品种类都较多，且在收纳方面都有一些烦恼，经常出现化妆进行到某个步骤时找不到化妆品的情况。

图 6-15　智能皮肤护理产品设计（续）

/实地调研

根据访谈中发现的化妆品种类多的问题进行了实地调研。

有收纳架，护肤品和化妆品简单摆放，没有进行分类

无收纳架，护肤品和化妆品随意摆放，时常找不到自己想要的

有收纳架，但不进行收纳管理，平时放置闲置物品

护肤品和化妆品全部放在洗漱台上，随拿随用，不整理

问题点　　化妆品不分类　　化妆品随意摆放、不整理　　收纳架闲置，没有合理使用

设计背景　设计调研　设计草图及过程　品牌介绍　使用场景图　细节展示　展板

/人物画像

场景故事
1. Gramary是一位职场白领，平时比较注重形象，经常化妆，比较注重皮肤管理
2. 无法常去美容院进行皮肤管理，因此不太清楚自己的皮肤状态
3. 平时使用化妆品的种类较多，且不太擅长收纳，经常会出现找不到化妆品的情况
4. 希望能有一个产品辅助进行皮肤管理且监测皮肤状态，并能够对化妆品和护肤品进行分类管理

基本信息
姓名：Gramary
年龄：20~30岁
职业：职场白领
城市：上海
住房：公寓
收入：6000~10000元/月
性格：乐观开朗、爱美、喜欢穿搭、擅长社交

用户痛点
1. 时间有限
2. 不知道自己的皮肤状态
3. 不知道自己适合购买什么类型的护肤品，导致"踩雷"
4. 不擅长收纳
5. 护肤品、化妆品种类繁多且无处摆放

用户需求
1. 希望知道自己的皮肤状态
2. 希望购买适合自己的护肤品
3. 希望能在自己众多的护肤品中迅速找到当下想要的护肤品
4. 希望合理收纳自己的护肤品和化妆品

消费动机
价格　体验
精准　外观
方便

品牌喜好

设计背景　设计调研　设计草图及过程　品牌介绍　使用场景图　细节展示　展板

图 6-15　智能皮肤护理产品设计（续）

产品系统设计：场景、体验与创新

/同理心图

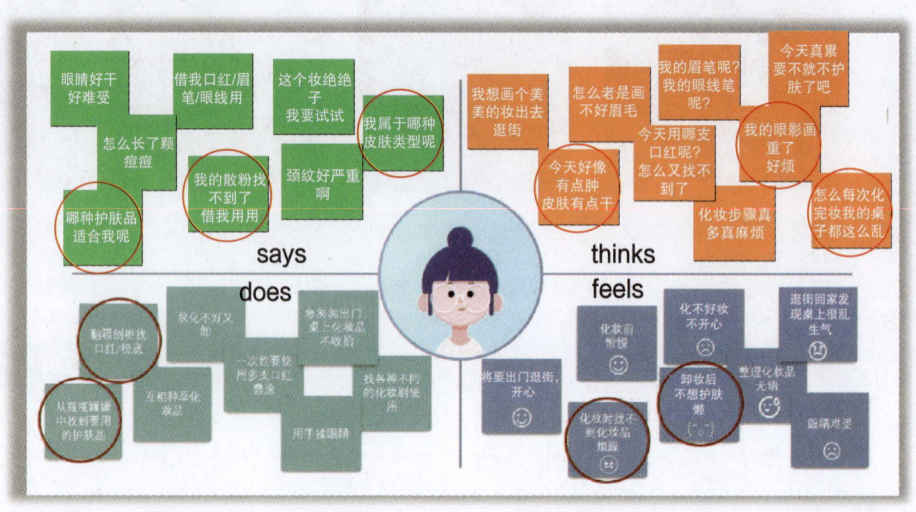

图 6-15　智能皮肤护理产品设计（续）

第 6 章　产品系统设计项目实践

/用户旅程图

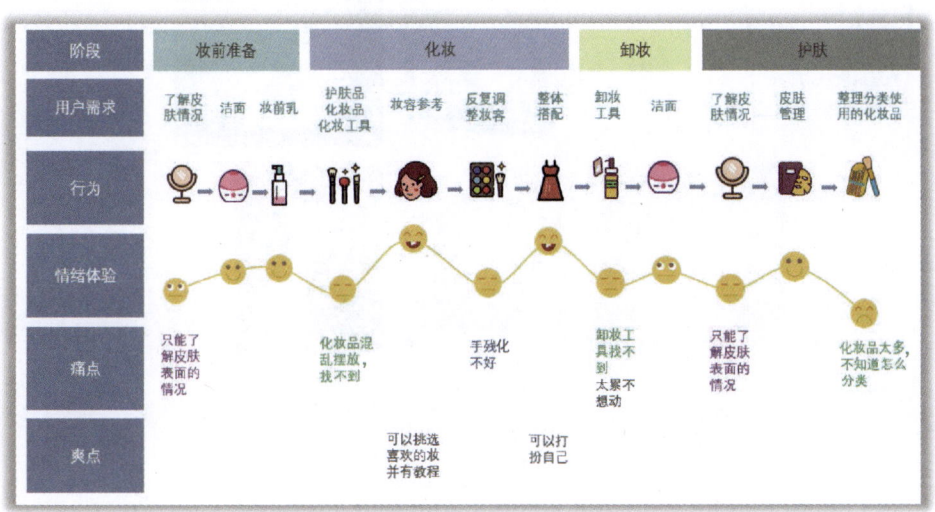

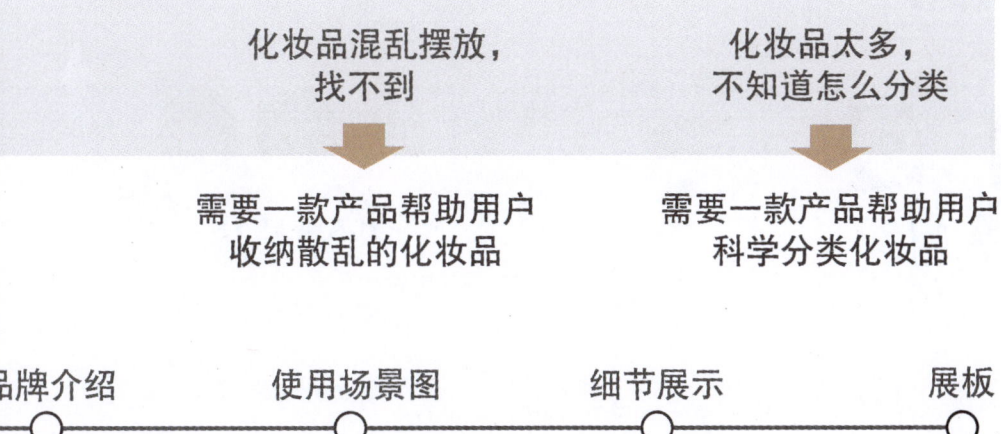

品牌介绍　　　使用场景图　　　细节展示　　　展板

产品系统设计：场景、体验与创新

/竞品选择

皮肤检测仪　　　　眼部按摩仪　　　光子嫩肤仪

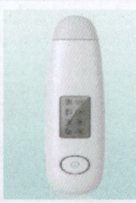

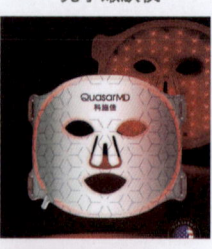

化妆品收纳箱

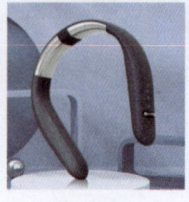
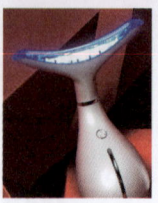

颈部按摩仪　　美颈仪

设计背景　设计调研　设计草图及过程　品牌介绍　使用场景图　细节展示　展板

/现有竞品市场分析

商用皮肤检测仪

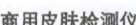
优点
- 能够全方位了解自己的皮肤状态
- 有专业人士解析皮肤状态
- 拥有八光谱检测技术

缺点
- 美容院价格过于昂贵，学生党较难以支付
- 无法实时简单了解自己的皮肤状态
- 太大，不适合家居环境

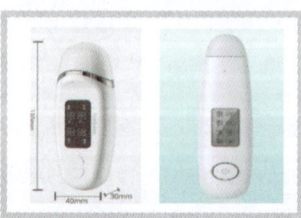

家用皮肤检测仪

优点
- 能够简单了解自己的皮肤状态
- 学生党支付也毫无压力
- 能实时了解自己的皮肤状态
- 小巧便携

缺点
- 检测结果反馈不够全面清晰

品牌　万可琳　Real Bubee　魔玑　晓姿　BIZI

家用皮肤检测仪
　　家用皮肤检测仪能够满足日常简单检测需求。

商用皮肤检测仪
　　商用皮肤检测仪能够提供更准确的皮肤检测数据，但是仅限于在美容院使用，无法在家使用。

设计背景　设计调研　设计草图及过程　品牌介绍　使用场景图　细节展示　展板

图 6-15　智能皮肤护理产品设计（续）

/现有竞品市场分析

淘宝用户使用收纳箱情况调查

　　小号收纳箱装不下高瓶化妆品，大号收纳箱装完化妆品又太空，各部分空间没有得到合理利用。

　　不同高度和不同使用频率的化妆品没有合理安排，拿摆在里边的化妆品时会碰倒摆在外边的，摆满后取物品不太方便，箱子门的开合会受到影响。

产品	 意可可收纳盒	 亚克力收纳盒
层数	3层	2层
带抽屉	√	√
带盖子	√	√
模块可组合	×	√
分区摆放明确	一般	一般
收纳数量	较少	较多
收纳后外观	较干净	杂乱

品牌：意可可、佳帮手、皇凤祥、Kaman、品忆

　　意可可品牌这类收纳盒外观较固定，半透明，用户只能看到部分产品摆放的位置，且不能自定义模块组合。摆放种类较少，外观简洁美观但使用灵活度较低。

　　亚克力这类收纳盒外观透明，用户可根据需要选择模块不同的架子组装，灵活度较高，能存放较多类型的化妆品，但摆放后显乱。

设计背景　设计调研　设计草图及过程　品牌介绍　使用场景图　细节展示　展板

/现有竞品市场分析

眼部按摩仪

　气囊按摩　　　振动按摩

使用PU亲肤蛋白皮，易清洁、耐磨、柔软

通过医美级LED灯将不同波长的光照射到皮肤上，达到祛皱、收缩毛孔、美白等功效。

品牌：凯伦诗　望舒心　DOCTOR AIR　SKG　倍轻松

用户青睐的功能特征

亲肤材质	使用PU亲肤蛋白皮，易清洁、耐磨、柔软
恒温热敷	热敷能有效加快血液循环，缓解视力疲劳
气囊按摩	眼部按摩仪的基本功能：利用气囊对眼周关键穴位进行点对点按压

亲肤材质　光疗护肤

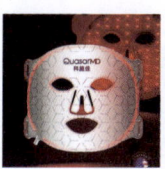 　光子嫩肤仪

设计背景　设计调研　设计草图及过程　品牌介绍　使用场景图　细节展示　展板

图 6-15　智能皮肤护理产品设计（续）

产品系统设计：场景、体验与创新

/现有竞品市场分析

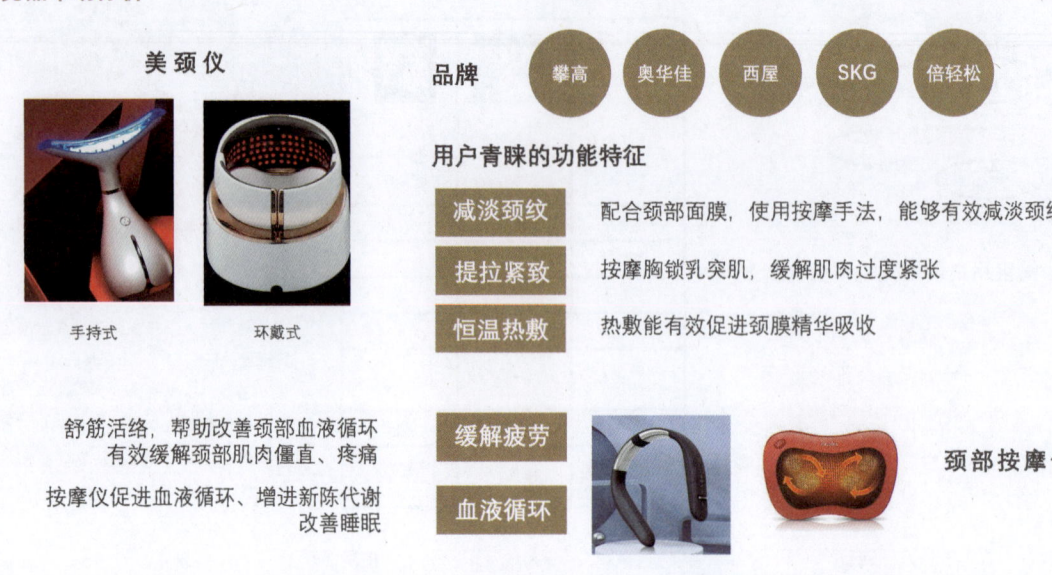

/设计点汇总

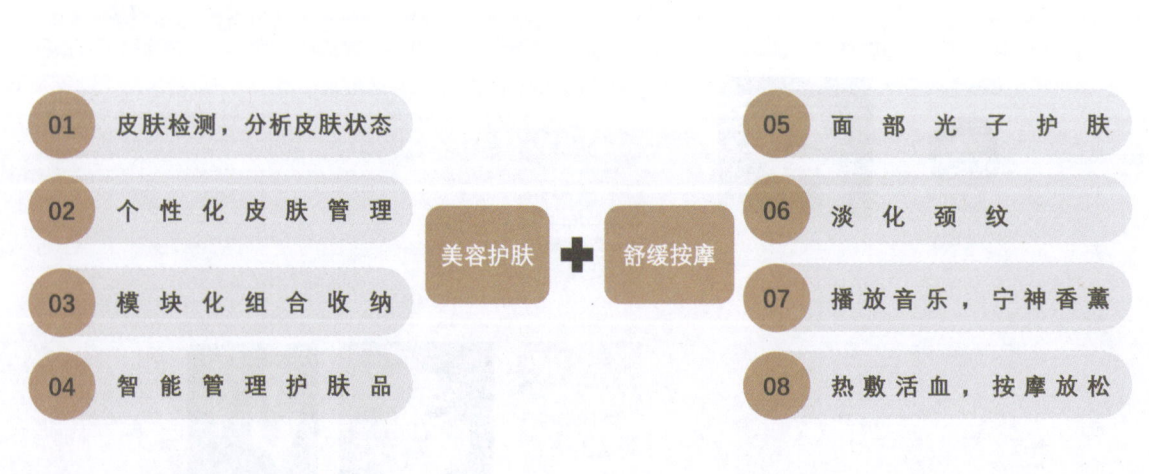

图 6-15　智能皮肤护理产品设计（续）

第 6 章 产品系统设计项目实践

/产品调性

/设计草图

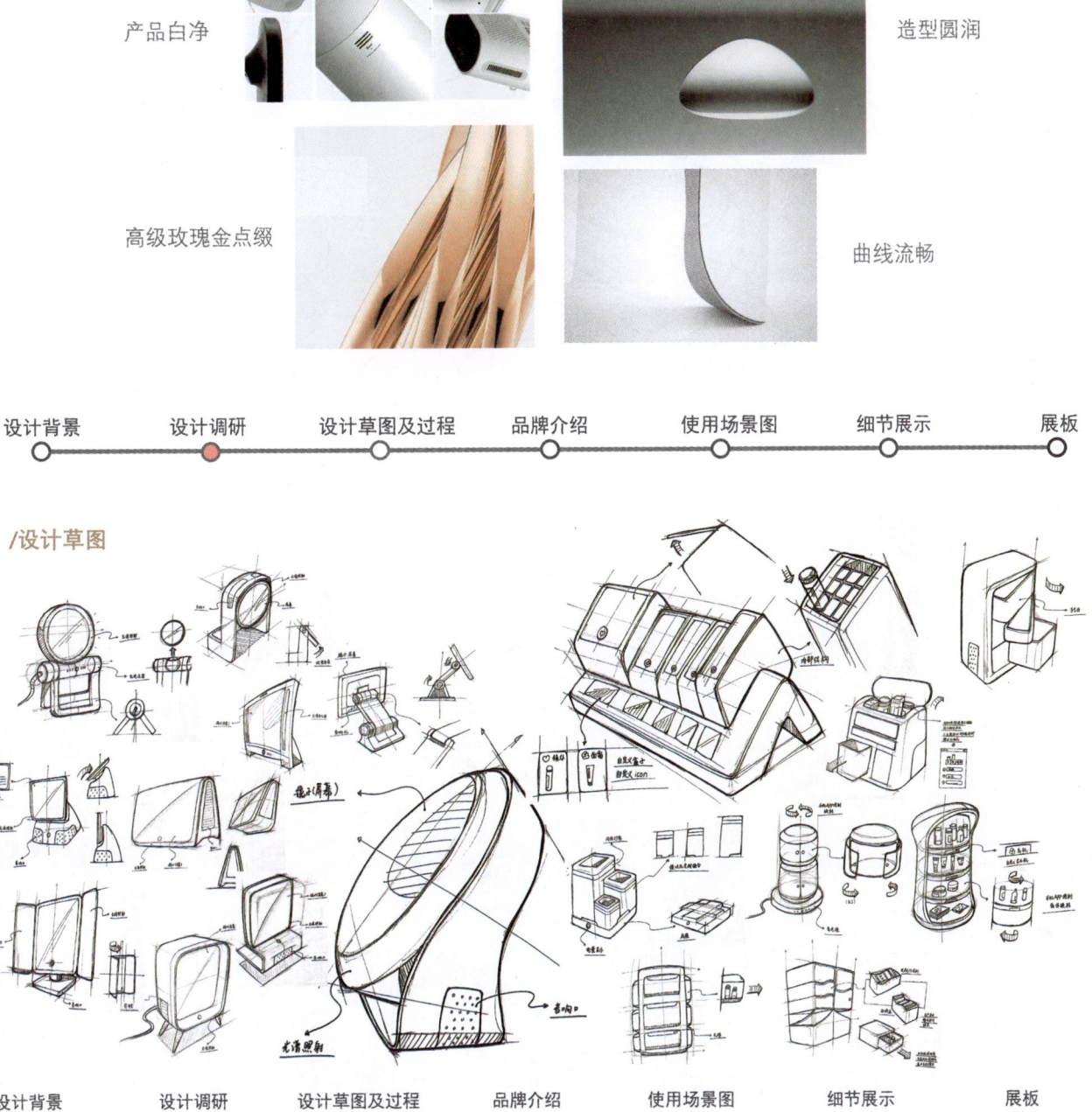

图 6-15 智能皮肤护理产品设计（续）

/设计草图

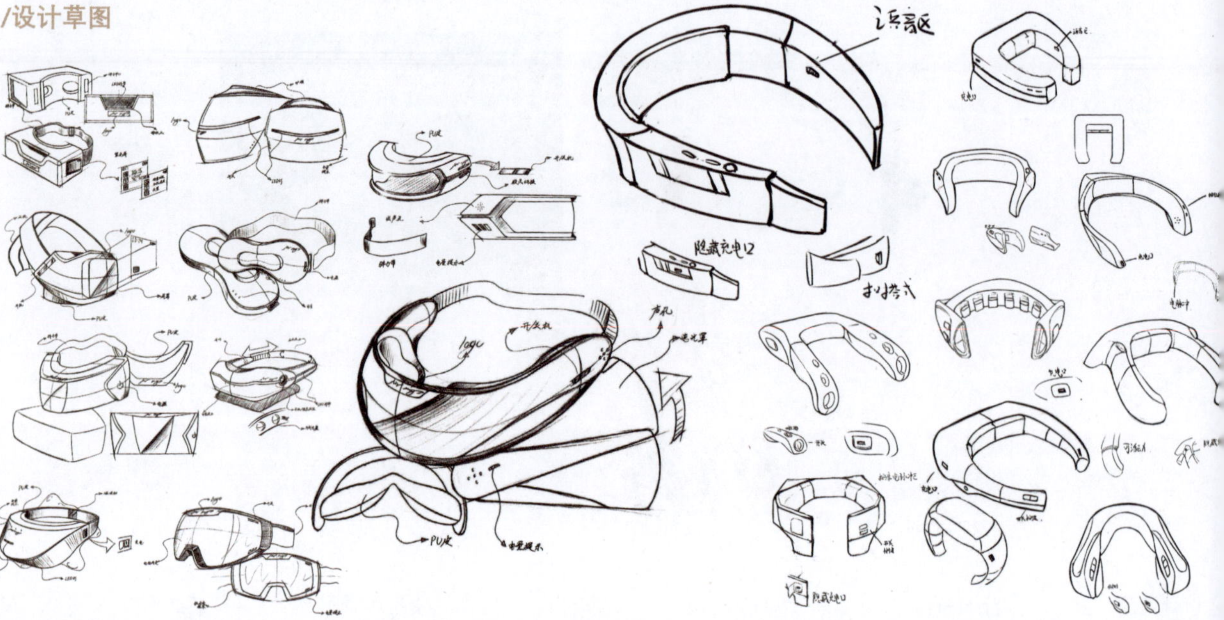

设计背景　设计调研　设计草图及过程　品牌介绍　使用场景图　细节展示　展板

/成品展示

设计背景　设计调研　设计草图及过程　品牌介绍　使用场景图　细节展示　展板

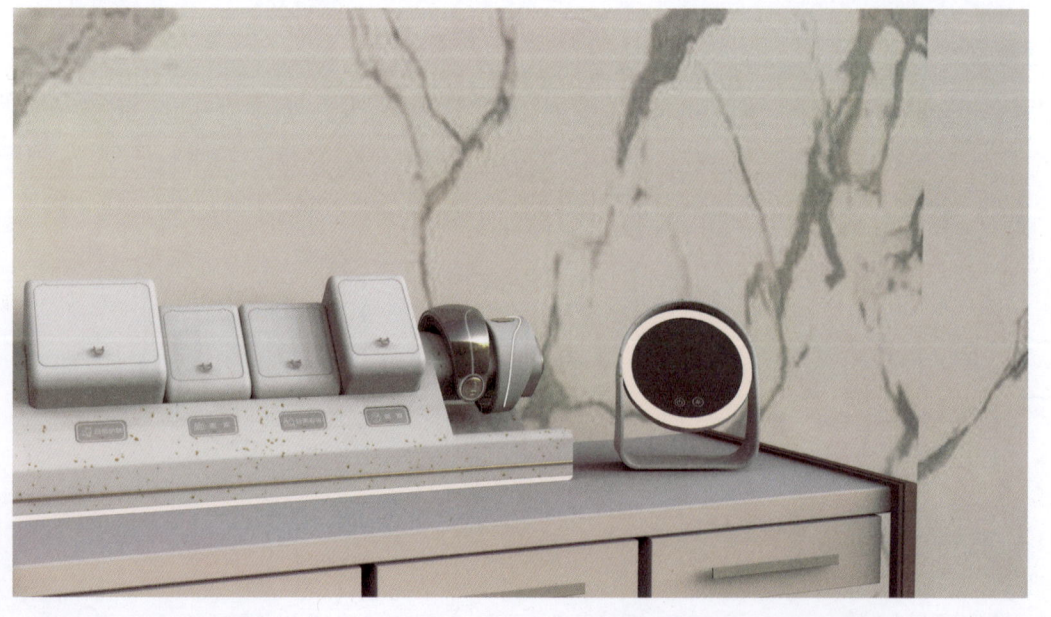

图 6-15　智能皮肤护理产品设计（续）

第 6 章　产品系统设计项目实践

/品牌简介

"YOU NEED ME"寓意为"你需要我"。

在快节奏的当下，大家的时间都很紧迫，都希望在最短的时间内拥有最好的效果，"YOU NEED ME"希望爱美的各位在下班回家后能有不一样的护肤体验，不一样的舒缓时刻。

 R200　G167　B134　　　　R114　G113　B113

/App展示

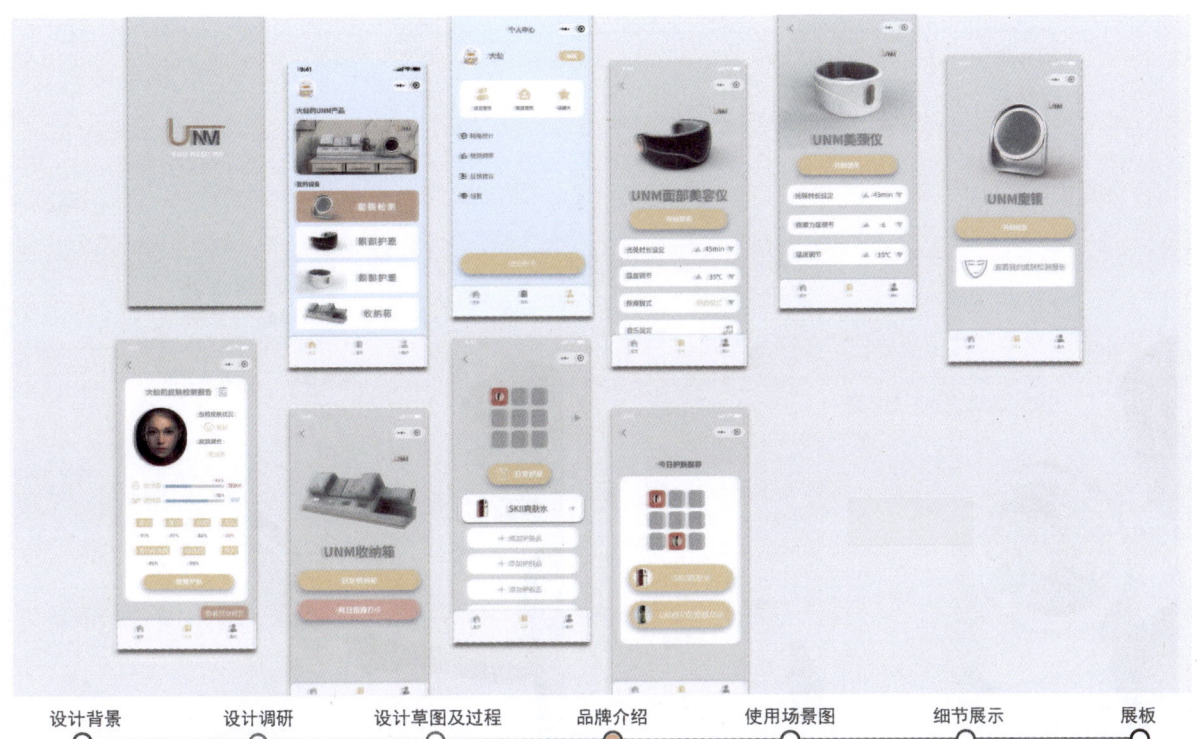

图 6-15　智能皮肤护理产品设计（续）

263

产品系统设计：场景、体验与创新

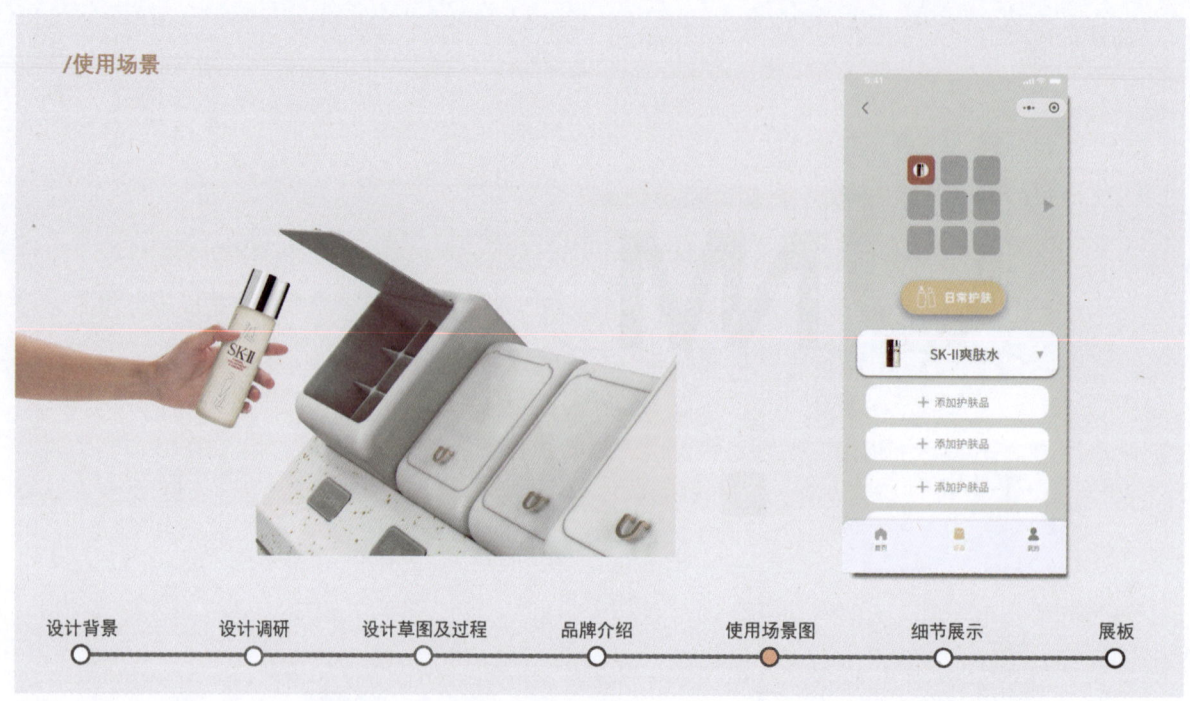

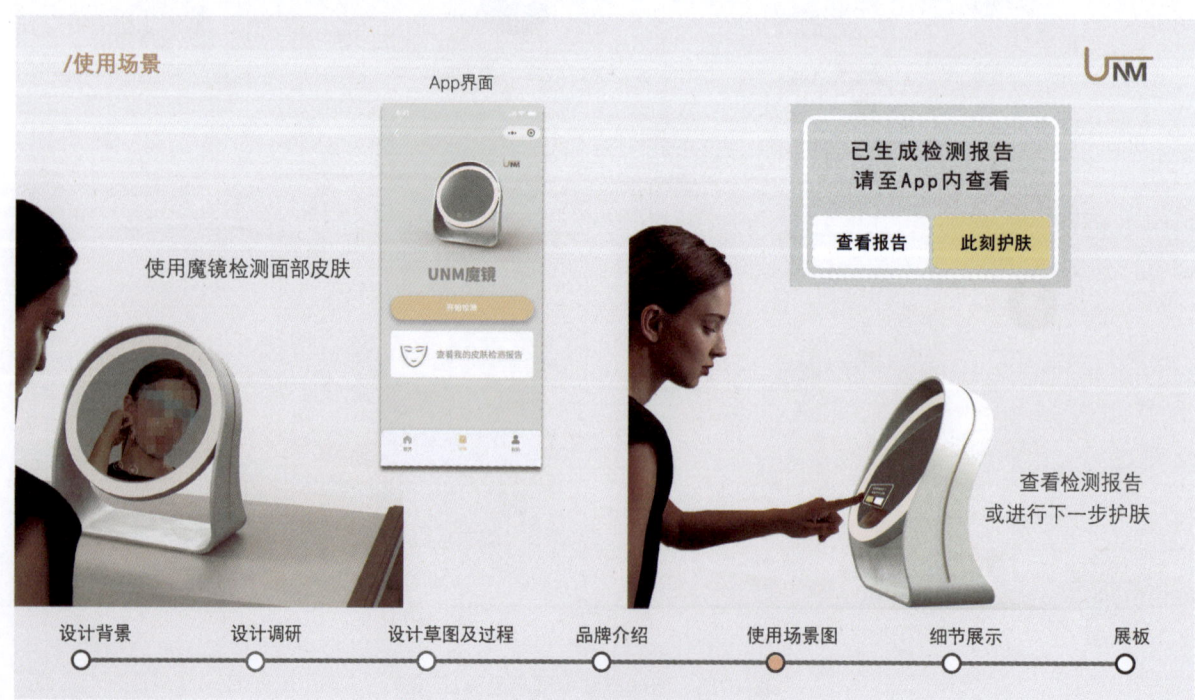

图 6-15　智能皮肤护理产品设计（续）

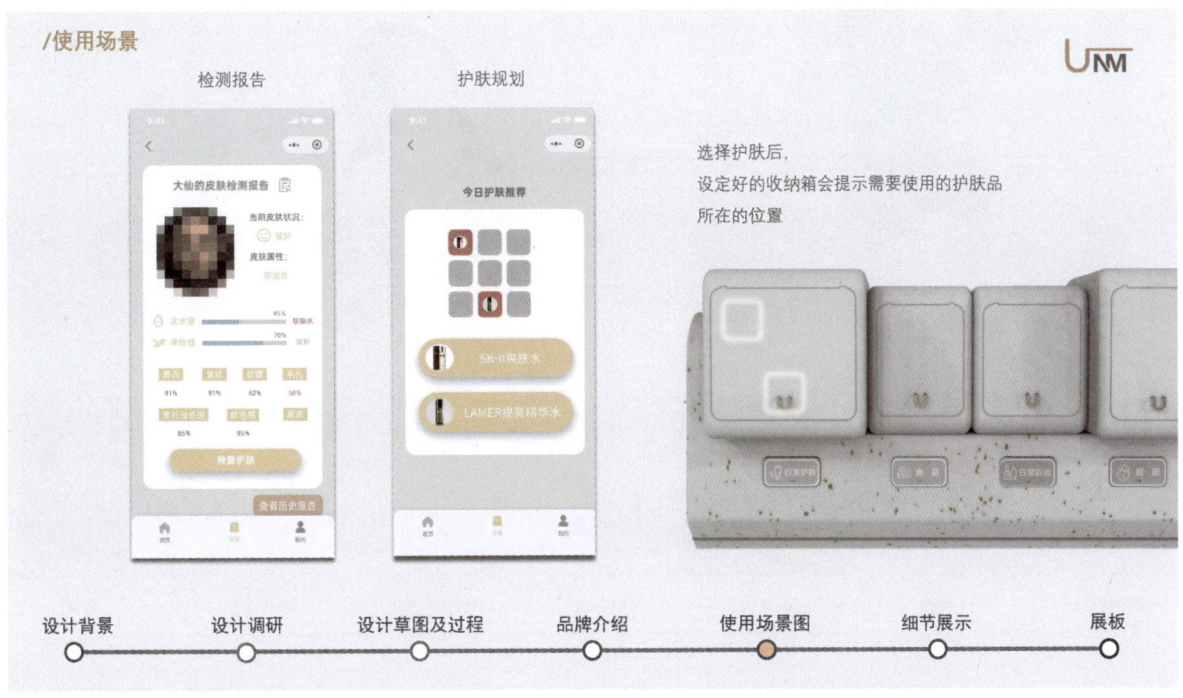

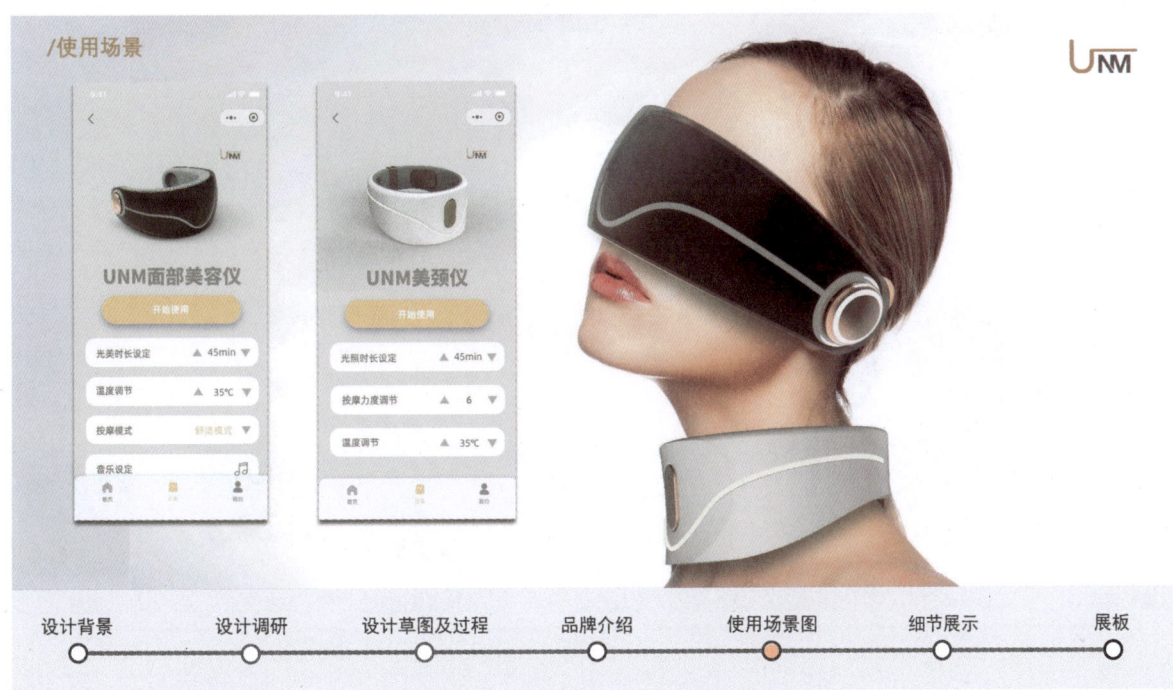

图 6-15 智能皮肤护理产品设计（续）

图 6-15　智能皮肤护理产品设计（续）

第 6 章　产品系统设计项目实践

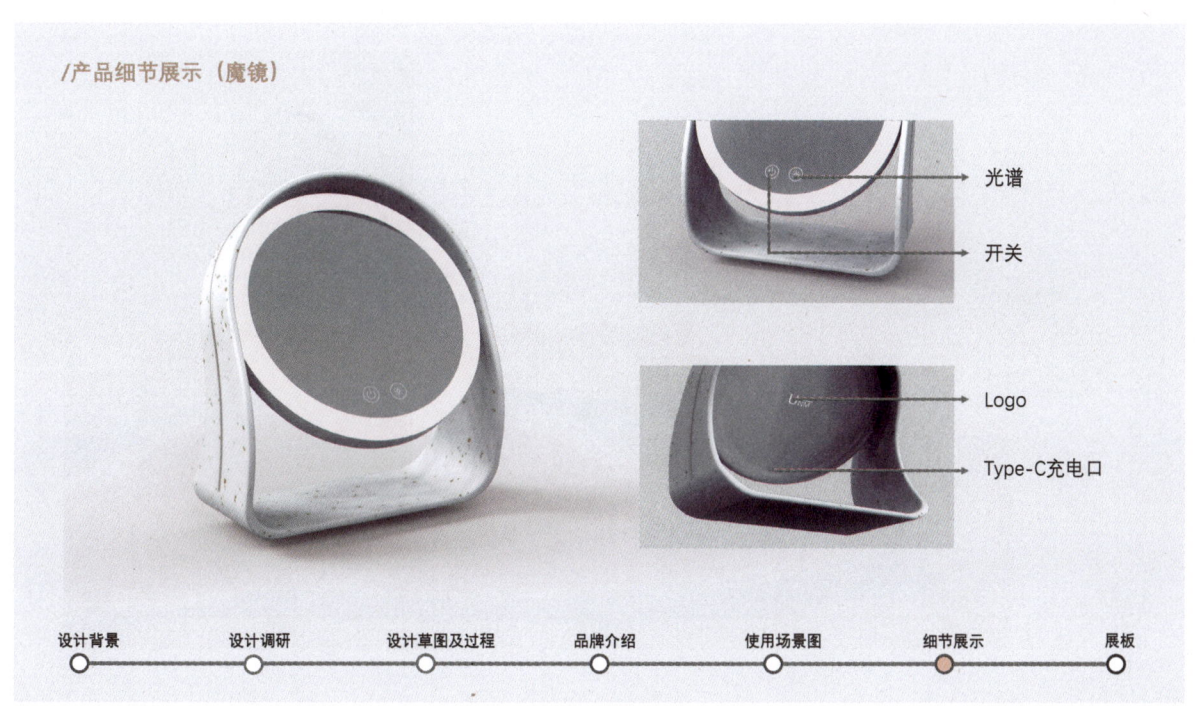

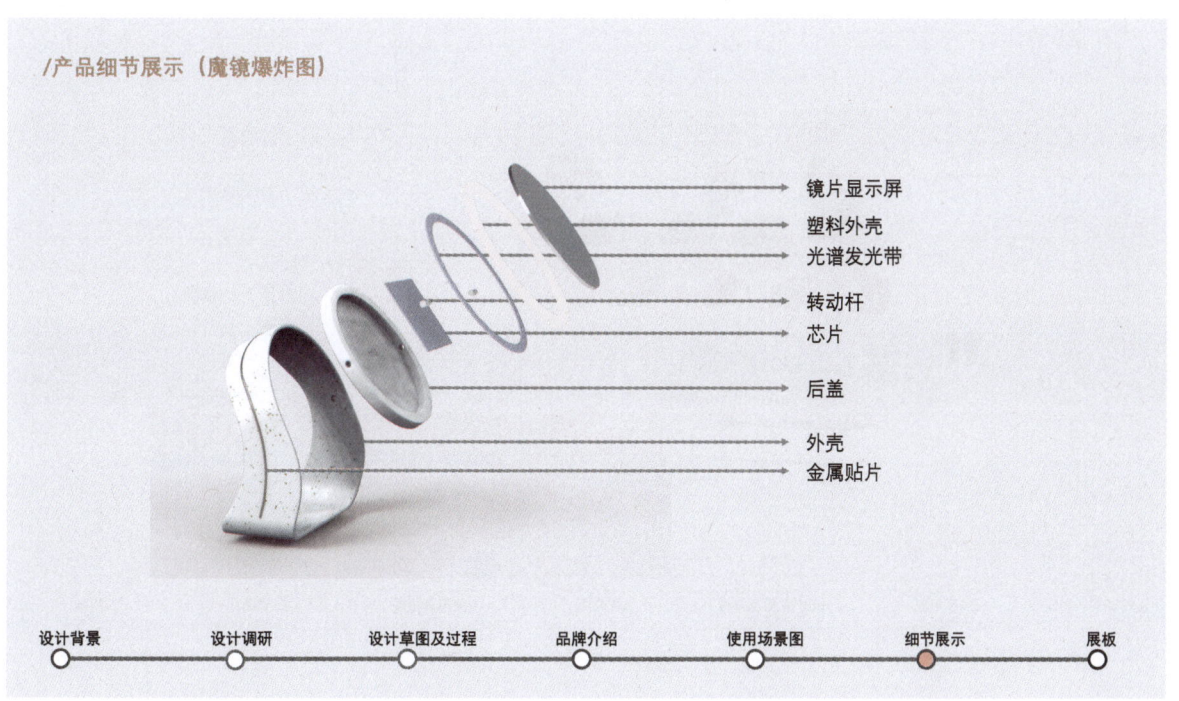

图 6-15　智能皮肤护理产品设计（续）

产品系统设计：场景、体验与创新

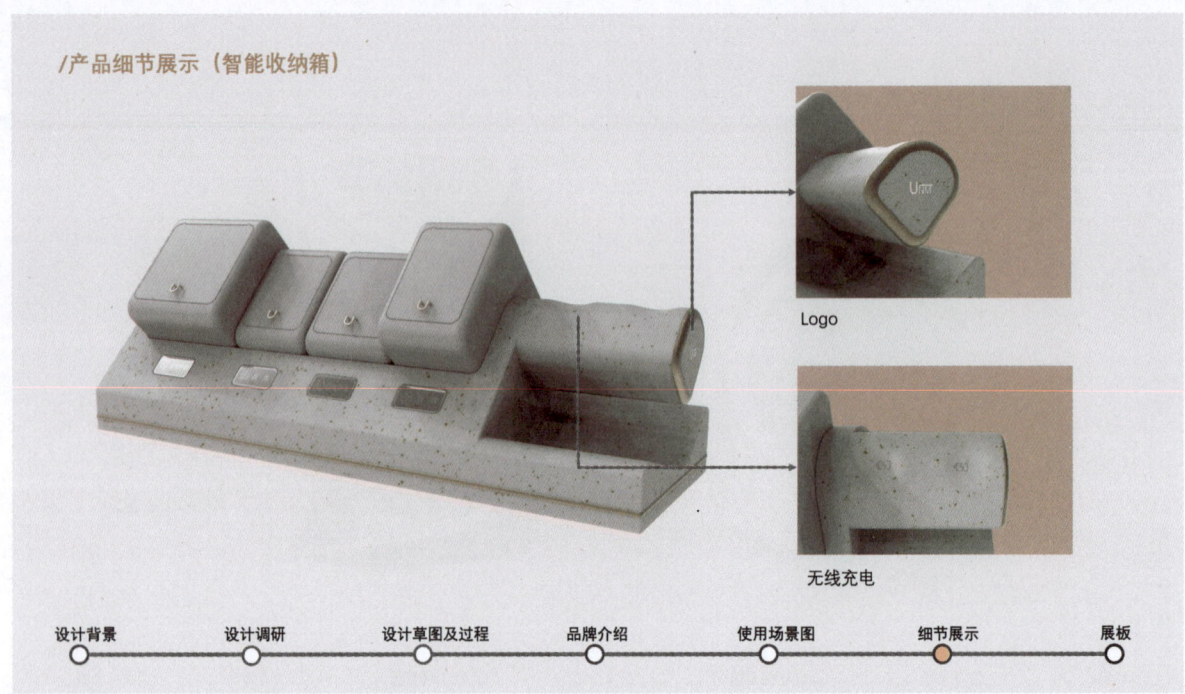

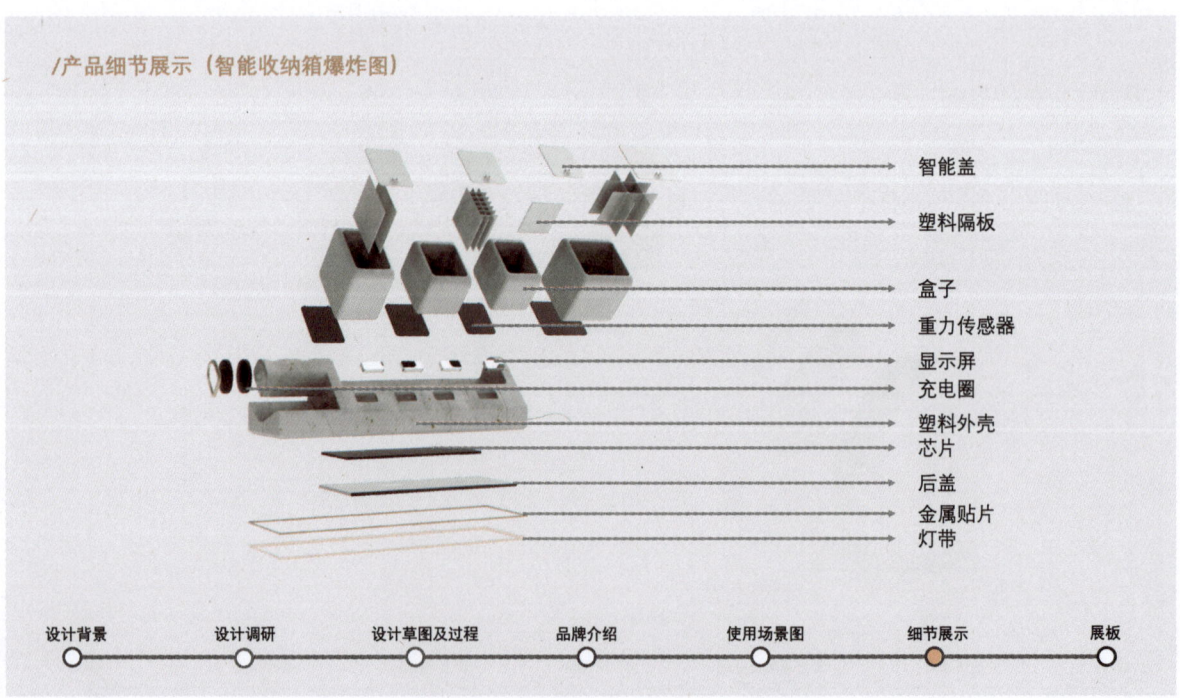

图 6-15　智能皮肤护理产品设计（续）

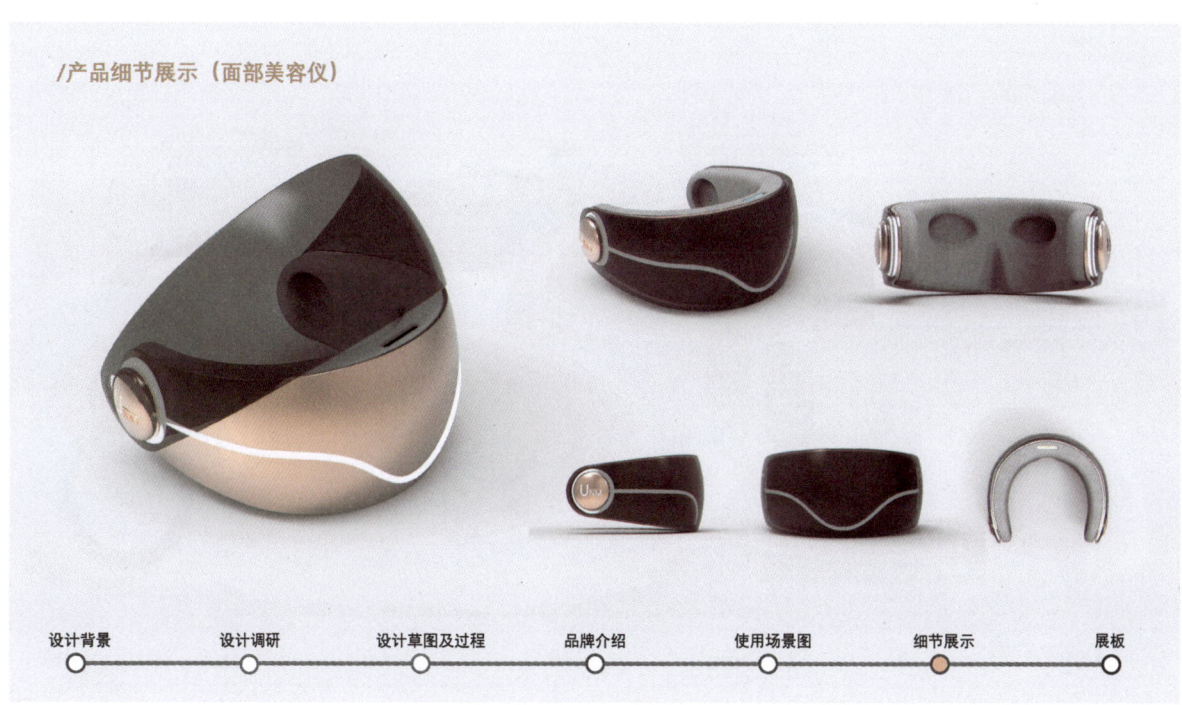

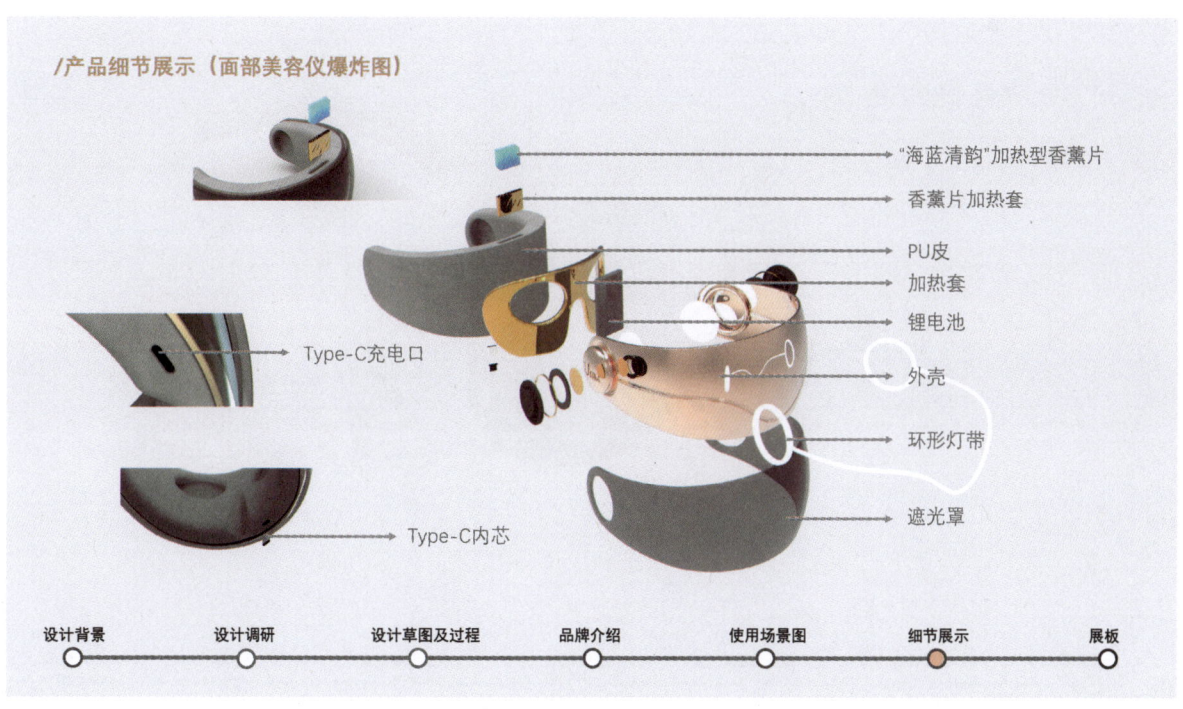

图 6-15　智能皮肤护理产品设计（续）

产品系统设计：场景、体验与创新

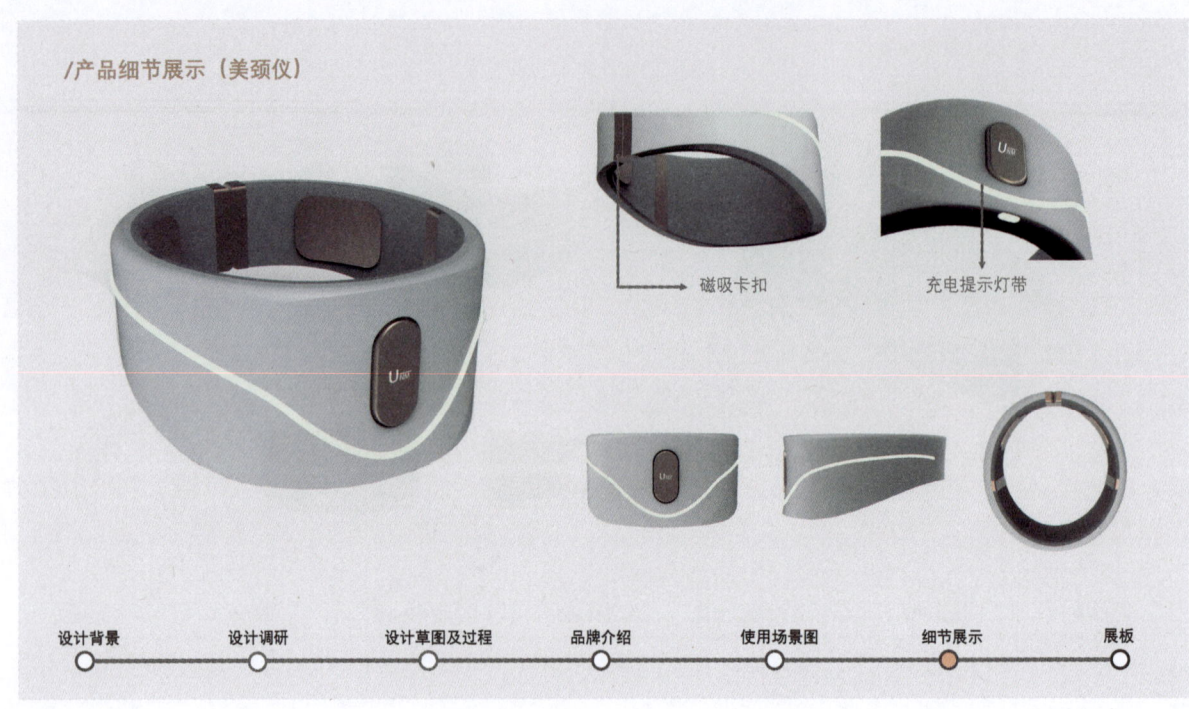

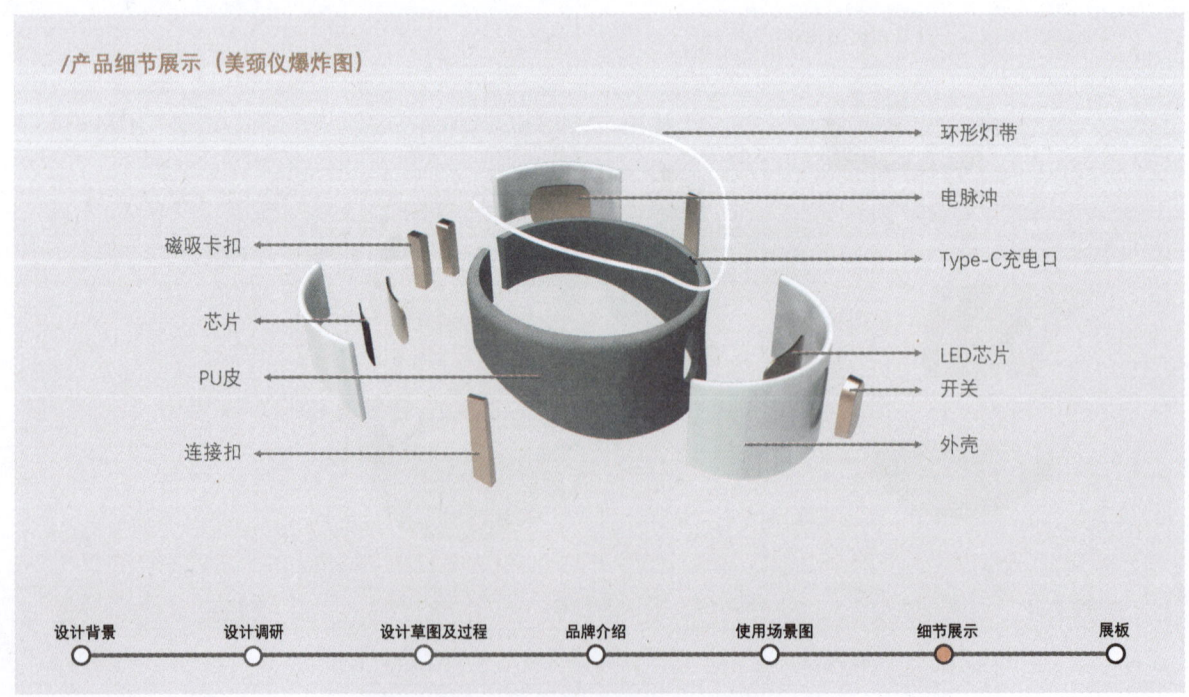

图 6-15　智能皮肤护理产品设计（续）

/展板

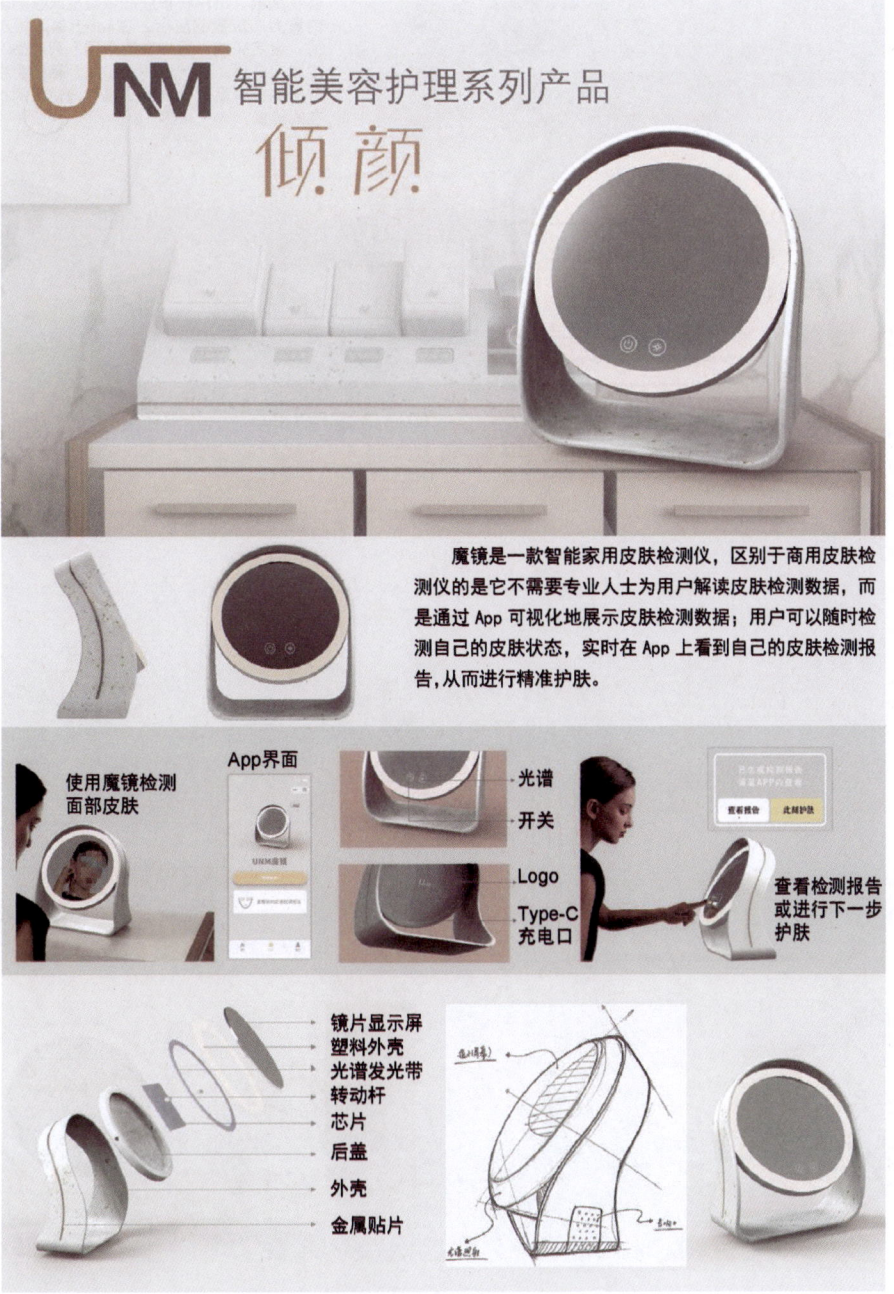

图 6-15 智能皮肤护理产品设计（续）

产品系统设计：场景、体验与创新

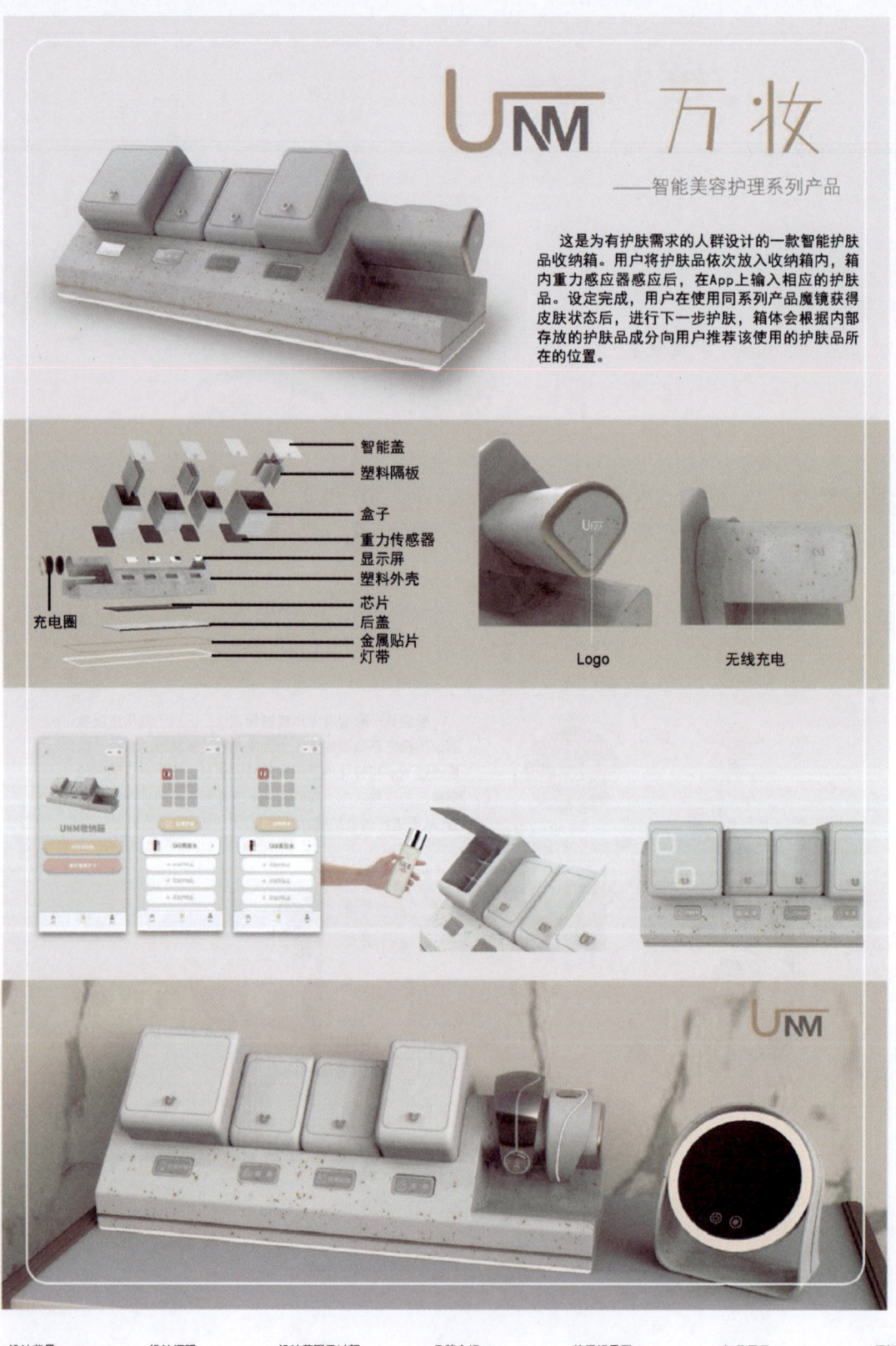

图 6-15　智能皮肤护理产品设计（续）

图 6-15 智能皮肤护理产品设计（续）

图 6-15 智能皮肤护理产品设计（续）

6.4 包容性产品设计：上肢障碍人士辅助洗头机设计

该课题是由上海电机学院产品设计专业 2020 级尖小萌完成的。尖小萌基于包容性设计理念，以"上肢障碍人士洗头机"为研究对象，从设计调研入手，对洗头问题进行了调研，发现了上肢障碍人士在洗头时存在的痛点，最终运用设计研究工具完成洗头机设计。这是一组比较完整的学生课堂作业，在此精简展示（见图 6-16）。

上肢障碍人士辅助洗头机设计

产品关键词：上肢障碍、洗头、辅助、按摩

项目背景

随着社会的发展和进步，人们对残疾人士的关注也日益增多。尤其是上肢障碍人士，日常生活中的一些基本活动成为他们的困扰之一，如洗头。因此，我们尝试开发了一种专门为上肢障碍人士设计的辅助洗头机，以改善他们的生活质量。

本课题的主要目标是设计一种适用于上肢障碍人士的辅助洗头机，使他们能够独立完成洗头过程，并增强他们的舒适感。面向上肢障碍人士的辅助洗头机，具体有以下几个方面的优点：一、具备操作简易、安全和舒适等特点；二、能够使上肢障碍人士独立完成洗头过程，提高他们的生活质量；三、为上肢障碍人士提供更多的自主性和独立性，体现社会的包容和关怀。

产品定位：
家用辅助洗头机

适用人群：
上肢障碍人士

图 6-16　上肢障碍人士辅助洗头机设计

产品系统设计：场景、体验与创新

上肢障碍人士辅助洗头机是一项新的解决方案，目标人群为老人、孕妇、患者、残障人士等。截至2024年12月3日，全球约有13亿名残障人士，占世界总人口的16%。这些人群在洗头时常常需要他人的帮助，而洗护人员在洗头过程中面临着费力且费时的问题，老人也容易因此而感冒。目前市场上的辅助洗头机在洗护功能、使用便利性和经济性方面尚无很好的解决方案。我们通过引入上肢障碍人士辅助洗头机，为这个问题提供了一个创新的解决方案。

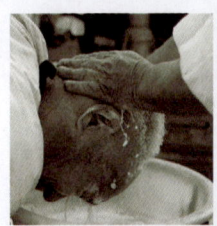  

情景模拟分析

用户习惯

研究上肢障碍人士在日常生活中的洗头习惯：用户如何操作、如何解决问题

行为模式

研究用户倾向的解决方案

背后动机

研究用户会基于什么原因产生这些行为

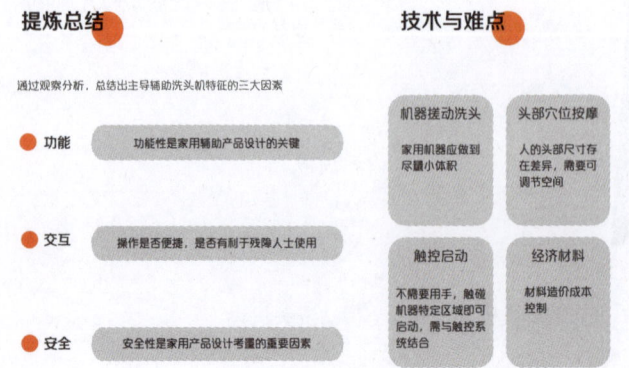

图 6-16　上肢障碍人士辅助洗头机设计（续）

第 6 章　产品系统设计项目实践

用户画像

张奶奶 58岁/退休、广场舞领舞者 开朗活泼，接受度高	**目标：** 解决自己洗头问题，不依赖子女	**痛点：** 自己患有中风，上肢偏瘫，一只胳膊无法洗头，洗头很艰难

用户类型：**行动不便**

李鹏 28岁/独立音乐人 沉稳大度，乐于分享	**目标：** 在家就能自己洗头，不用出门解决	**痛点：** 车祸后截肢，洗头只能去理发店，有时会遭受异样的眼光

用户类型：**无法自主**

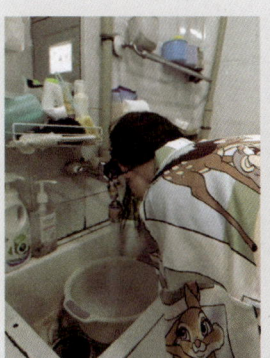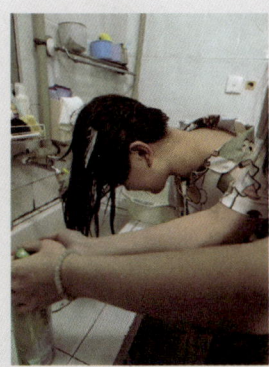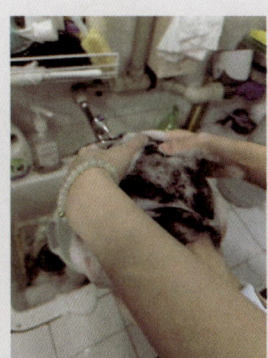

情景模拟实验

我通过体验独臂人士洗头过程中的种种困难，发现了产品设计存在的痛点和潜在机会。在这个情景模拟调研中，我意识到一些常规设计在这一场景下显得不够贴心，于是深入思考如何改进产品设计以提升使用者的生活质量。同时，我也意识到产品设计中的潜在机会，可以为上肢障碍人士带来更好的生活体验。

图 6-16　上肢障碍人士辅助洗头机设计（续）

产品系统设计：场景、体验与创新

产品市场调研

日本松下自动洗头机器人

该洗头机来自日本的美发沙龙Of cosmetics公司，其外表看起来类似于一个躺椅，当用户躺下的时候可以处于180°平躺的姿势。洗头机的头部上有简单的操控开关和时长设置按钮，使用前只需简单地设置启动开关即可。

Wash 'n Go 自动洗头机设计

使用者坐着就可以洗头。这台洗头机由一个头盔、水桶、控制面板、连接管组成。洗头时需要戴上防水的围脖，防止衣服被水溅湿。

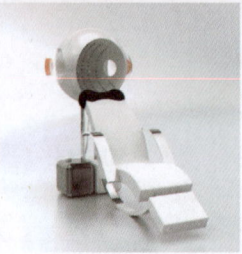 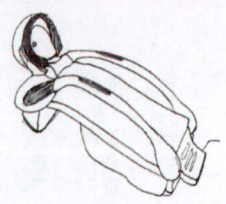

草图推演

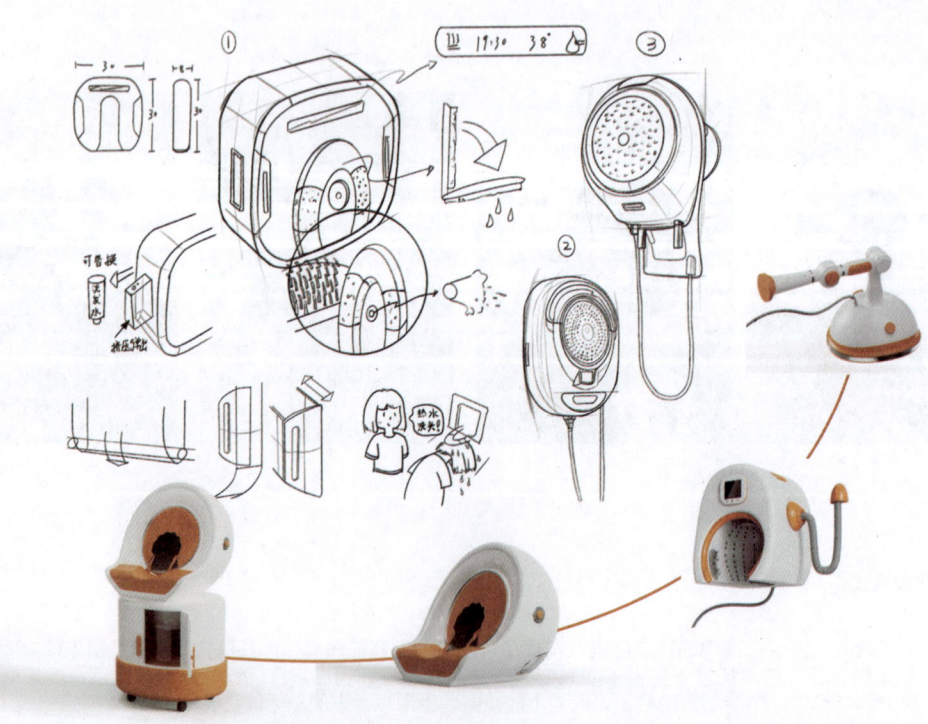

图6-16 上肢障碍人士辅助洗头机设计（续）

第 6 章　产品系统设计项目实践

尺寸图

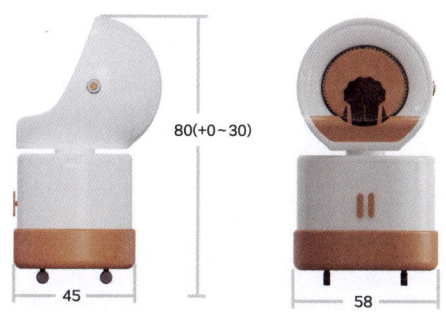

洗头机内部尺寸为66cm，因为成年男性头围为53～59cm，符合人体工学

比例：1:10
单位：mm

爆炸图

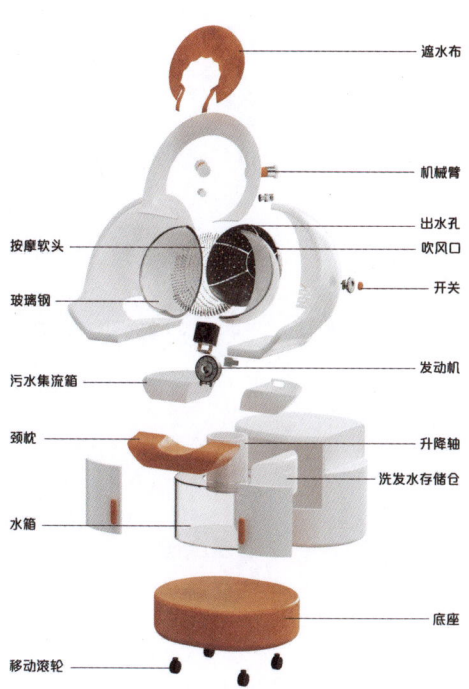

可移动的洗头设备

使用者可以将洗头机轻松地移动到需要的位置。无论是在浴室、卫生间还是在客厅，使用者都可以根据需要将洗头机放置在最方便的地方。而且，这种洗头机比躺卧一体的洗头机更小巧，可以轻松地将其放在角落或储存空间中，不会占用太多的家居空间。

功能介绍 01

在沙发或床边使用

用户可以在躺卧姿势下舒适地使用该洗头机按摩。

可调节的支架设计

根据用户的使用高度和躺卧姿势进行调整，以确保最舒适的洗发体验。

机器配备了柔软的**头枕**，使用户的头部得到良好的支撑和舒适感觉。

图 6-16　上肢障碍人士辅助洗头机设计（续）

产品系统设计:场景、体验与创新

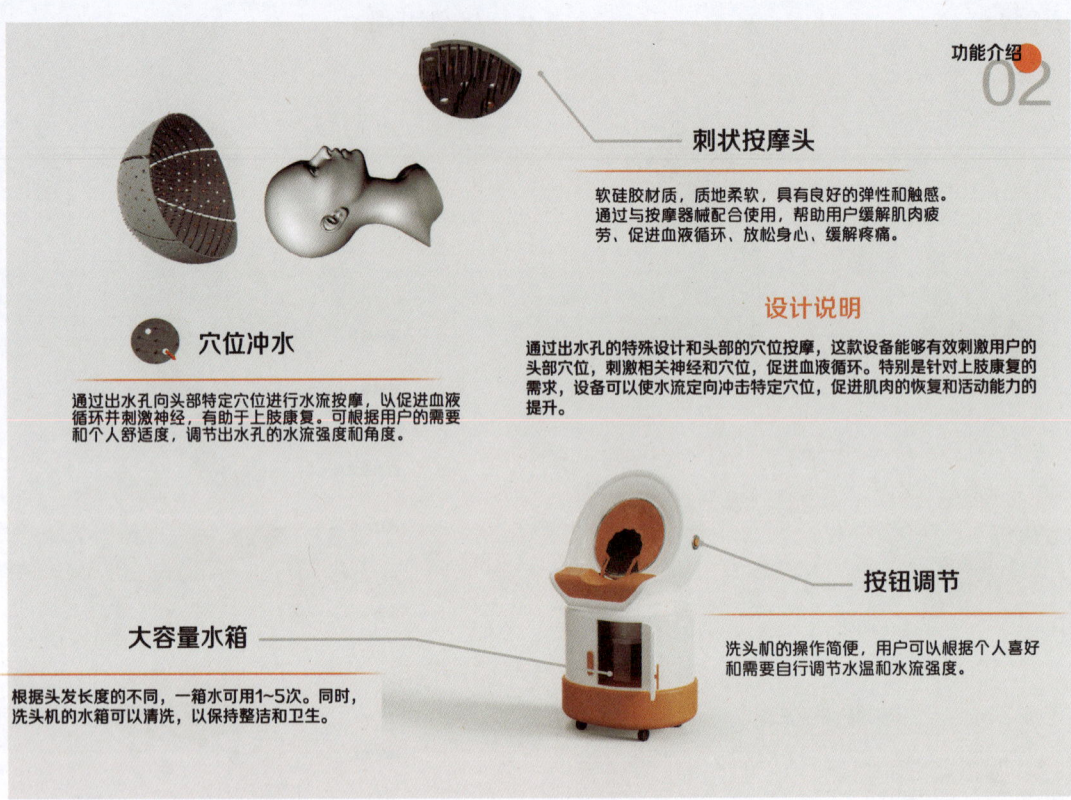

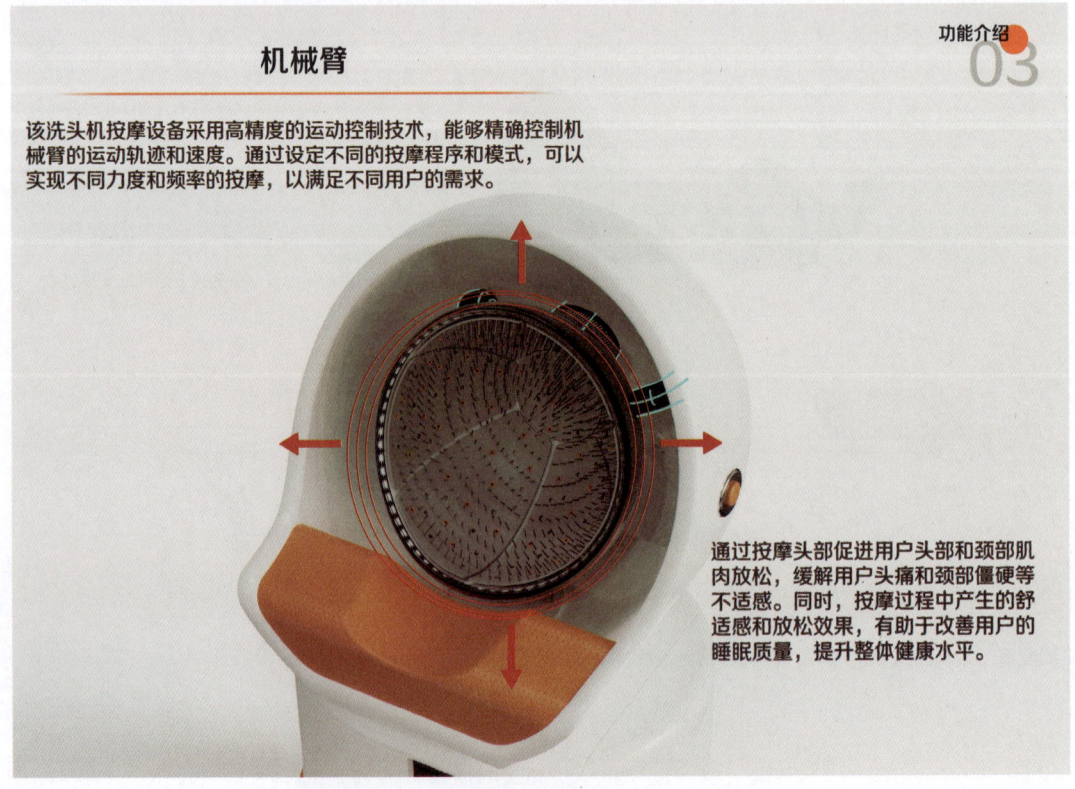

图 6-16 上肢障碍人士辅助洗头机设计（续）

图 6-16　上肢障碍人士辅助洗头机设计（续）

6.5　愿景化产品设计：未来大型城市的出行载具设计

该课题是由上海电机学院工业设计专业 2019 级师玮杰完成的。师玮杰对未来大型城市出行载具进行了概念设计，对无人驾驶技术、出行需求及未来出行场景进行了研究，将无人驾驶汽车内饰虚拟现实交互技术、去中心化理论、出行动线设计相结合，探讨未来大型城市出行载具的设计。这是一组比较完整的学生概念设计作业，在此精简展示（见图 6-17）。

经常性问题

图 6-17　未来大型城市的出行载具设计

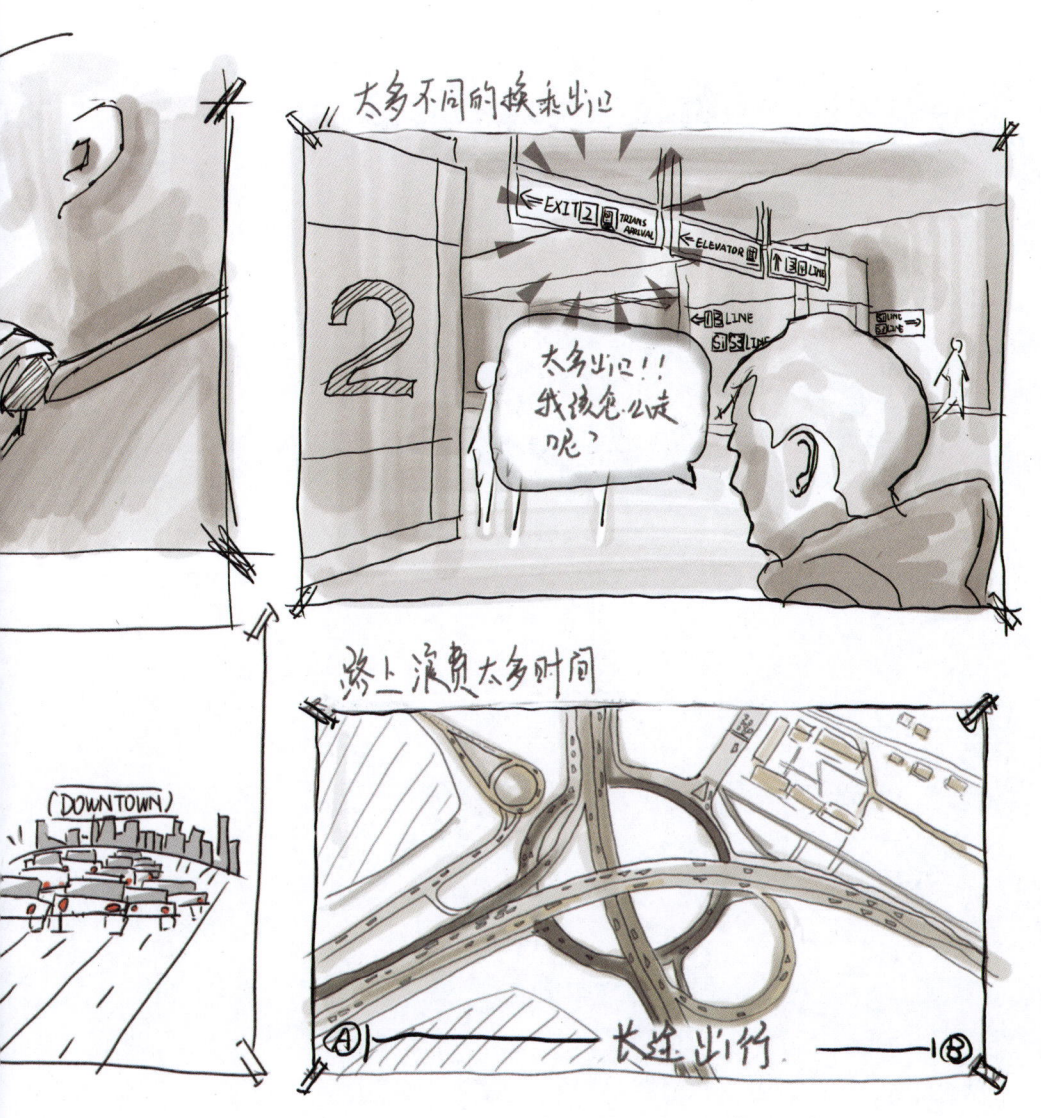

优解：无人驾驶载具

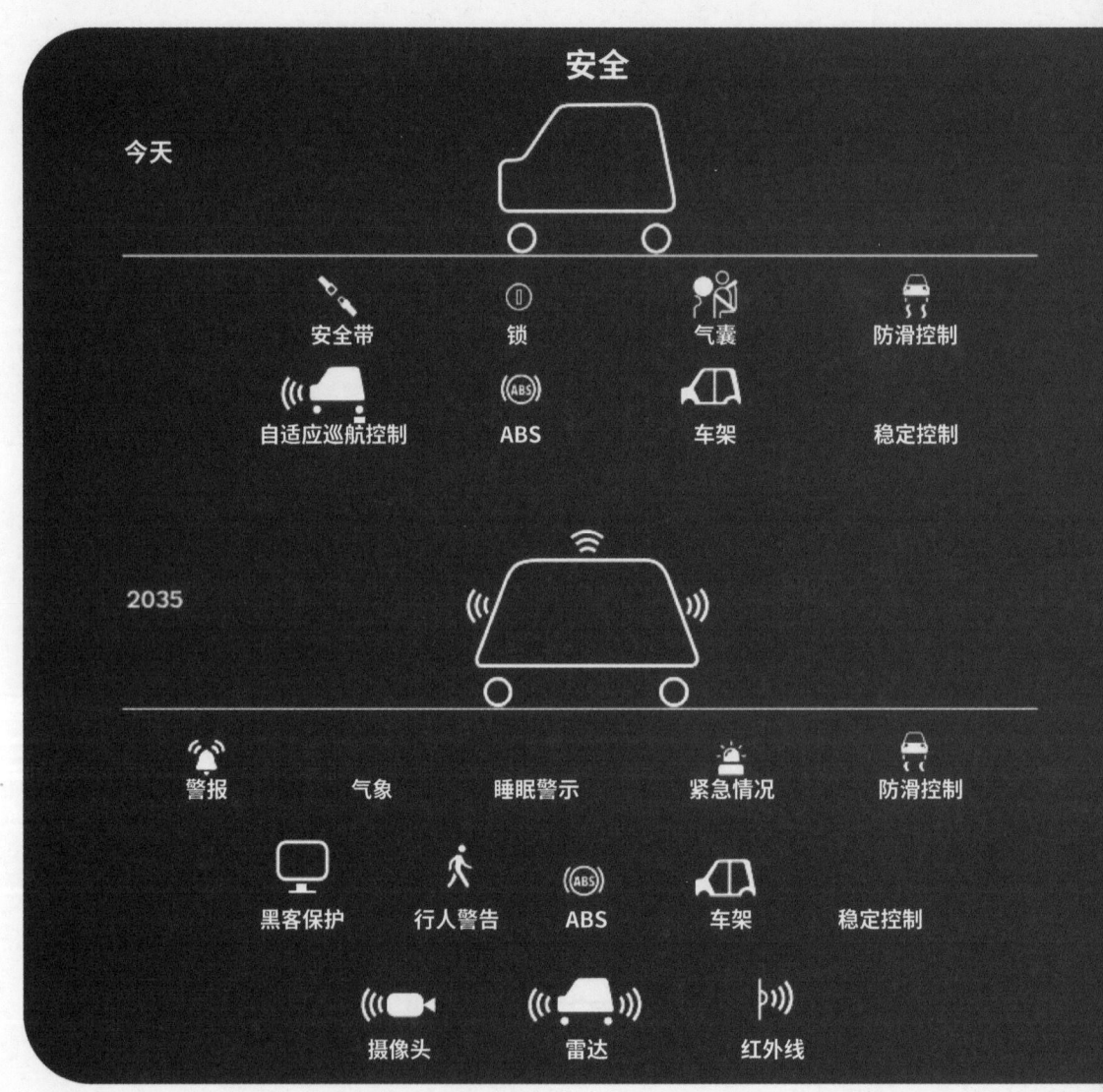

图6-17 未来大型城市的出行载具设计（续）

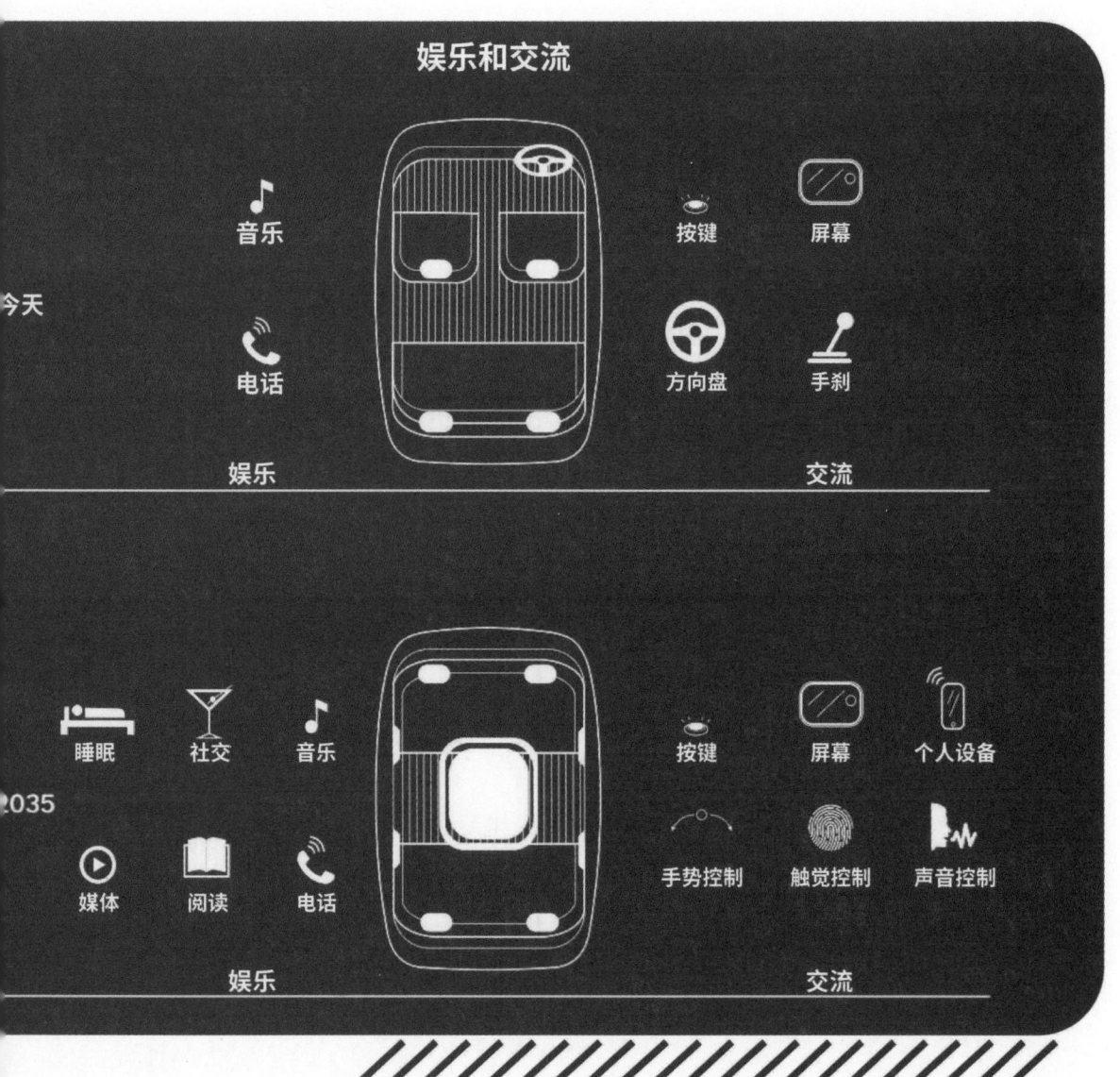

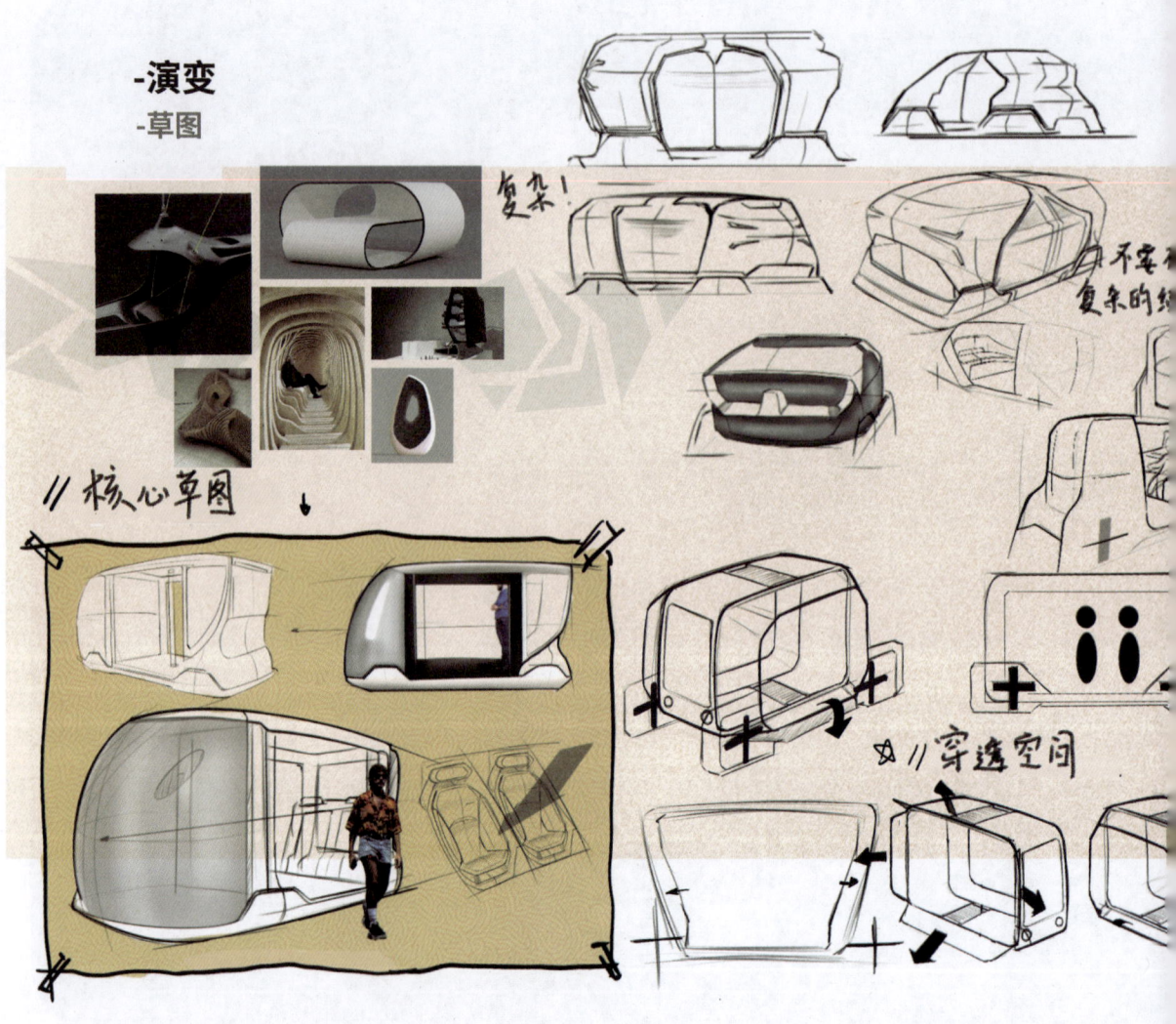

图 6-17 未来大型城市的出行载具设计（续）

第 6 章 产品系统设计项目实践

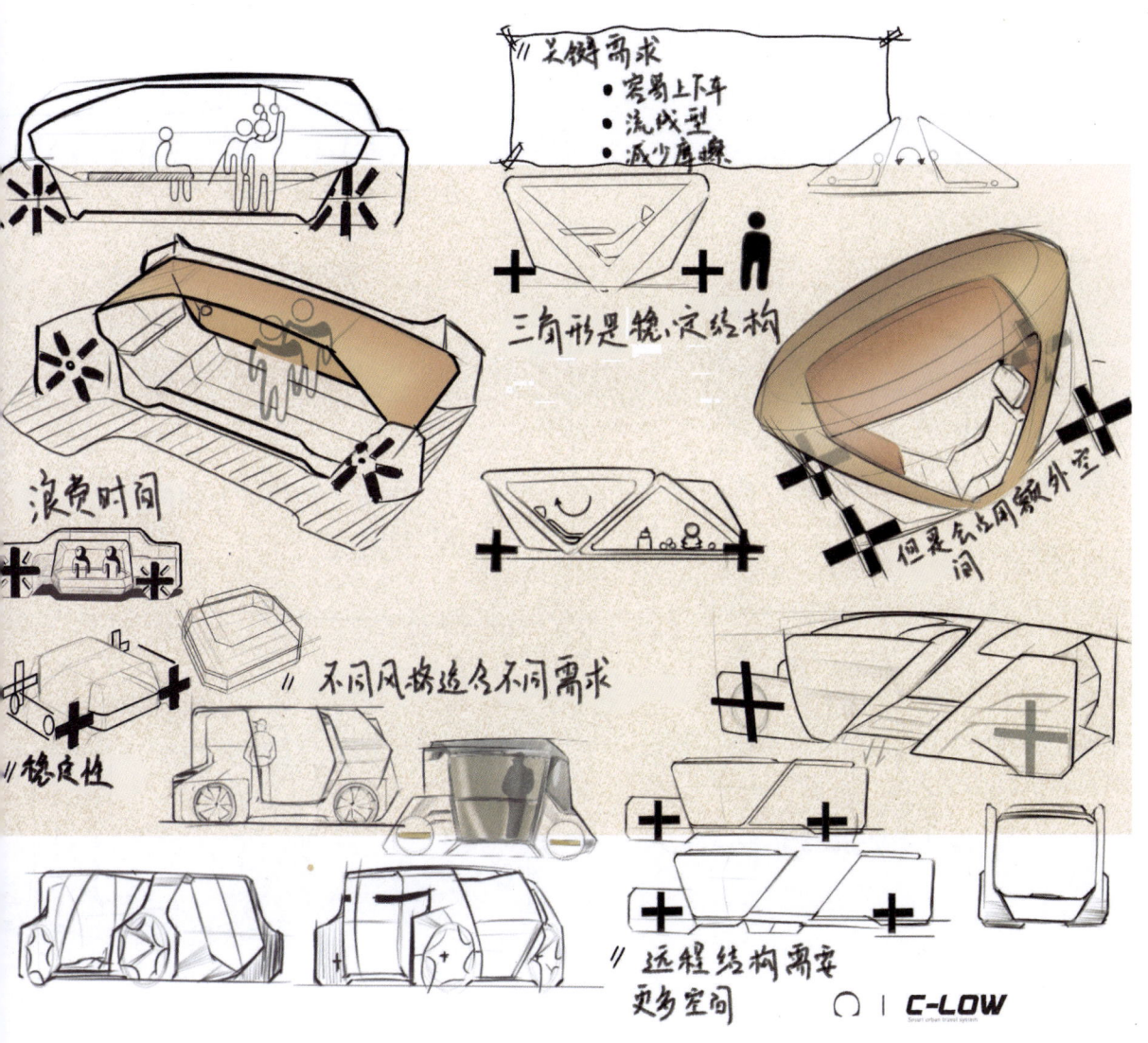

287

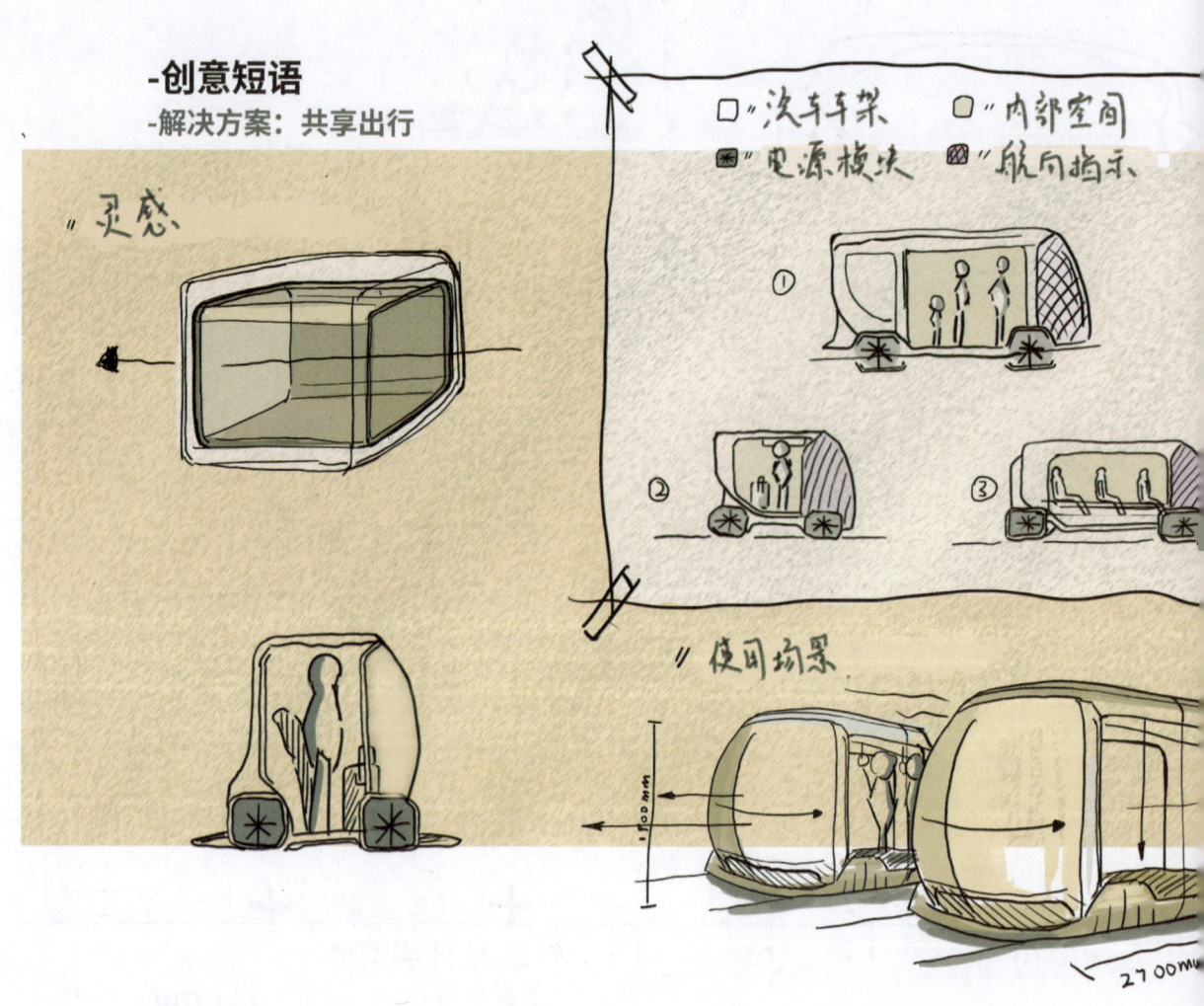

图6-17 未来大型城市的出行载具设计（续）

第 6 章 产品系统设计项目实践

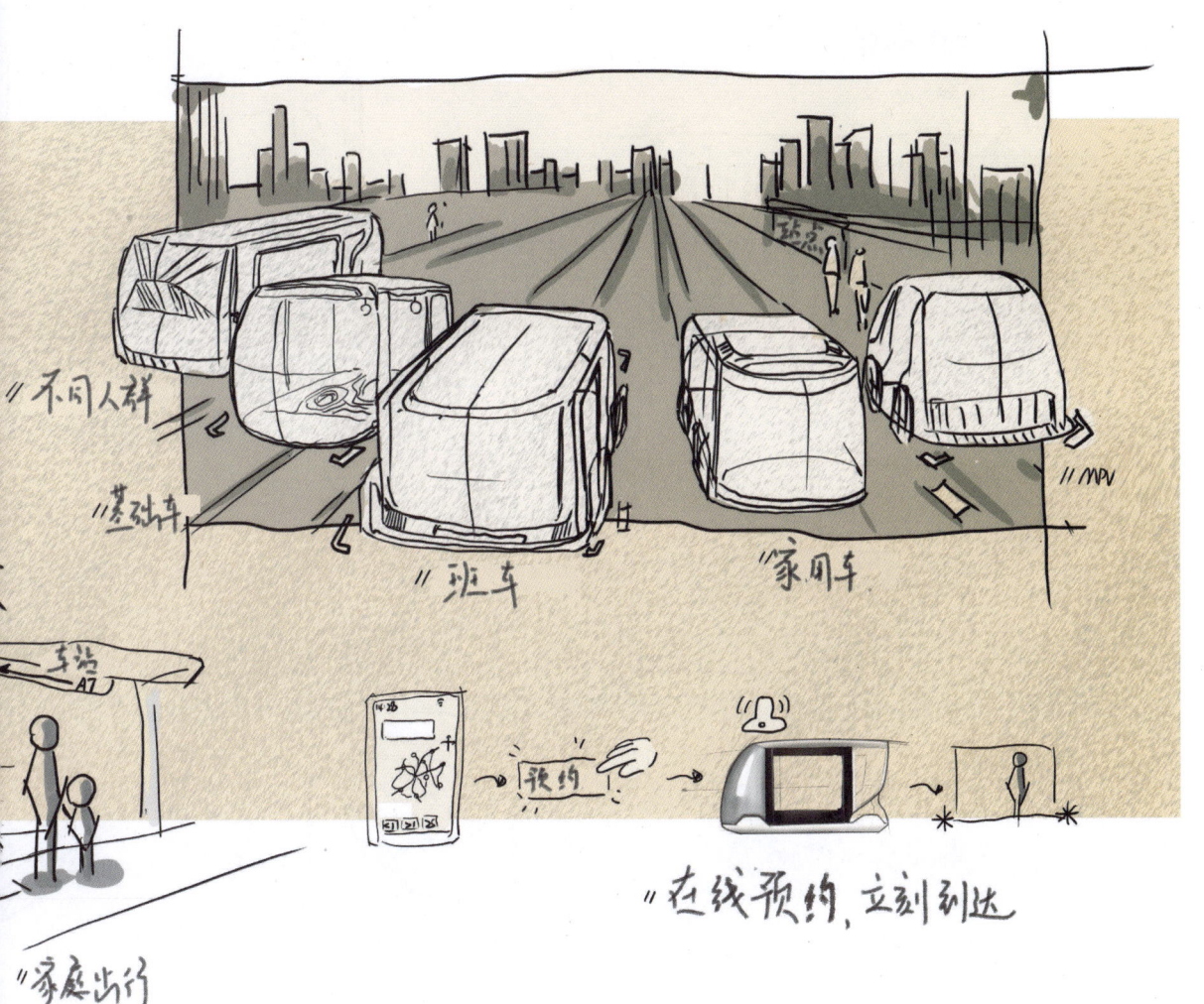

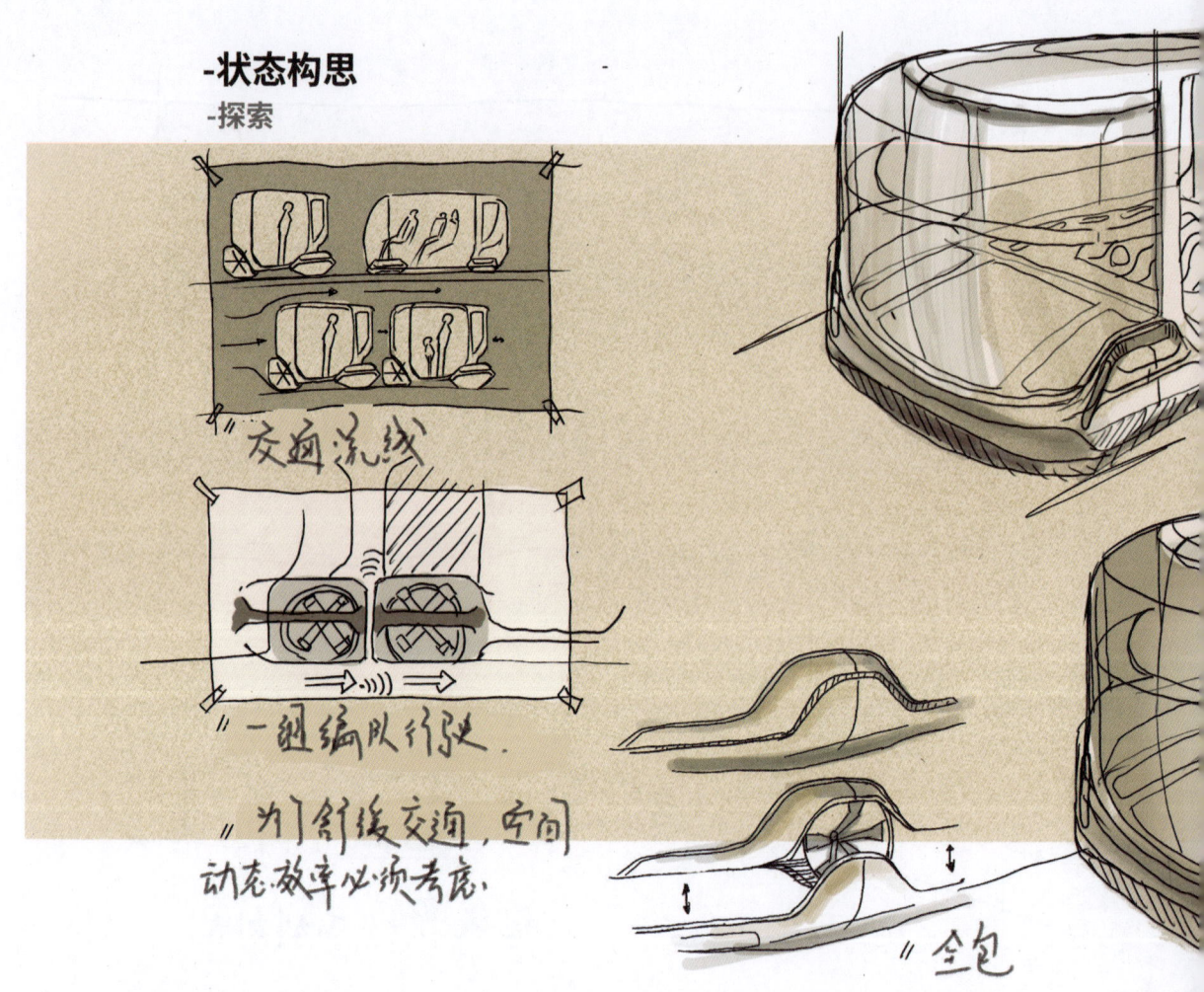

方案探究

图 6-17 未来大型城市的出行载具设计（续）

第6章 产品系统设计项目实践

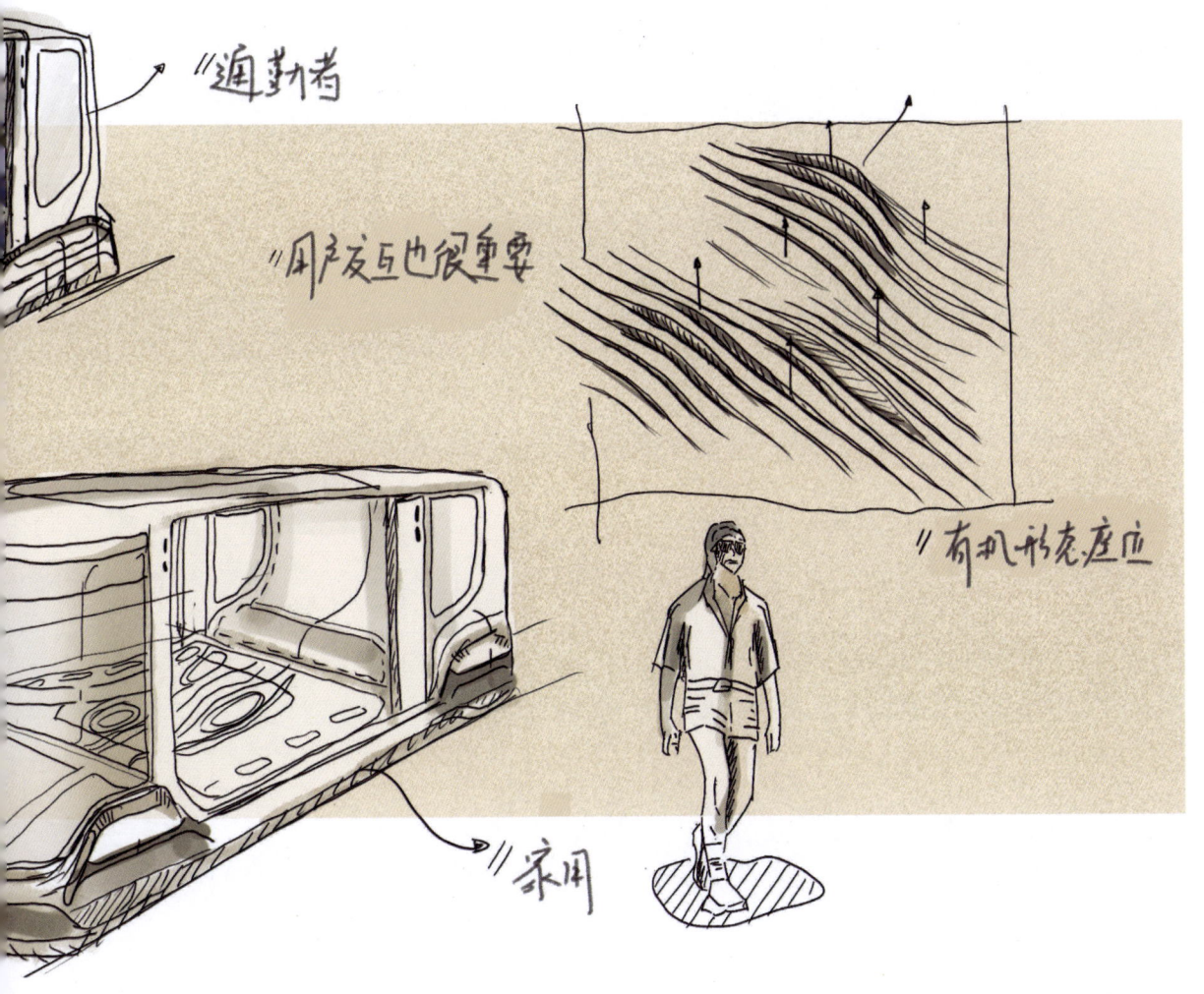

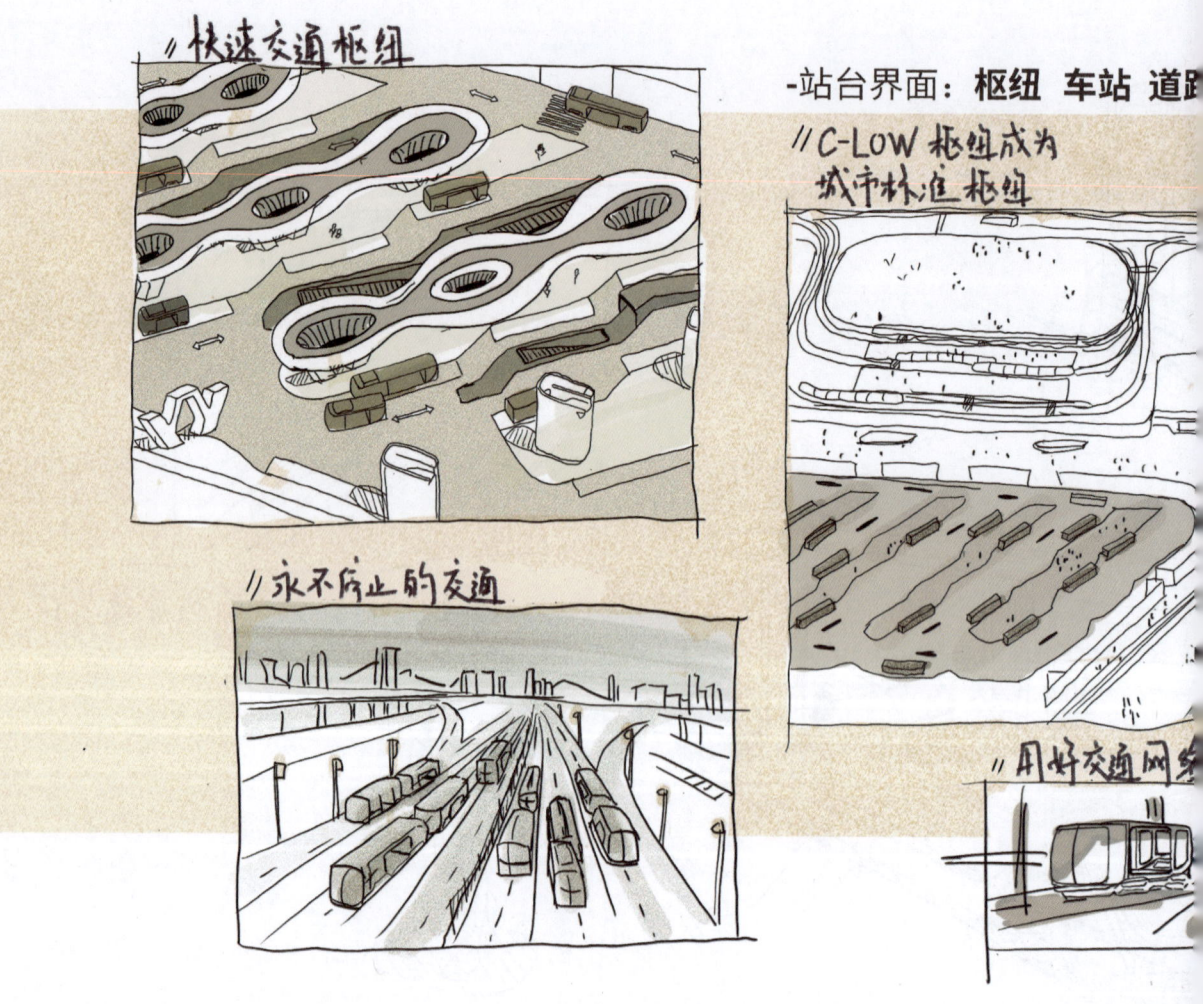

场景探究

图 6-17　未来大型城市的出行载具设计（续）

第 6 章 产品系统设计项目实践

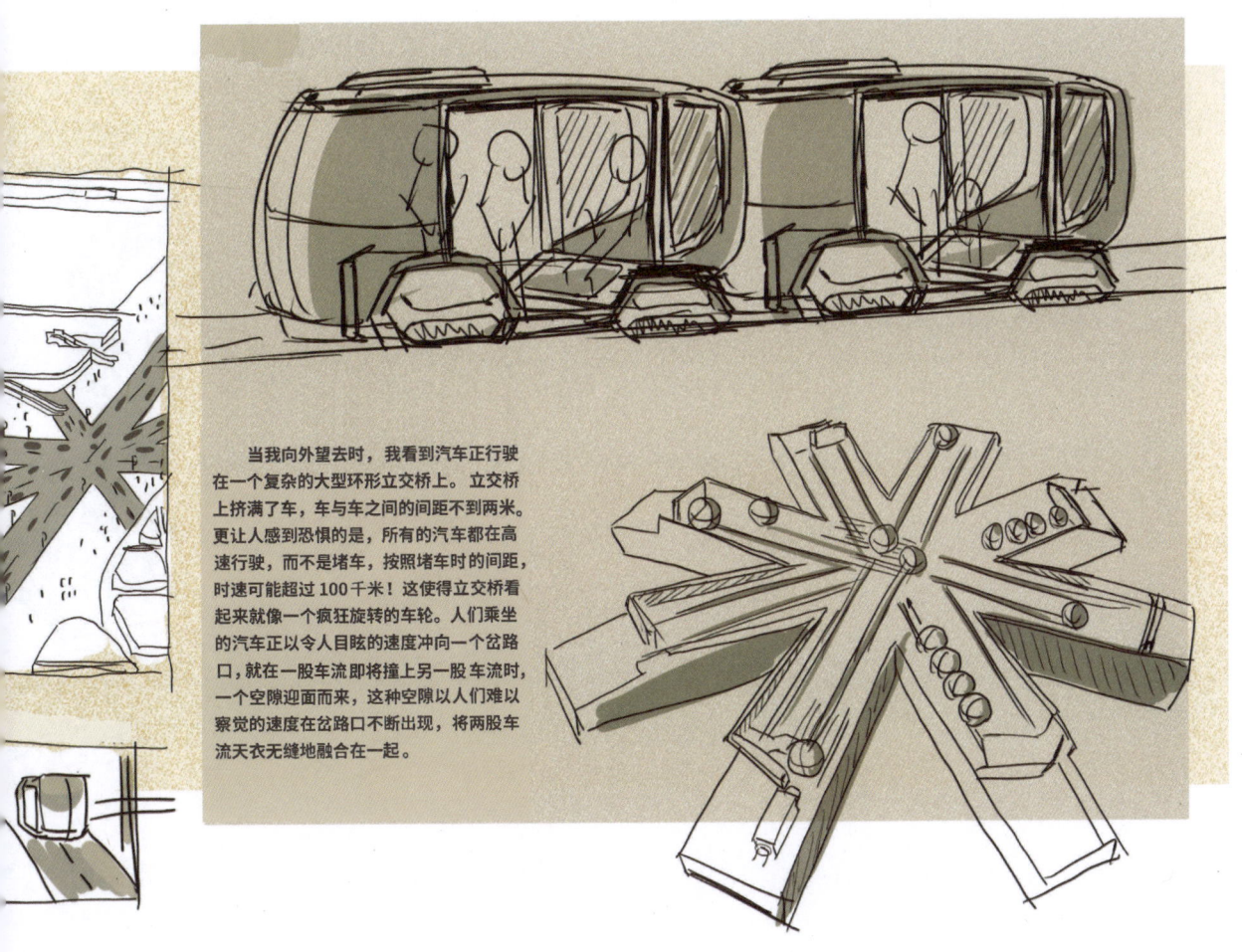

当我向外望去时,我看到汽车正行驶在一个复杂的大型环形立交桥上。立交桥上挤满了车,车与车之间的间距不到两米。更让人感到恐惧的是,所有的汽车都在高速行驶,而不是堵车,按照堵车时的间距,时速可能超过 100 千米!这使得立交桥看起来就像一个疯狂旋转的车轮。人们乘坐的汽车正以令人目眩的速度冲向一个岔路口,就在一股车流即将撞上另一股车流时,一个空隙迎面而来,这种空隙以人们难以察觉的速度在岔路口不断出现,将两股车流天衣无缝地融合在一起。

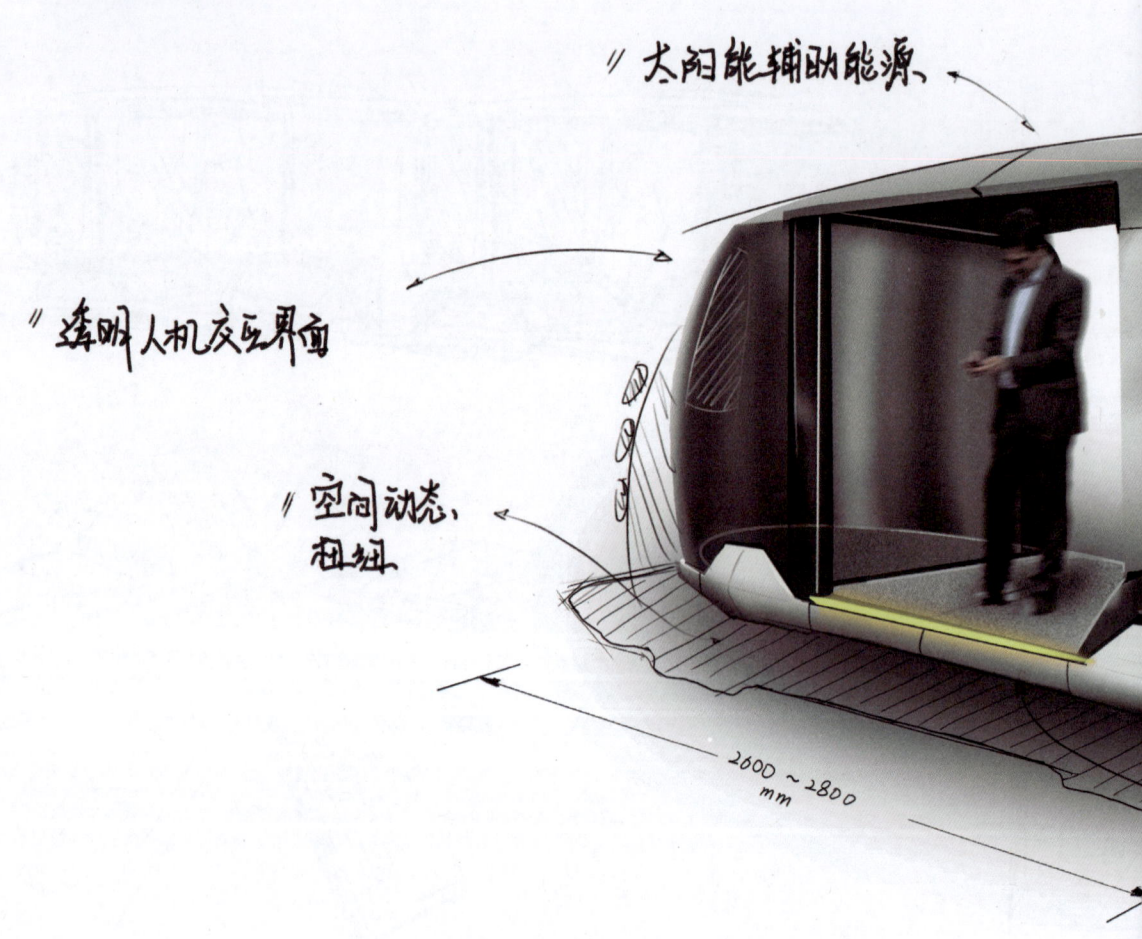

体积探究

图 6-17 未来大型城市的出行载具设计（续）

第 6 章　产品系统设计项目实践

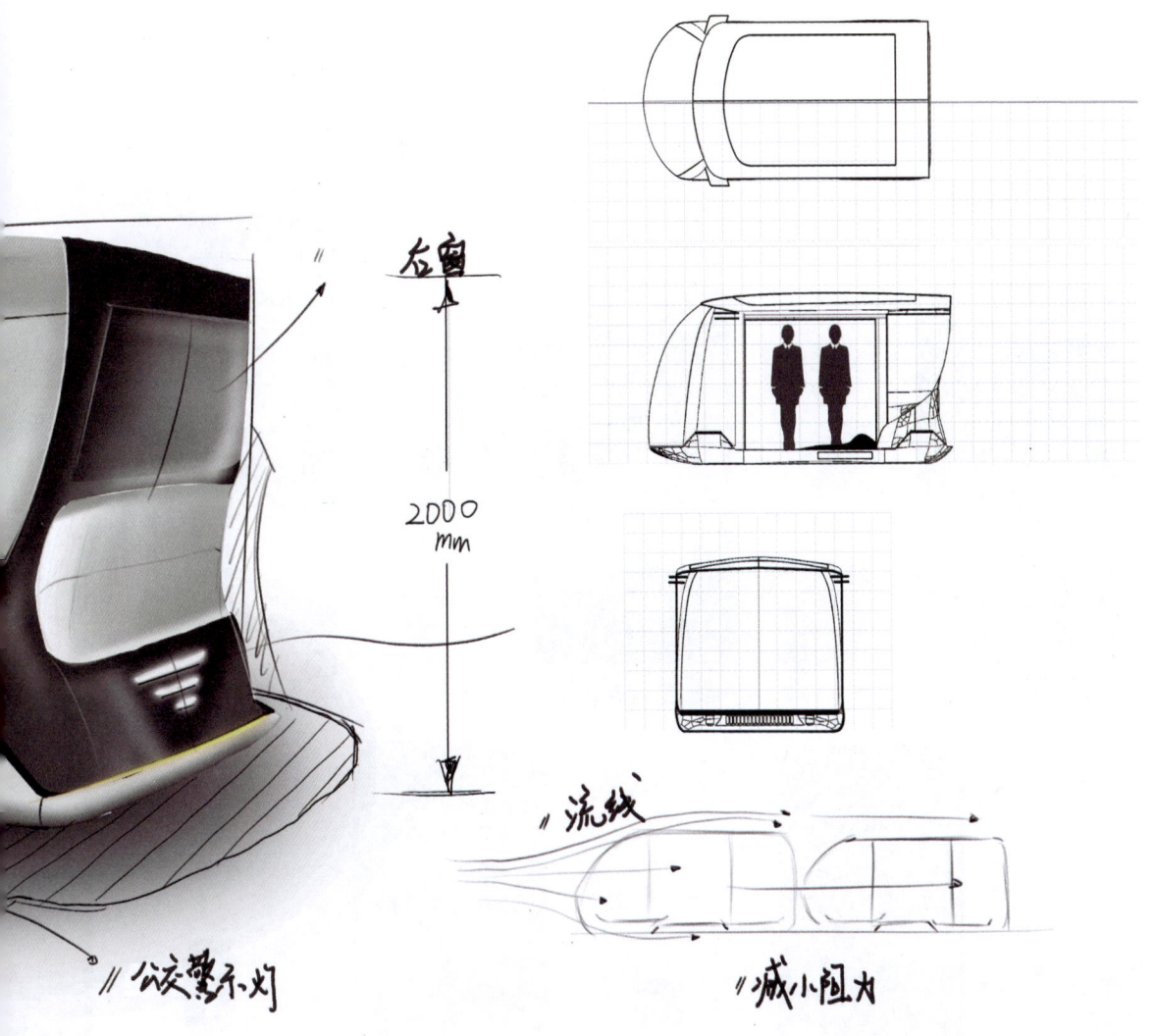

295

产品系统设计：场景、体验与创新

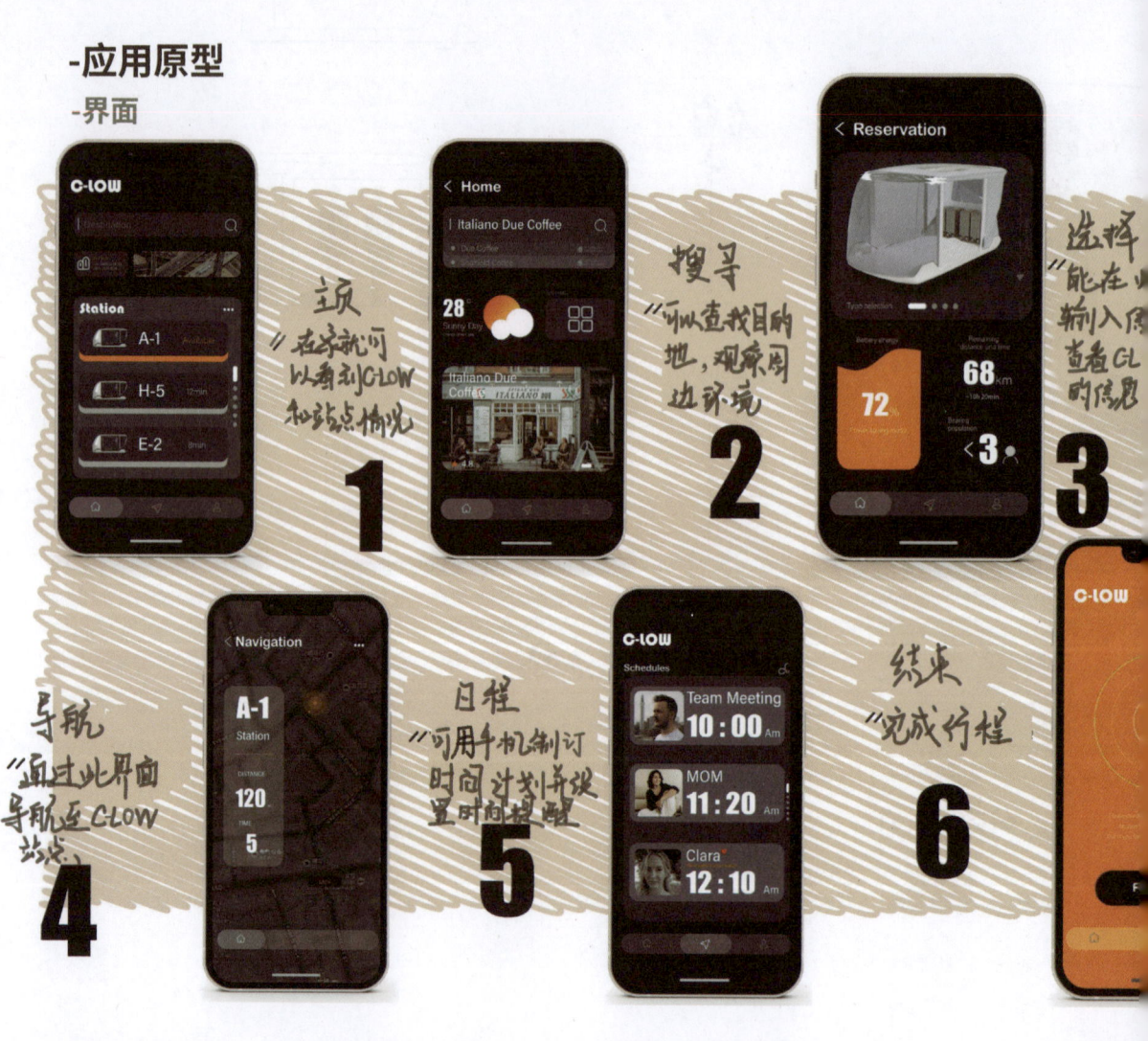

图 6-17　未来大型城市的出行载具设计（续）

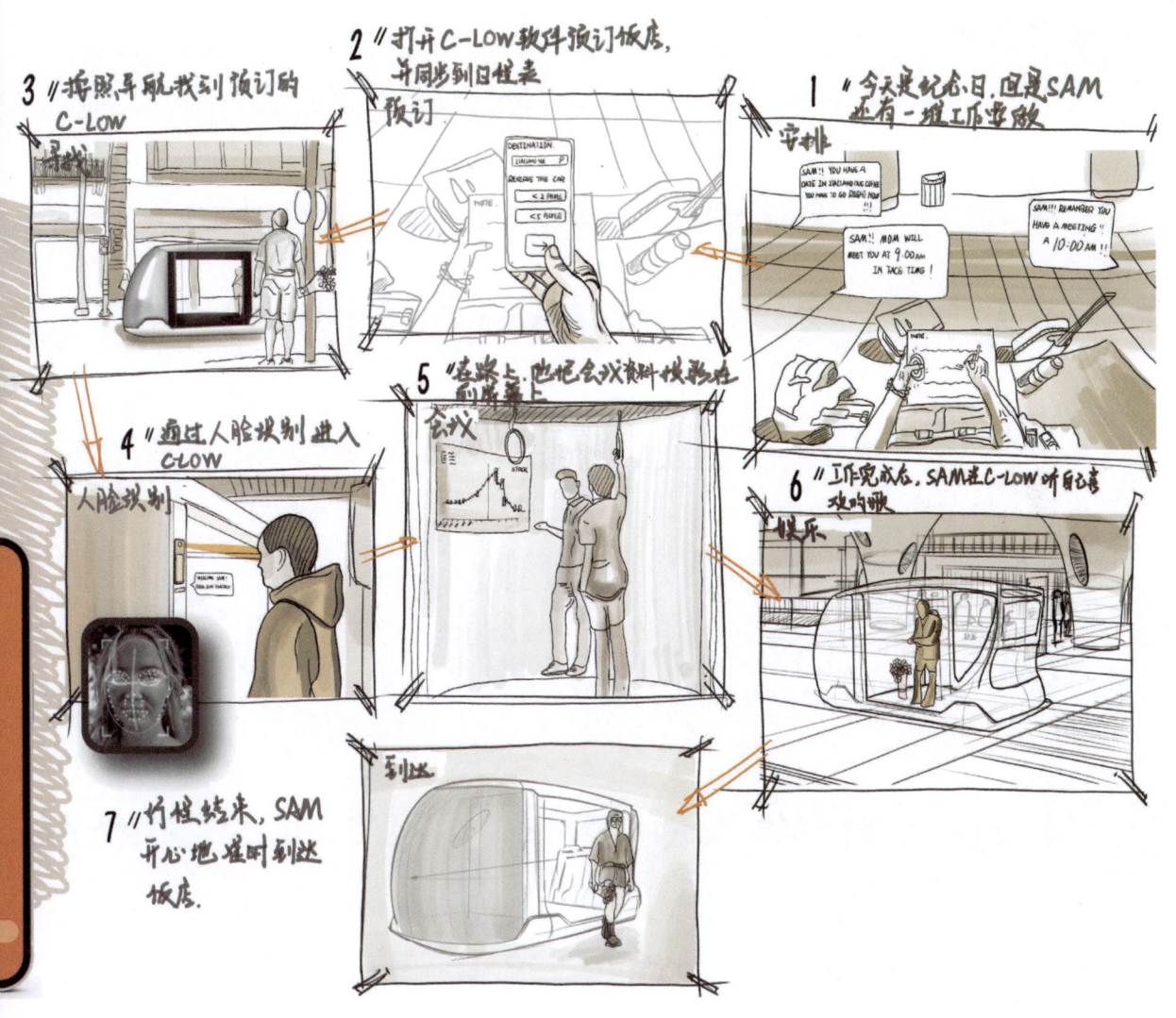

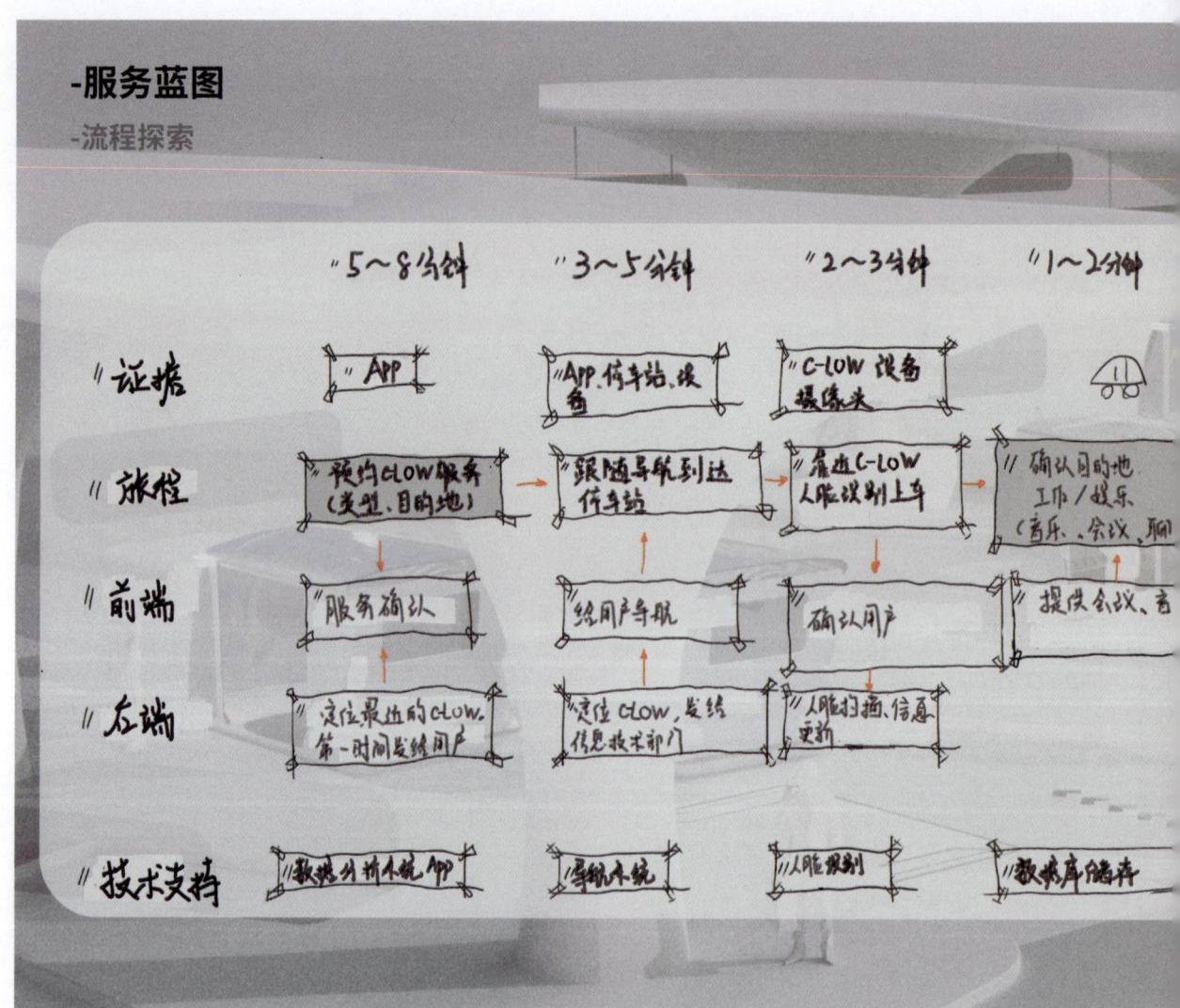

图 6-17 未来大型城市的出行载具设计（续）

第 6 章 产品系统设计项目实践

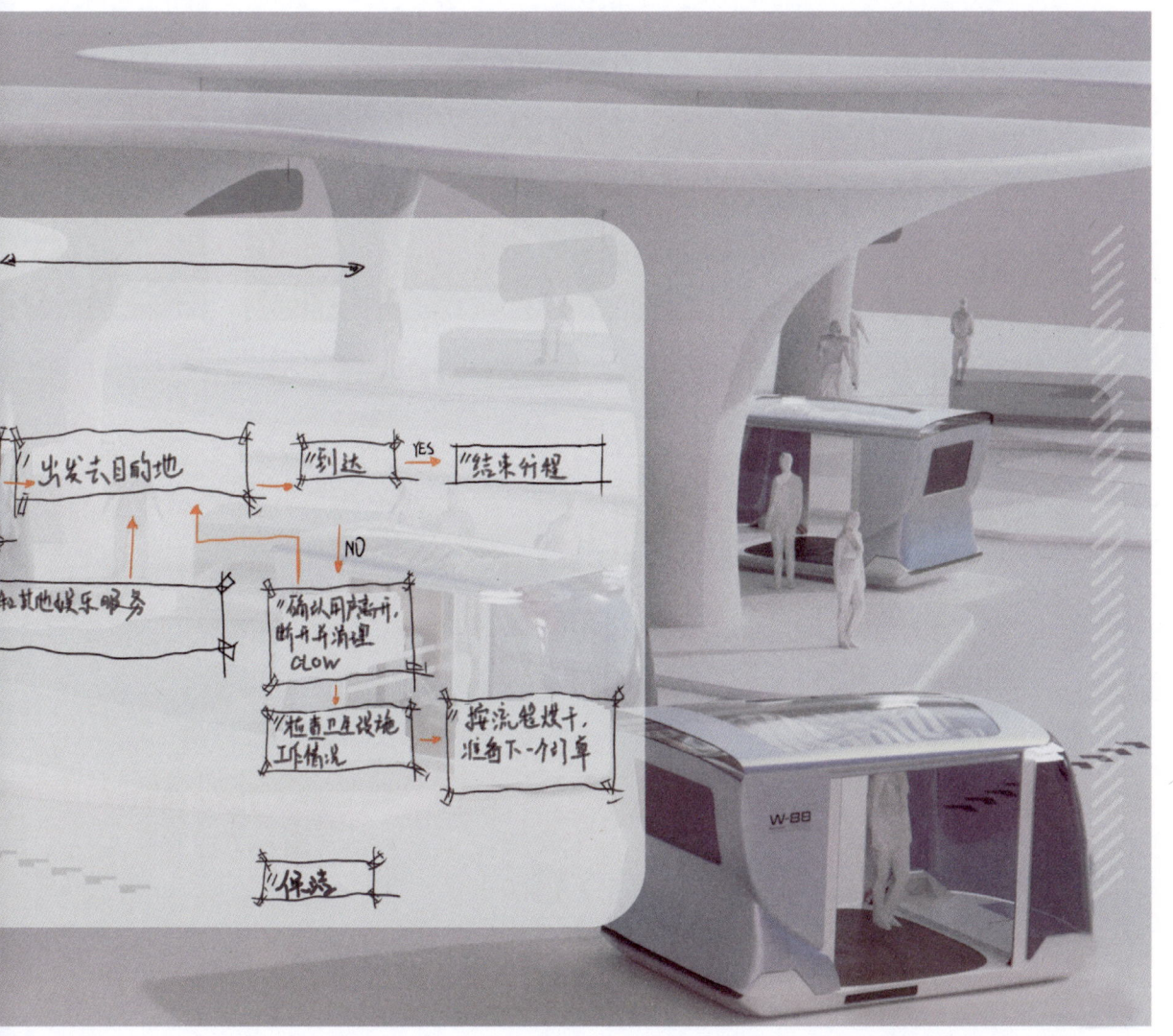

299

产品系统设计：场景、体验与创新

模型研究

场景

图 6-17　未来大型城市的出行载具设计（续）

第 6 章 产品系统设计项目实践

场景

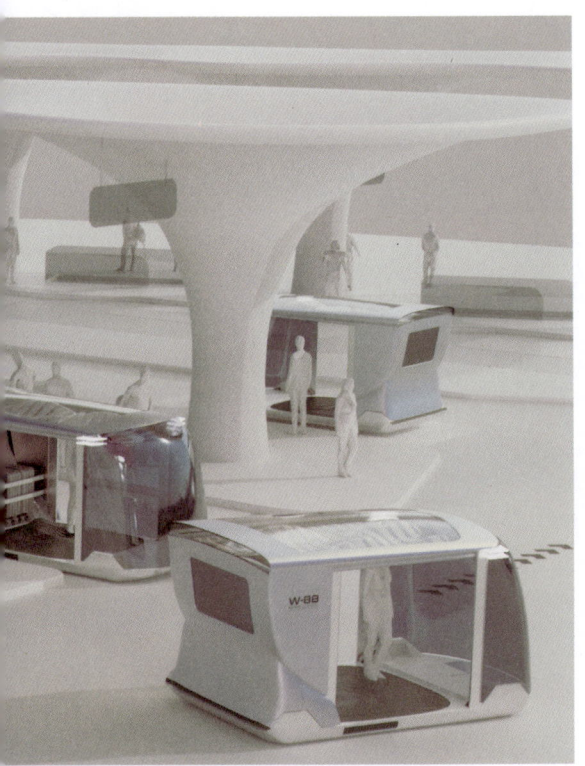

301

■ 思考题

1. 综合产品系统设计方法论，完成一个智能家居产品系统设计。
2. 如何找到设计问题？产品创意如何才能更好地落地？

参考文献

[1] 吴琼. 产品系统设计 [M]. 北京：化学工业出版社，2019：2-18.

[2] 奥托, 伍德. 产品设计 [M]. 齐春萍, 宫晓东, 张帆等译. 北京：电子工业出版社，2011：195-432.

[3] 佐藤大. 用设计解决问题 [M]. 邓超，译. 北京：北京时代华文书局，2016：6-202.

[4] 佐藤大, 川上典李子. 由内向外看世界：佐藤大的十大思考法和行动术 [M]. 邓超，译. 北京：北京时代华文书局，2020：2-180.

[5] 谭嫄嫄, 覃芳圆, 曹向楠, 等. 产品设计思维 [M]. 北京：化学工业出版社，2023：95-115.

[6] 陈文龙, 沈元. 产品设计 [M]. 北京：中国轻工业出版社，2017：12-80.

[7] 刘震元. 产品设计程序与方法 [M]. 北京：中国轻工业出版社，2018：11-69.

[8] 吴春茂, 黄沛瑶. 产品创新设计实务：产品服务与积极体验设计方法案例十讲 [M]. 上海：东华大学出版社，2022：20-57.

[9] 罗杰斯, 米尔顿. 国际产品设计经典教程 [M]. 陈苏宁，译. 北京：中国青年出版社，2013：6-109.

[10] 黄国梁, 段胜峰. 智能产品设计与思维 [M]. 北京：北京大学出版社，2023：128-171.

[11] 许继峰, 张寒凝. 产品设计程序与方法 [M]. 北京：北京大学出版社，2017：49-100.

[12] 王昀, 刘征, 卫巍. 产品系统设计 [M]. 北京：中国建筑工业出版社，2014：17-110.

[13] 周晓江, 肖金花, 刘青春. 产品系统设计 [M]. 北京：中国建筑工业出版社，2020：11-93.

[14] 代尔夫特理工大学工业设计工程学院. 设计方法与策略：代尔夫特设计指南 [M]. 2版. 倪裕伟，译. 武汉：华中科技大学出版社，

2023: 47-157.

[15] 吴翔. 产品系统设计: 产品设计（2）[M]. 北京: 中国轻工业出版社, 2007: 9-51.

[16] 乌利齐, 埃平格. 产品设计与开发[M]. 杨青, 吕佳芮, 詹舒琳等译. 北京: 机械工业出版社, 2015: 20-213.

[17] 李亦文, 黄明富, 刘锐. CMF 设计教程[M]. 北京: 化学工业出版社, 2019: 9-26.

[18] 刘永翔, 高筠, 李培盛. 产品设计[M]. 北京: 机械工业出版社, 2009: 15-57.

[19] 李奋强. 产品系统设计[M]. 北京: 中国水利水电出版社, 2013: 13-45.

[20] 赞伯尼. 材料与设计[M]. 王小茉, 马骞, 译. 北京: 中国轻工业出版社, 2016: 13-79.

[21] 立德威尔, 霍顿, 巴特勒. 设计的125条通用法则[M]. 陈丽丽, 吴奕俊, 译. 北京: 中国画报出版社, 2019: 21-111.

[22] 罗仕鉴, 朱上上. 用户体验与产品创新设计[M]. 北京: 机械工业出版社, 2010: 27-65.

[23] 宝莱恩, 乐维亚, 里森. 服务设计与创新实践[M]. 王国胜, 张盈盈, 付美平, 等译. 北京: 清华大学出版社, 2015: 16-94.

[24] 立德威尔, 霍顿, 巴特勒. 通用设计法则[M]. 朱占星, 薛江, 译. 北京: 中央编译出版社, 2013: 14-79.

[25] 卡根, 佛格尔. 创造突破性产品: 揭示驱动全球创新的秘密[M]. 辛向阳, 王晰, 潘龙, 译. 北京: 机械工业出版社, 2017: 98-159.